能源化工综合实验

张彦甫　李昀衡　李佳其　主编

华中科技大学出版社
http://press.hust.edu.cn
中国 · 武汉

内 容 提 要

本书共分为三部分:实验室安全及数据处理方法、石油及石油产品分析、煤质分析及性能测试。本书共设37 个实验,涵盖了我国目前石油和煤炭分析的主要内容。本书中的实验根据最新的国家标准或行业标准编写而成。

本书既可作为高等院校能源化学工程专业本科生的教材,也可作为相关领域的工程技术人员和科研人员的参考书。

图书在版编目(CIP)数据

能源化工综合实验 / 张彦甫,李昀衡,李佳其主编. -- 武汉 ：华中科技大学出版社,2025. 7. -- ISBN 978 -7-5772-2022-2

Ⅰ. TK01-33

中国国家版本馆 CIP 数据核字第 2025JY2686 号

能源化工综合实验   张彦甫　 李昀衡　 李佳其　 主编

Nengyuan Huagong Zonghe Shiyan

策划编辑：王新华
责任编辑：王新华
封面设计：原色设计
责任校对：李　弋
责任监印：曾　婷
出版发行：华中科技大学出版社(中国·武汉)　　　电话：(027)81321913
　　　　　武汉市东湖新技术开发区华工科技园　　　邮编：430223
录　　排：华中科技大学惠友文印中心
印　　刷：武汉市籍缘印刷厂
开　　本：787mm×1092mm　 1/16
印　　张：15.25
字　　数：397 千字
版　　次：2025 年 7 月第 1 版第 1 次印刷
定　　价：43.00 元

前　言

　　能源是重要的战略资源,是国民经济的命脉,在社会发展中发挥着十分重要的作用。近年来,新能源行业发展迅速,但总体占比较小,短时期内,我国主要的能源还需依靠传统的煤炭、石油、天然气等化石能源。我国煤炭资源丰富,煤炭是我国主体能源和基础产业;在发展新能源、可再生能源的同时,石油作为基础能源和化工原料,其地位难以替代。我国教育部在2010年批准设置能源化学工程专业,该专业融合了化学、化工、能源等多学科知识,是致力于解决能源转化与利用过程中的关键科学与技术问题而设立的新工科专业。高质量专业教材对能源化学工程专业学生提高基本素养和专业能力尤为重要。

　　实验教学是能源化学工程专业教学的重要组成部分,是高校培养应用型人才的必经途径。本教材的编写旨在满足能源化学工程专业人才培养的需求,深化理论认知,强化知识记忆,锻炼操作技能,培养科学态度,训练科学思维,激发学习兴趣,培养创新能力。

　　本书参照国家标准或行业标准、相应仪器设备说明和实际操作过程编写而成。全书共分为三部分。第一部分为实验室安全及数据处理方法,强调完善科学有序的实验室安全工作体系,更好地保障实验室的正常运行,保障师生的安全健康;介绍怎样有规则地记录原始数据,合理地揭示变化规律。第二部分为石油及石油产品分析,包括石油产品取样及石油产品密度、黏度、凝点、闪点、残炭、水分等基本理化性质测试,以及石油产品的馏程、饱和蒸气压、实沸点蒸馏等蒸发性能分析实验。第三部分为煤质分析及性能测试,包括煤的工业分析、元素分析、工艺性质分析等。本书既可作为能源化学工程专业本科生的实验指导教材,也可为相关领域的工程技术人员和科研人员了解能源化工类实验提供参考。

　　本书中涉及较多国家标准,其原文可通过线上"国家标准全文公开系统"(https://openstd.samr.gov.cn/bzgk/gb/index)查阅。

　　本书由营口理工学院张彦甫、李昀衡、李佳其主编。李佳其负责第一部分的编写,李昀衡负责第二部分的编写,张彦甫负责第三部分的编写。全书由张彦甫负责最终修改和整理。本书出版过程中得到营口理工学院和华中科技大学出版社等单位的大力支持和帮助,在此表示衷心的感谢,并向书中所引用资料的作者致以诚挚的谢意。

　　由于编者水平有限,书中难免出现不当之处,敬请读者批评指正。

编　者
2025 年 5 月

目　录

第一部分　实验室安全及数据处理方法

第二部分　石油及石油产品分析

第三部分　煤质分析及性能测试

第一部分

实验室安全及数据处理方法

实验室是高校进行人才培养和科学研究的主要场所之一,实验室安全是实验室各项工作正常进行的基本保证,高校实验室的安全建设与管理既是实验室建设和管理的重要组成部分,又是其他工作的前提,与广大师生员工的身心健康息息相关,是和谐校园建设的重要内容。随着高等教育事业不断发展,办学规模不断扩大,办学水平不断提高,实验室的种类和数量也在不断增加,实验室规模不断扩大,功能不断拓展,实验室内的教学科研活动日趋频繁。如何不断完善实验室安全工作体系,使其更加科学、有序,更好地保障实验室正常运行,保障师生的安全健康,已经成为摆在实验室管理工作者面前的一项重要课题。

为深入贯彻落实党中央、国务院关于安全工作的系列重要指示和部署,深刻吸取事故教训,切实提高高校实验室安全管理能力和水平,教育部于 2019 年 5 月 22 日印发了《教育部关于加强高校实验室安全工作的意见》,对保障校园安全稳定和师生生命安全提出了意见。

《教育部关于加强高校实验室安全工作的意见》强调,要提高认识,进一步提高政治站位,充分认识实验室安全工作的复杂性和艰巨性,强化安全红线意识,深刻认识实验室安全的重要性,坚决克服麻痹思想和侥幸心理,切实解决实验室安全薄弱环节和突出矛盾,掌握防范化解遏制实验室安全风险的主动权。各地高校要强化落实,通过强化法人主体责任、建立分级管理责任体系,健全实验室安全责任体系,营造人人要安全、人人重安全的良好校园安全氛围。

《教育部关于加强高校实验室安全工作的意见》明确,要务求实效,建立安全定期检查制度、安全风险评估制度、危险源全周期管理制度、实验室安全应急制度,完善实验室安全管理制度。同时,通过持续开展安全教育、加强知识能力培训,持之以恒狠抓安全教育宣传培训。在组织保障方面,要求各高校保障机构人员经费,加强基础设施建设,加强安全工作能力建设。

在科学研究和工农业生产中,经常需要通过实验来寻找所研究对象的变化规律,并通过对规律的研究达到各种实用的目的,如提高产量、降低消耗、提高产品性能或质量等,特别是新产品实验,未知的东西很多,要通过大量实验来摸索工艺条件或配方。

自然科学和工程技术中所进行的实验,是一种有计划的实践。只有科学的实验设计,才能用较少的实验次数在较短的时间内达到预期的实验目标;反之,不合理的实验设计,往往会浪费大量的人力、物力和财力,甚至劳而无功。另外,随着实验的进行,必然得到大量的实验数据,只有对实验数据进行合理的分析和处理,才能获得研究对象的变化规律,达到指导生产和科研的目的。可见,最优实验方案的获得,必须兼顾实验设计方法和数据处理两方面,两者相辅相成、缺一不可。

在进行实验设计之前,实验者首先应对所研究的问题有深入的认识,如实验目的、影响实验结果的因素、每个因素的变化范围等,然后才能选择合理的实验设计方法,达到科学安排实验的目的。在科学实验中,实验设计一方面可以减少实验过程的盲目性,使实验过程更有计划;另一方面可以从众多的实验方案中,按一定规律挑选出少数具有代表性的实验。

合理的实验设计只是实验成功的必要条件,如果没有实验数据的分析计算,就不可能对所研究的问题有明确的认识,也不可能从实验数据中找出规律性的信息,因此实验设计是与一定的数据处理方法相对应的。实验数据处理在科学实验中的作用主要体现在以下 5 个方面:

(1)通过误差分析,可评判实验数据的可靠性。

(2)确定影响实验结果的因素主次,从而可抓住主要矛盾,提高实验效率。

(3)确定实验因素与实验结果之间存在的近似函数关系,并能对实验结果进行预测和优化。

(4)获得实验因素对实验结果的影响规律,为控制实验提供思路。

（5）确定最优实验方案或配方。

实验设计（experiment design）与数据处理（data processing）虽然归于数理统计的范畴，但也属于应用技术学科，具有很强的实用性。一般意义上的数理统计的方法主要用于分析已经获得的数据，对所关心的问题作出尽可能精确的判断，而对如何进行实验设计却没有过多的要求。实验设计与数据处理则是研究如何合理地安排实验，有效地获得实验数据，然后对实验数据进行综合的科学分析，以求尽快达到优化实验的目的。因此，完整意义上的实验设计实质上是实验的最优化设计。

第1章

实验室安全基础知识

一、危险化学品

（一）危险化学品分类

常用危险化学品按危险特性分为以下几类。

1. 爆炸品

本类化学品系指在外界作用下（如受热、受压、撞击等），能发生剧烈的化学反应，瞬时产生大量的气体和热量，使周围压力急剧上升，发生爆炸，对周围环境造成破坏的物品，也包括无整体爆炸危险，但具有燃烧、抛射及较小爆炸危险的物品。

2. 压缩气体和液化气体

本类化学品系指压缩、液化或加压溶解的气体，并应符合下述两种情况之一者：

（1）临界温度低于 50 ℃或在 50 ℃时其蒸气压大于 294 kPa 的压缩气体或液化气体。

（2）温度在 21.1 ℃时，气体的绝对压大于 275 kPa，或在 54.4 ℃时，气体的绝对压力大于 715 kPa 的压缩气体；或在 37.8 ℃时，雷德蒸气压大于 275 kPa 的液化气体或加压溶解的气体。

3. 易燃液体

本类化学品系指易燃的液体、液体混合物或含有固体物质的液体，但不包括由于其危险特性已被列入其他类别的液体，其闭口杯法闪点等于或低于 61 ℃。

4. 易燃固体、自燃物品和遇湿易燃物品

易燃固体系指燃点低，对热、撞击、摩擦敏感，易被外部火源点燃，燃烧迅速，并可能散发出有毒烟雾或有毒气体的固体，但不包括已被列入爆炸品的物品。

自燃物品系指自燃点低，在空气中易发生氧化反应，放出热量，而自行燃烧的物品。

遇湿易燃物品系指遇水或受潮时，发生剧烈化学反应，放出大量的易燃气体和热量的物品，有的不需明火，即能燃烧或爆炸。

5. 氧化剂和有机过氧化物

氧化剂系指处于高氧化态、具有强氧化性，易分解并放出氧气和热量的物质，包括含有过氧基的无机物，这类物质本身不一定可燃，但能导致可燃物的燃烧，与松软的粉末状可燃物能组成爆炸性混合物，对热、震动或摩擦较敏感。

有机过氧化物系指分子组成中含有过氧基的有机物，其本身易燃易爆，而且其极易分解，对热、震动或摩擦极为敏感。

6. 有毒品

本类化学品系指进入机体后,累积达到一定的量,能与体液和器官组织发生生物化学作用或生物物理学作用,扰乱或破坏机体正常生理功能,引起某些器官和系统暂时性或持久性的病理改变,甚至危及生命的物品。毒性标准:经口摄取半数致死量,固体 $LD_{50} \leqslant 500$ mg/kg,液体 $LD_{50} \leqslant 500$ mg/kg;经皮肤接触 24 h 半数致死量 $LD_{50} \leqslant 500$ mg/kg;粉尘、烟雾及蒸气吸入半数致死量 $LD_{50} \leqslant 10$ mg/L 的固体或液体。

7. 放射性物品

本类化学品系指放射性比活度大于 7.4×10^4 Bq/kg 的物品。

8. 腐蚀品

本类化学品系指能灼伤人体组织并对金属等物品造成损坏的固体或液体。与皮肤接触在 4 h 内出现可见坏死现象,或温度在 55 ℃时,对 20 号钢的表面均匀年腐蚀率超过 6.25 mm/a 的固体或液体。

对于每种常用危险化学品,应根据它们的主要危险特性归类。对于未列入分类明细表中的危险化学品,可以参照已列出的化学性质相似、危险性相似的物品归类。

(二) 危险化学品储存要求

(1) 不同品种的危险化学品必须分类存放,并不可超量储存。库房集中保管时,应保持一定的安全距离,并保持道路畅通。

(2) 保存一般化学试剂和危险物品时要避免混存。灭火方法不同的危险化学品绝对不允许在同一地点存放,即氧化剂不得与易燃易爆物品同存一处,能自燃或遇水燃烧的物品不得与易燃易爆物品同存一处。

(3) 对于遇水易爆,遇高温、暴晒会发生分解的危险化学品,以及液化气体分别不得在潮湿、易积水,高温处储存。

(4) 对储存压缩气体、液化气体的容器,必须按照压力容器检测的要求定期进行检测,禁止用检测不合格的容器储存压缩气体、液化气体。

(5) 危险化学品储存的场所应安装可靠的避雷设施,并定期进行避雷效果检测,确保不因雷击而引发火灾和爆炸。

二、气瓶安全常识

(一) 气瓶的定义、组成部分

气瓶是指公称容积不大于 1000 L,用于盛装压缩气体(含永久气体、液化气体和溶解气体)的可重复充气的移动式压力容器。气瓶由瓶体、瓶帽、瓶阀、防震胶圈等组成,其中瓶阀、瓶帽、防震胶圈是气瓶的安全附件,它们对气瓶的安全使用起着非常重要的作用。

瓶帽是保护瓶阀的,其功能在于避免在气瓶搬运和使用过程中由于碰撞而损伤瓶阀,甚至造成瓶阀飞出、气瓶爆炸等严重事故。固定式安全瓶帽在使用过程中严禁私自拆卸,其本身已设计了安装减压器的空间(除拆卸式瓶帽外)。

瓶阀是气瓶的主要附件,它是控制气体进出的一种装置。瓶阀严禁沾有油污;一定要爱护瓶阀上的螺纹,防止充装时或与减压器连接时出现脱扣现象,引起事故。

防震胶圈是指套装在气瓶筒体上的橡胶圈,其主要功能是使气瓶免受直接冲撞。防震胶圈可在物品运输时起缓冲作用,还可以保护瓶身漆色,否则漆剥脱变成锈色,稍不注意就会发生错装和混装现象,轻者影响充装气体的质量,重者导致气瓶发生化学性爆炸。防震胶圈还可以减少气瓶的瓶身磨损,延长气瓶使用寿命。

(二)气瓶的颜色标志

气瓶的颜色标志是指气瓶外表面的颜色、字样、字色和色环,其作用一是识别气瓶的种类,二是防止气瓶锈蚀。

(三)气瓶的储存环境

(1)气瓶应于专用仓库储存,气瓶仓库应符合《建筑设计防火规范》的有关规定。

(2)仓库内不得有地沟、暗道,严禁明火和其他热源,仓库内应通风、干燥,避免阳光直射、雨水淋湿,尤其是夏季雨水较多,谨防仓库内积水,腐蚀钢瓶。

(3)空瓶与实瓶应分开放置,并有明显的标志,毒性气体气瓶和瓶内气体相互接触能引起燃烧、爆炸,产生毒物的气瓶应分室存放,并在附近设置防毒用具和灭火器材。

(4)气瓶放置应整齐、配好瓶帽,立放时应妥善固定,横放时头部朝同一方向。

(5)盛装发生聚合反应或分解反应气体的气瓶,必须根据气体的性质控制仓库内的最高温度,规定储存期限,并应避开放射线源。

(四)气瓶的安全使用

(1)采购和使用有制造许可证的企业的合格产品,不使用未检验或超出检验有效期的气瓶。

(2)用户应到已办理充装注册的单位或经销注册的单位购气,自备瓶应由充装注册单位委托管理,实行固定充装。

(3)气瓶使用前应进行安全检查,对盛装气体进行确认,不符合安全技术要求的气瓶严禁入库和使用,必须严格按照使用说明书的要求使用气瓶。

(4)气瓶的放置点不得靠近热源和明火,应保证气瓶瓶体干燥,装有可燃、助燃气体的气瓶与明火的距离一般不小于 10 m。

(5)气瓶立放时,应采取防倾倒的措施。

(6)夏季应防止暴晒,一般存放在有顶棚的气瓶柜中。

(7)严禁敲击、碰撞。

(8)严禁在气瓶上进行电焊引弧。

(9)严禁用温度超过 40 ℃的热源对气瓶加热,瓶阀发生冻结时严禁用火烤。

(10)瓶内气体不得用尽,必须留有剩余压力或余量,永久气体气瓶的剩余压力应不小于 0.5 MPa;液化气体气瓶应留有 0.5%～1.0%规定充装量的剩余气体。

(11)在可能造成回流的使用场合,使用设备上必须配置防止倒灌的装置,如单向阀、止回阀、缓冲罐等;在工地或其他类似场合使用气瓶时,应把气瓶置于专用的车辆上或立于平整的地面,用铁链等物将其固定牢靠,以避免因气瓶放气倾倒坠地而发生事故。

（12）使用中若出现气瓶故障,如阀门严重漏气、阀门开关失灵等,应将瓶阀的手轮开关转到关闭的位置,再送气体充装单位或专业气瓶检验单位处理。未经专业训练、不了解其瓶阀结构及修理方法的人员不得修理。

（13）严禁擅自更改气瓶的钢印和颜色标记。

（14）为了避免在使用气瓶过程中发生气瓶爆炸、气体燃烧、中毒等事故,所有瓶装气体的使用单位应根据不同气体的性质和国家有关规范标准,制定瓶装气体的使用管理制度及安全操作规程。

（15）使用单位应做到专瓶专用,严禁混装气体。

（16）使用氧气或其他氧化性气体时,凡接触气瓶及瓶阀(尤其是出口接头)的手、手套、减压器、工具等,不得沾染油脂。因为油脂与一定压力的压缩氧气或强氧化剂接触后能产生自燃和爆炸。

（17）盛装易起聚合反应的气体的气瓶,不得置于有放射线的场所。

（18）当开启气瓶阀门时,操作者应特别注意缓慢操作。如果操之过急,有可能引起因气瓶排气而倾倒坠地(卧放时起跳)及可燃、助燃气体气瓶出现燃烧甚至爆炸的事故;如果瓶阀开启过急过猛,压力高达 15 MPa 的气体瞬间从瓶内排至有限的胶质气带内,因速度快,形成"绝热压缩",可能导致高温,引燃胶质气带甚至爆炸。此外,由于猛开瓶阀,气流速度快,摩擦静电能引发可燃物及助燃物的燃烧(助燃气体的燃烧往往是因存在可燃物而发生的)。

三、实验室消防

（一）灭火的基本方法

灭火主要是从 3 个方面采取措施:控制可燃物,控制造成燃烧的物质基础,缩小燃烧范围;隔绝空气(助燃物),防止构成燃烧的助燃条件;消除着火源,即消除激发燃烧的热源。

灭火的基本方法有如下 4 种。

1. 冷却法

用水喷射、浇洒,降低燃烧物质的温度。当其降到着火点以下,即可将火熄灭。因为水取用起来最方便、最便宜,所以用水灭火是扑灭火灾最常用的方法。

2. 窒息法

用二氧化碳、氮气、泡沫或石棉布,蘸水的被褥、麻袋或沙子等不燃或难燃的物质覆盖在燃烧物上,使空气和其他氧化剂不能与可燃物充分接触,使燃烧空间中的空气含氧量降低到 16％以下,即可将火熄灭。

3. 隔离法

将着火物附近易燃的东西撤到远离火源的地方,可将火灾限制在最小范围内,阻止火势蔓延,即可使火灾由大变小,直至熄灭。

4. 抑制法(化学中断法)

用卤代烷灭火剂(如"1211")喷射、覆盖火焰。这种方法是通过抑制燃烧的化学反应过程,夺去燃烧连锁反应中的活泼性物质,使燃烧中断,达到灭火目的。

（二）灭火剂常识

常用灭火剂除水以外,还有泡沫、卤代烷、二氧化碳、干粉等,均可分别用于扑救不同性质的火灾。使用灭火剂时必须配置相应的灭火设备和器材,才能发挥其灭火效力;根据灭火剂的不同性能,正确地用到不同的灭火场合,才能迅速灭火。

常用灭火剂简介如下。

1. 水

1）水的灭火功能

（1）冷却作用:每千克水的温度每升高 1 ℃就会吸收 4.19 kJ 的热量;水蒸发潜热为 2260.45 kJ/kg,即每千克水蒸发汽化时要吸收 2260.45 kJ 的热量。水与炽热的燃烧物接触时,在加热和汽化过程中,就会吸收大量的热量,迫使燃烧物的温度大大降低而最终停止燃烧。

（2）对氧的稀释作用:水遇到炽热的燃烧物后,汽化产生大量的水蒸气,能够阻止空气进入燃烧区,并能降低燃烧区内氧气的含量,使燃烧区逐渐缺少助燃的氧气而减弱燃烧强度。

（3）对水溶性可燃、易燃液体的稀释作用:当水溶性可燃、易燃液体发生火灾时,在允许用水扑救的条件下,水与可燃、易燃液体混合后,可降低其浓度和燃烧区内可燃蒸气的浓度,使燃烧强度减弱。

（4）水力的冲击作用:从水枪喷射出来的水具有很大的动能和冲击力,能冲到燃烧物的内部,使未着火的部分脱离燃烧区,阻止可燃物质继续分解,使燃烧强度显著减弱。

2）用水扑救火灾时应注意的问题

（1）凡与水反应能够产生可燃气体及容易引起爆炸的物质着火时均不能用水扑救。例如,碱金属、轻金属、电石、熔化了的铁水、钢水等发生火灾的场合,严禁用水扑救。

（2）非水溶性可燃、易燃液体（如柴油、汽油等油类）的火灾,原则上不能用水扑救。

（3）直流的水不能用于扑救带电设备的火灾,也不能扑救可燃粉尘（如铝粉、锌粉、面粉、煤粉等）聚集处的火灾。

（4）浓硫酸、浓硝酸和受热熔融的氧化剂引发的火灾,也不能用直流的水扑救,以免引起酸液发热飞溅伤人。必要时宜用喷雾水。

2. 泡沫灭火剂

泡沫灭火剂的水溶液通过化学作用、物理作用,充填大量气体（二氧化碳或空气）后形成无数小气泡（称为灭火泡沫）,当喷射出来后漂浮、覆盖在易燃液体表面上,一方面夺取液体热量（吸热）,使液体温度降低,蒸发速度减慢;另一方面因它具有一定的黏性,使可燃液体的蒸气不易穿透出去,当液面气体被泡沫封盖以后便形成隔离层,使外面空气无法进入。又因泡沫是热的不良导体,还能起到隔热作用。

泡沫灭火剂分为化学泡沫灭火剂和空气泡沫（或称机械泡沫）灭火剂两大类。化学泡沫是酸性物质（硫酸铝）和碱性物质（碳酸氢钠）的水溶液与发泡剂（泡沫液）相互作用而形成的膜状体泡群。泡沫液是动物或植物蛋白类物质经水解而成的。泡沫灭火剂通常用于扑救各种石油产品、油脂等火灾,也可用于扑救木材等一般可燃固体火灾。

3. 干粉灭火剂

干粉灭火剂是一种干燥、易于流动的微细固体粉末,平时储存于干粉灭火器或设备中。灭火时,靠加压气体（二氧化碳或氮气）的压力将干粉从喷嘴中射出,形成一股夹着加压气体的雾状粉流,射向燃烧物。干粉颗粒能使燃料在高温下产生的大量活性基团发生反应,使其成为非活性的物质。当大量的粉粒以雾状喷向火焰时,可以大量地吸收火焰中的活性基因,使其数量急剧减少,并中断燃烧的连锁反应,从而使火焰熄灭。干粉灭火剂适用于扑救可燃液体、可燃气体及带电设备的火灾。

4. 卤代烷灭火剂

卤代烷"1211"分子的卤素原子为二氟、一氯、一溴,它是一种常用的高效能新型液化气体灭火剂。其灭火原理主要是干扰、抑制火焰的连锁反应,具有使用过程所需时间短、灭火时不污损物品、灭火后不留痕迹及灭火效率高、速度快等优点。这类灭火剂适用于扑救易燃液体、可燃气体火灾和电气设备火灾。

5. 二氧化碳灭火剂

二氧化碳灭火剂是以液态形式加压充装在灭火器中的,当从喷筒喷出时,液态二氧化碳迅速汽化,可从自身吸收大量的热(每千克液态二氧化碳汽化时所需热量为 54.43 kJ),导致液体本身温度急剧下降,当其温度下降到 -78 ℃时,便有细小雪花状二氧化碳固体出现,对燃烧物有一定冷却作用。它的灭火作用主要是增加空气中不燃也不助燃的成分,相对减少空气的含氧量,从而抑制火焰蔓延。但此作用远不足以扑灭火焰。

二氧化碳对绝大多数物质没有破坏作用。灭火后,不留痕迹,又无毒害,它最适合扑救各种液体和那些受到水、泡沫、干粉等灭火剂的沾污后易损坏(如精密仪器、重要文件档案等)的固体物质的火灾。二氧化碳是不导电物质,可用它扑救 600 V 以下的各种带电设备的火灾。它还有一定的渗透、环绕能力,可以到达一般直射不能到达的地方。

注意:二氧化碳不能扑救钾、钠、镁、镉、铀等金属及其氢化物的火灾,也不能扑救在惰性介质中由自身供氧燃烧的物质(如硝化纤维火药)的火灾。

(三) 实验室常用灭火器简介

1. 泡沫灭火器

(1)型号、规格:型号用字母"MP"表示,规格在 6.5～130 L 范围内分为多种,实验室常用为 10 L。

(2)使用药剂:筒内装有碳酸氢钠、发泡剂和硫酸铝溶液。

(3)适用范围:适合扑救油类火灾。

(4)效能:10 L 泡沫灭火器喷射时间为 60 s,射程为 8～10 m。其他规格可参阅相应说明书(如 15 L 泡沫灭火器的喷射时间为 170 s,有效射程 13.5 m)。

(5)使用方法:颠倒筒身稍加摇动或打开开关,药剂即可混合反应,喷出泡沫。

(6)保管与检查:泡沫灭火器应放在安全、便于取用的地方;防止喷嘴堵塞;注意使用期限;冬季要做好筒身保温措施、防止冻结。第一种检查方法是,泡沫灭火器泡沫发生倍数为 5.5～8,存放期间泡沫发生倍数低于 4 时应及时换药;第二种方法是用密度计测试内外药,内药为 30 度,外药为 10 度,低于规定值时应及时换药。

2. 酸碱灭火器

(1)型号、规格:型号也用字母"MP"表示,实验室常用规格为 10 L。

(2)使用药剂:筒内装有碳酸氢钠水溶液和一瓶硫酸。

(3)适用范围:适合扑救木材、棉花、纸张等火灾。不能扑救电气和油类火灾。

（4）效能：10 L 酸碱灭火器喷射时间为 50 s，射程为 10 m。

（5）使用方法：把筒身颠倒过来，溶液即可喷出。

（6）保管与检查：保管方法同泡沫灭火器，检查方法同泡沫灭火器的第二种检查方法。

3．手提式干粉灭火器

（1）型号、规格：型号用字母"MF"表示，规格在 1～8 kg 范围分为多种，实验室常用的有 3 kg、4 kg、5 kg 和 8 kg 四种规格。

（2）使用药剂：瓶内装有碳酸氢钠或钾盐干粉，并充有高压二氧化碳气体。

（3）适用范围：适合扑救石油、石油产品、可燃气体，尤其是有机溶剂和电气设备的火灾。

（4）效能：喷射时间为 8～20 s，射程为 2～5 m，灭火面积为 0.8～2.5 m²，绝缘性能达 10000 V。

（5）使用方法：使用时，打开保险销，把喷管的喷口对准火源，拉动拉环，即可喷出干粉。

（6）保管与检查：干粉灭火器应保存在干燥通风处，防止受潮、日晒。每年检查一次，若发现干粉受潮结块，二氧化碳质量、压力不符合规定时，应及时换药。

4．推车式干粉灭火器

（1）型号、规格：型号用字母"MFT"表示，在 35～70 L 范围内有多种。

（2）使用药剂：同手提式干粉灭火器。

（3）适用范围：同手提式干粉灭火器。

（4）效能：喷射时间为 17～30 s，射程为 10～13 m，工作压力为 0.8～1.4 MPa，绝缘性能达 10000 V。

（5）使用方法：使用时，将灭火器推至火源附近（室外置于上风方向）。先取下喷枪，展开出粉管（注意，切不可有任何扭折现象）；再提起进气压杆，使高压二氧化碳气体进入储罐，当气压表读数达 0.7～1.1 MPa 时，放下压杆停止进气。接着用双手持喷枪，双脚站稳，使喷枪口对准火焰边缘根部，扣动扳机（开关），将干粉喷出，由近至远将火扑灭。在扑救油类火灾时，切勿使干粉的气流直接冲击油面。

（6）保管与检查：同手提式干粉灭火器。

5．二氧化碳灭火器

（1）型号、规格：型号用字母"MT"表示，规格有 2 kg 以下、2～3 kg、5～7 kg 等多种，实验室常用规格为 3 kg。

（2）使用药剂：瓶内盛有被压缩成液态的二氧化碳。

（3）适用范围：适合扑救贵重仪器、设备的火灾。不能扑救金属钾、钠、镁、铝等及其氢化物的火灾。

（4）效能：喷射时间为 20～45 s，射程为 1.2～2.5 m；水压实验压力应达 22.5 MPa。

（5）使用方法：接近着火地点，保持 3 m 的距离；先将铅封去掉，手提提把，使喇叭筒（喷筒）对准火源，另一手将手轮（开关）按逆时针方向旋转，即可开启开关，高压二氧化碳气体自行喷出。注意：切勿逆风使用。

（6）保管与检查：保管方法同泡沫灭火器。应每隔 3 个月测量一次二氧化碳灭火器的质量，将测得的质量与机体注明的机体质量和二氧化碳净重对照。当二氧化碳的净重减小到原净重的 10% 以下时，应及时充气。

6．"1211"灭火器

（1）型号、规格："1211"灭火器是卤代烷灭火器中的一种。规格在 0.5～5 kg 范围内分为多种。

（2）使用药剂：钢瓶内装有卤代烷液化气体，用氮气充压。

（3）适用范围：适合扑救易燃液体、可燃气体火灾和精密机械、电子仪器设备及仪表，以及文物、图书、档案等贵重物品的火灾。

（4）效能："1211"灭火器是一种轻便、高效的灭火器材，喷射时间为 10～18 s，射程为 2～5 m。

（5）使用方法：使用时先拔掉安全销，然后握紧压把，使密封阀开启，灭火剂在氮气压力作用下即可由喷嘴喷出。当松开压把时，压杆在弹簧作用下恢复原位，使阀门关闭，便停止喷射。使用时应垂直操作，不可平放或颠倒使用。使用时，喷嘴要对准火源根部，并向火焰边缘左右喷射，并快速向前推进；如遇零星小火，可采取点射灭火。

（6）保管与检查：应放在明显、取用方便的地方，并远离各类热源，防止日晒。每半年检查一次灭火器的总质量，当减小到原来的 1/10 以下时，应及时补充药剂和充气。

7. 消火栓

消火栓是灭火供水（用水灭火）设备之一，分为室内消火栓和室外消火栓两种。使用时，将水带一端的接口接在消火栓的出水口上，再把消火栓的手轮按开启方向旋转，即可将水喷出，对准火源扫射。

（1）室内消火栓：型号用字母"SN"表示，采用内扣式管牙螺纹，分为 50 mm 和 65 mm 两种口径，压力为 1.0 MPa。

（2）室外消火栓：型号用字母"SX"表示，分为 100 mm 和 150 mm 两种口径，压力为 0.8～1.6 MPa。

8. 水带

水带是连接消防泵、消火栓或水枪等喷射装置的输水管道。水带的长度一般为 20 m。为了连接方便，水带的两头均配有快接式接口。水带充水后应防止折弯，防止与坚硬物接触摩擦，防止各种油类将其沾污。平时保管，应将其晾干，展平后卷成盘状，存放于阴凉干燥处。

（四）实验室防火须知

（1）坚持"以防为主，以消为辅"的方针，健全防火制度，制定防火措施，并定岗到人，逐项落实。

（2）严禁使用非实验工作用电炉、电烤箱等电热器具；凡经批准用于实验工作的，必须确定位置、定点使用，其周围不得存有各类易燃物品。

（3）使用的电烙铁要放在不燃性支架上，其周围不得堆放可燃物。使用完毕，应及时切断电源。

（4）凡有变压器、电感线圈的设备，必须置于不燃性基座上。实验工作中同时启动的用电设备，其用电总功率不得超过该室所配电气设施的额定负荷。不准乱接乱拉电线。

（5）启动各类设备时，要严格遵守操作规程。

（6）严格执行易燃、易爆化学药品的保管、使用制度，不得麻痹大意。

（7）各类实验用原材料等物品应妥善保管、整齐存放；废弃杂物应及时清理，不准乱扔乱抛。

（8）凡配备的灭火器等消防设施要确保完好，妥善保管，严禁挪作他用或随便挪位。

（9）实验室各类人员必须熟悉本室各类灭火器材的效能、适用范围和使用方法等知识。

第2章

实验室废弃物的处理

一、实验室废弃物收集的一般办法

1. 分类收集法

按废弃物的类别性质和状态不同,分门别类收集。

2. 按量收集法

根据实验过程中排出的废弃物的量的多少或浓度高低予以收集。

3. 相似归类收集法

性质或处理方式、方法等相似的废弃物应收集在一起。

4. 单独收集法

危险废弃物应予以单独收集处理。

二、实验室废液处理的一般原则

在证明废弃物已相当稀少而又安全时,可以将其排放到大气或排水沟中;尽量浓缩废液,使其体积变小,放在安全处隔离储存;利用蒸馏、过滤、吸附等方法,将危险物分离,而只弃去安全部分;无论液体或固体,凡能安全燃烧的则燃烧,但数量不宜太大,燃烧时切勿残留有害气体或残余物,当不能焚烧时,要选择安全场所填埋,不可将其裸露在地面上。

一般有毒气体可通过通风橱或通风管道,经空气稀释后排放,大量的有毒气体必须通过与氧充分燃烧或吸附处理后才能排放。

废液应根据其化学特性选择合适的容器和存放地点,采用密闭容器存放,不可混合储存,而应标明废物种类、储存时间,定期处理。

三、无机废弃物的处理

1. 含镉废液的处理

用消石灰将镉离子转化成难溶于水的 $Cd(OH)_2$ 沉淀,即在含镉废液中加入消石灰,调节pH 至 $10.6 \sim 11.2$,充分搅拌后放置,分离沉淀,检测滤液中无镉离子时,将其中和后即可排放。

2. 含六价铬废弃物的处理

主要采用铁氧吸附法,即利用六价铬氧化性,采用铁氧吸附法将其还原为三价铬,再向此溶液中加入消石灰,调节 pH 至 8～9,加热到 80 ℃左右,放置一夜,溶液由黄色变为绿色,即可排放废液。

3. 含铅废液的处理

原理是用 $Ca(OH)_2$ 把二价铅转为难溶的氢氧化铅,然后采用铝盐脱铅法处理,即在废液中加入消石灰,调节 pH 至 11,使废液中铅生成氢氧化铅沉淀,然后加入硫酸铝,将 pH 降至 7～8,即生成氢氧化铝和氢氧化铅,共沉淀,放置,待其充分澄清后,检测滤液中不含铅,分离沉淀,排放废液。

4. 含砷废液的处理

利用氢氧化物的沉淀吸附作用,采用镁盐脱砷法,在含砷废液中加入镁盐,调节 pH 至 9.5～10.5,生成氢氧化镁沉淀,利用新生成的氢氧化镁和砷化合物的吸附作用,搅拌,放置一夜,分离沉淀,排放废液。

5. 含汞废液的处理

用硫化钠将汞转变为难溶于水的硫化汞,然后使其与硫化亚铁共沉淀而分离除去,即在含汞废液中加入与汞离子浓度等量的硫化钠,然后加入硫酸亚铁,使其生成硫化亚铁,将汞离子沉淀,分离沉淀,排放废液。

6. 含氰化物废液的处理

氰化物及其衍生物有剧毒,因此处理时必须在通风橱内进行。

利用漂白粉或次氯酸钠的氧化性将氰根离子转化为无害的气体,即先用碱溶液将溶液 pH 调到大于 11 后,加入次氯酸钠或漂白粉,充分搅拌,氰化物分解为二氧化碳和氮气,放置 24 h 后排放。

7. 酸碱废液的处理

将酸废液集中回收,或用来处理碱废液,或将酸废液先用耐酸玻璃纤维过滤,滤液加碱中和,调 pH 至 6～8 后即可排放,少量滤渣可埋于地下。

四、有机废弃物的处理

1. 甲醇、乙醇、乙酸等可溶性溶剂的处理

由于这些溶剂能被细菌分解,可以用大量的水稀释后排放。

2. 氯仿和四氯化碳废液的处理

水浴蒸馏,收集馏出液,密闭保存,回收利用。

3. 烃类及其含氧衍生物的处理

最简单的方法是用活性炭吸附。目前,有机污染物最广泛、最有效的处理方法是生物降解法、活性污泥法等。

五、废弃物处理时的注意事项

(1) 由于废液的组成不同,在处理过程中,往往伴随着有毒气体及发热、爆炸等危险,因此处理前必须充分了解废液的性质,然后分别加入少量所需添加的药品,必须边观察边操作。

（2）含有配离子、螯合物之类的物质，只加入一种消除药品，有时不能处理完全，因此要采取适当措施，以防止一部分还未处理的有害物质排出。

（3）对于为了分解氰根离子而加入的次氯酸钠，以致产生游离余氯，以及用硫化物沉淀处理废液而产生水溶性硫化物的情况，其处理后的废水往往有害，因此必须进行再处理。

第3章

实验数据处理方法

实验的目的或是测量某个量的值,或是确定某些量之间的函数关系。数据处理的中心内容是估算待测量的最佳值、估算测量结果的不确定度或寻求多个待测量之间的函数关系。本章主要介绍怎样有规则地记录原始数据与运算数据(列表法),以及怎样明确合理地揭示几个量之间的变化规律,显示或建立其函数关系,并进一步求出某些待测量(作图法及直线拟合)。

一、列表法

用合适的表格将实验数据(包括原始数据与运算数据)记录出来的方法就是列表法。实验数据既可以是同一个物理量的多次测量值及结果,也可以是相关几个量按一定格式有序排列的、对应的数值。

列表法能直接反映有关量之间的函数关系。此外,列表法还有一些明显的优点:便于检查测量结果和运算结果是否合理;若列出了计算的中间值,可以及时发现运算是否有错;便于日后对原始数据与运算进行核查。

数据列表时的要求如下:

(1) 表格力求简单明了,分类清楚,便于显示有关量之间的关系。

(2) 表格中各量应写明单位,单位写在标题栏内,一般不要写在每个数字的后面。

(3) 表格中的数据要正确地表示出被测量的有效数字。

二、作图法

在坐标纸上描绘出所测物理量的一系列数据之间关系的图线,这种方法就是作图法。该方法简便直观,易于揭示出物理量之间的变化规律,粗略地显示出对应的函数关系,是寻求经验公式常用的方法之一。作图规则如下。

1. 选用合适的坐标纸与坐标分度值

一般先选用毫米方格坐标纸,再选取合适的坐标分度值。坐标分度值的选取要符合测量值的准确度,即应能反映出测量值的有效数字位数。一般以 1 小格(1 mm)或 2 小格对应于测量仪表的最小分度值或对应于测量值的次末位数,即倒数第 2 位数,以保证图上读数的有效数字位数不少于测量数据的有效数字位数,即不降低数据的精度,当然也不应夸大数据的精度。分度时应使各个点的坐标值都能迅速方便地从图中读出,一般 1 大格(10 mm)代表 1、2、5、10 个单位较好,而不采用 1 大格代表 3、6、7、9 个单位,也不应该用 3、6、7、9 个小格(1 mm)代表 1 个单位。否则,不仅标实验点和读数时不方便,而且容易出错。两轴的比例可以不同。坐标范围应恰好包括全部测量值,并略有富余,一般图面不要小于 10 cm×10 cm。最小坐标值不必都从零开始,以便作出的图线大体上能充满全图,布局美观合理。原点处的坐标值,一般可选取略小于数据最小值的整数。

2. 标明坐标轴

以横轴代表自变量(一般为实验中可以准确控制的量,如温度、时间等),以纵轴代表因变量,用粗实线在坐标纸上描出坐标轴,在轴端注明物理量的名称、符号、单位,并按顺序标出轴线整分格上的量值。

3. 标实验点

实验点可用"*""×""◎""△"等符号中的一种标明,不要仅用"·"标实验点。同一条图线上的数据用同一种符号,若图上有两条图线,应用两种不同符号以便于区分。

4. 连成图线

使用直尺、曲线板等工具,按实验点的总趋势连成光滑的曲线。由于存在测量误差,且各点误差不同,不必强求曲线通过每一个实验点,但应尽量使曲线两侧的实验点靠近图线,且分布大体均匀。

描绘仪器、仪表的校正曲线时,相邻两点一律用直线连接,呈折线形式,这是因为在校正点处已经检测了明确的对应关系,而相邻两个校正点之间的对应关系却是未知的,因而用线性插入法予以近似。

5. 写出图线名称

在图纸下方或空白位置写出图线的名称,必要时还可作某些说明。

三、用最小二乘法求经验方程

数据列表、作图及写出解析表达式都是描述函数关系的方法,而以解析表达式最为明确。用最小二乘法来寻求解析表达式(经验公式),虽然计算数值的工作量很大,但借助电子计算机便能轻松地完成,故此法得到广泛的应用。这里只讨论用最小二乘法求直线方程的问题,即直线拟合问题(也称为一元线性回归)。

所谓最小二乘法,就是这样一个法则:拟合于各数据点的最佳曲线应使各数据点与曲线偏差的平方和为最小。

已知函数为线性关系,其形式如下:

$$y = ax + b$$

式中,a、b 为要用实验数据确定的常数。此类方程称为线性回归方程,方程中的待定常数 a、b 称为线性回归系数。

由实验测得的数据:$x = x_1, x_2, \cdots, x_n$ 时,对应的 $y = y_1, y_2, \cdots, y_n$。

由于实验数据总是存在误差,因此,把各组数据代入上式中,两边并不相等。相应作图时,数据也并不能准确地落在公式所对应的直线上。

四、实验报告要求

实验报告书写应工整,至少应包括以下信息:

(1) 实验目的;

（2）实验原理；

（3）实验仪器设备；

（4）实验内容与步骤；

（5）实验数据记录与处理；

（6）实验结果分析与讨论；

（7）实验结论。

第二部分

石油及石油产品分析

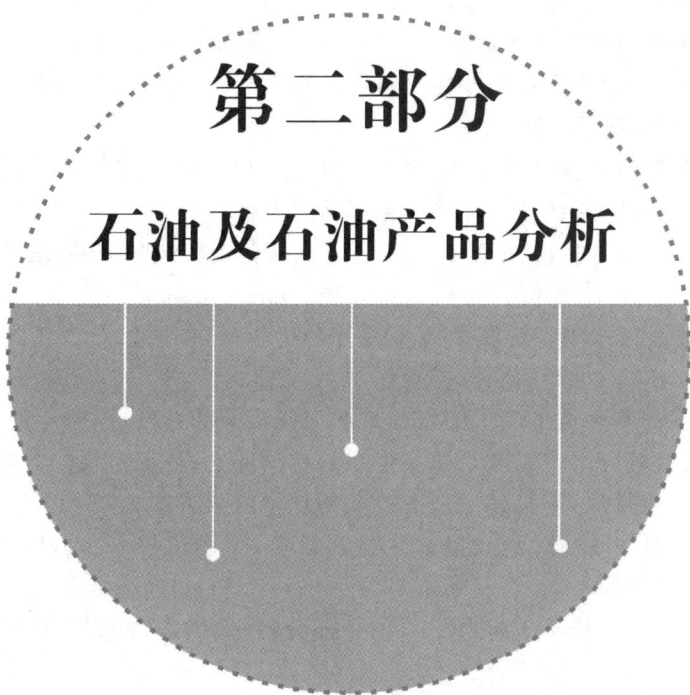

石油及石油产品分析贯穿于现代能源工业的生产、环保、贸易和科研等各环节。通过对原油及成品油的物理化学性质进行系统检测，不仅能确保产品质量符合国家标准，还能为炼油工艺优化提供依据。例如，通过测定原油的密度和馏程分布，可动态调整分馏塔操作参数，提升轻质馏分油产率。在环保领域，分析数据有助于企业实时监控有害物质的含量，确保储运过程符合《石油炼制工业污染物排放标准》的要求。国际贸易中，API 等指标直接影响原油定价，标准化检测结果是跨境交易的重要基础。石油分析技术还推动了新能源领域的创新，如生物柴油与传统柴油的兼容性研究、碳足迹追踪技术开发等，为行业绿色转型提供技术保障。

在石油分析实践中，需特别注意以下关键事项：

（1）严格遵循标准化操作流程，采样时需使用符合 GB/T 4756—2015 规范的专用工具，避免轻组分挥发或污染；检测过程中应采用经 CNAS 认证的方法。

（2）仪器设备的精密度直接影响结果可靠性，精密设备需定期校准并建立维护档案，关键参数需在标准条件下运行；人员操作的规范性同样重要，分析人员需持证上岗并定期接受能力考核，确保数据记录完整、可追溯。

（3）数据管理方面，应建立实验室信息管理系统（LIMS），实现从样品接收到报告签发的全流程电子记录，通过区块链技术保障数据不可篡改性。

（4）安全防护不容忽视，处理高毒性样品时需配备正压式呼吸器，废液处理需符合危险废物管理规定。

（5）对复杂样品需采用多维联用技术提升分析精度，同时结合人工智能算法优化数据解析效率，确保分析结果对生产的实时指导作用。

石油分析技术面临多重挑战。随着非常规油气资源的开发，深海原油、页岩油等复杂样品的分析需求激增，传统方法难以满足超痕量组分检测要求；环保法规的升级也对分析技术提出更高要求。应对这些挑战，需构建"三位一体"的技术解决方案：

（1）在硬件层面，开发微型化、集成化检测设备，如微流控芯片技术可将样品预处理、分离、检测集成于方寸之间；

（2）在软件层面，构建基于机器学习的智能分析平台，实现数据自动校准、异常值识别和趋势预测；

（3）在管理层面，建立跨部门数据共享机制，将实验室分析数据与生产控制系统（DCS）、企业资源计划（ERP）系统深度融合。

石油及石油产品分析不仅是保障能源安全的技术屏障，更是推动产业升级的创新引擎。在全球能源转型的大背景下，该领域正经历从传统检测向智能分析的深刻变革。未来，随着量子计算、纳米传感器等前沿技术的应用，石油及石油产品分析将实现更高精度、更快响应和更低成本的突破，为行业可持续发展注入新动能。

第4章

石油及石油产品分析概述

一、石油及石油产品生产

石油是自然界中天然存在的，主要由液体或半固体烃类有机物的混合物所组成或衍生的物质。石油颜色多为黑色、褐色或绿色，少数为黄色。地下开采出来的石油在加工前称原油。原油是石油的天然存在形态，主要存在于多孔地下岩层中。

石油产品是以石油或石油某一部分作为原料直接生产出来的各种商品的总称。例如：燃料、润滑油、润滑脂、石蜡、沥青、石油焦及炼厂气等。

（一）石油及其组成

1. 石油的元素组成

世界上各国油田所产石油的性质千差万别，但它们的元素组成基本一致。石油主要由 C、H 两种元素组成，其中 C 含量为 83.0%～87.0%，H 含量为 10.0%～14.0%；根据产地不同，还含有少量的 O、N、S 和微量的 Cl、I、P、As、Si、Na、K、Ca、Mg、Fe、Ni、V 等元素。它们均以化合物形式存在于石油中。

2. 石油的化合物组成

石油不是一种单纯的化合物，而是由几百种甚至上千种化合物组成的混合物。产地不同，元素组成也各不相同，因而石油的化合物组成存在很大的差异。它们主要由烃和烃的衍生物组成，此外还有少量无机物。

1）烃

烃（碳氢化合物）是石油的主要成分。石油中的烃种类很多，至今尚无法确定。但大量研究表明烷烃、环烷烃和芳香烃是石油烃类的主要成分，它们在石油中的分布变化较大。含烷烃较多的原油称为石蜡基原油，含环烷烃较多的原油称为环烷基原油，而介于两者之间者称为中间基原油。

2）烃的衍生物

烃的衍生物即非烃类有机物。这类化合物的分子中除含有 C、H 元素外，还含有 O、N、S 等元素，这些元素虽然含量很少（1%～5%），但形成化合物的量很大，一般占石油总量的 10%～15%，极少数原油中非烃类有机物含量甚至高达 60%，它们对石油炼制和石油产品质量的影响很大，其大部分需在加工过程中予以脱除，如果将它们进行适当处理，也可生产一些有用的化工产品。

3）无机物

除烃及其衍生物外，石油中还含有少量无机物，主要是水及 Na、Ca、Mg 的氯化物、硫酸盐和碳酸盐以及少量泥污等。它们分别呈溶解、悬浮状态或以油包水型乳化液形式分散于石油中。其危害主要是增加原油储运的能量消耗，加速设备腐蚀和磨损，促进结垢和生焦，影响深度加工催化剂的活性等。

（二）石油产品生产

原油需要通过一系列加工过程后，才能得到众多的商用油品。

1．一次加工

将原油用蒸馏的方法分离成轻重不同馏分的过程，称为一次加工，也称原油蒸馏。原油蒸馏是炼油厂总加工流程中所在工艺的"龙头"，其具体工段包括原油预处理（脱盐脱水）、常压蒸馏和减压蒸馏（相应的馏分油也称直馏馏分）。一次加工所得的粗产品分为以下几种：

（1）轻质馏分油：沸点在 370 ℃以下的馏出油，如汽油、煤油、柴油等。

（2）重质馏分油：沸点在 370～540 ℃的馏出油，如重柴油、各种润滑油馏分、裂化原料等。

（3）减压渣油：又称减压残油。

未经减压蒸馏加工的常压蒸馏所得的塔底油，称为常压重油（又称常压渣油、半残油）。

2．二次加工

二次加工是对原油一次加工所得产物的再加工。此加工过程主要是利用重质馏分油和重油或渣油来生产轻质馏分油和其他油品，其工艺包括催化裂化、加氢裂化、热裂化、延迟焦化等。广义上讲，各种粗油品的精制过程也属于二次加工。

3．三次加工

三次加工主要是对二次加工所得的有关气体以及裂解原料等进行的再加工，目的是生产高辛烷值汽油组分和其他化工原料或化工产品等，包括烃类烷基化、异构化等加工工艺。

二、石油产品分类及有关标准

（一）石油产品分类

我国石油产品分类的主要依据是 GB/T 498—2014《石油产品及润滑剂分类方法和类别的确定》，它参照采用国际标准 ISO 8681：1986《石油产品及润滑剂-分类方法-等级的定义》。该标准按主要用途和特性将石油产品划分为 5 类，即燃料（F）、溶剂和化工原料（S）、润滑剂和有关产品（L）、蜡（W），以及沥青（B）。其类别名称代号是按反映各类产品主要特征的英文名称的第一个字母确定的。

石油产品分类标准采用统一命名格式，产品整体名称以编码形式表示。其一般形式如下：

$$\boxed{\text{ISO}}-\boxed{\text{类别}}-\boxed{\text{品种}}-\boxed{\text{数字}}$$

或者

$$\boxed{\text{类别}}-\boxed{\text{品种}}-\boxed{\text{数字}}$$

（1）ISO：International Organization for Standardization 的缩写，国际标准化组织。

（2）类别：石油产品或有关产品的类别用一个字母表示（表 4-1），该前缀字母应和其他符号用短横"-"相隔。

表 4-1　石油产品和有关产品的总分类

GB/T 498—2014		ISO 8681:1986	
类别名称	类别代号	designation	class
燃料	F	fuels	F
溶剂和化工原料	S	solvents and raw materials for chemical industry	S
润滑剂和有关产品	L	lubricants and related products	L
蜡	W	waxes	W
沥青	B	bitumen	B

（3）品种：由一组英文字母（1～4 个）组成，首字母总是表示组别，后面所跟的字母不管单独存在时有无含义，都要给予定义，在有关组或品种的详细分类标准中给予明确规定。

（4）数字：位于产品名称的最后，其含义应在相应的标准中规定。

例如：ISO-L-HL-32，其中第 1 个 L 表示润滑剂，H 表示液压系统用油，第 2 个 L 表示具有抗氧和防锈性能的精制矿物油，32 表示黏度等级（GB/T 3141—1994《工业液体润滑剂 ISO 黏度分类》中的黏度等级）。

1. 燃料

石油燃料是用来作为燃料的各种石油气体、液体的统称。按 GB/T 12692.1—2010《石油产品燃料（F 类）分类第 1 部分：总则》将其分为 5 组。

（1）气体燃料（组别代号 G）：主要指甲烷、乙烷组成的气体燃料。

（2）液化气燃料（组别代号 L）：主要指 C_3、C_4 烷烃和烯烃组成的气体燃料，副组别 L、M、H 分别代表轻质、中质、重质馏分。

（3）馏分燃料（组别代号 D）：由原油加工或石油气分离所得的液体燃料。

（4）残渣燃料（组别代号 R）：由原油加工残渣所得的液体燃料。

（5）石油焦（组别代号 C）：由原油或重油深度加工所得的固体燃料。

2. 溶剂和化工原料

溶剂和化工原料一般是石油中低沸点馏分，即直馏馏分、催化重整产物抽提芳烃后的抽余油经进一步精制而得到的产品，一般不含添加剂，主要用途是作为溶剂和化工原料。

3. 润滑剂及有关产品

润滑剂是一类很重要的石油产品，几乎所有带有运动部件的机器都需要润滑剂。润滑剂包括润滑油和润滑脂。

4. 石油蜡、石油沥青和石油焦

1）石油蜡

蜡广泛存在于自然界，在常温下大多为固体，按其来源可分为动物蜡、植物蜡和矿物蜡。石油蜡包括液蜡、石油脂、石蜡和微晶蜡，它们是具有广泛用途的一类石油产品。液蜡一般是指 $C_9 \sim C_{16}$ 的正构烷烃，它在室温下呈液态。石油脂又称凡士林，通常是以残渣润滑油料脱蜡所得的蜡膏为原料，按照不同黏度的要求掺入不同量的润滑油，并经过精制后制成的一系列产品。石蜡又称晶形蜡，它是对减压馏分精制、脱蜡和脱油而得到的固态烃类，其烃类分子的碳原子数为 18～36,平均相对分子质量为 300～500。微晶蜡是从石油减压渣油中脱出的蜡经脱油和精制而得,它的碳原子数为 36～60,平均相对分子质量为 500～800。

2)石油沥青

石油沥青是以减压渣油为主要原料制成的一类石油产品,它是黑色固态或半固态黏稠状物质。石油沥青主要用于道路铺设和建筑工程,也广泛用于水利工程、管道防腐、电器绝缘和油漆涂料等方面。

3)石油焦

石油焦为黑色或暗灰色的固态石油产品,它是带有金属光泽、呈多孔性的无定形碳素材料。石油焦一般含 C 90％～97％,含 H 1.5％～8％,其余为少量的 S、N、O 和金属元素。石油焦一般是减压焦油经延迟焦化而制得,广泛用于冶金、化工等部门,作为制造石墨电极或生产化工产品的原料。

(二) 石油产品有关标准

1. 石油产品标准

按照 GB/T 20000.1—2014《标准化工作指南 第 1 部分:标准化和相关活动的通用术语》的规定:所谓标准,是指通过标准化活动,按照规定的程序经协商一致制定,为各种活动或其结果提供规则、指南或特性,供共同使用和重复使用的文件。标准的制定,应以科学、技术和经验的综合成果为基础,以促进最佳的共同效益为目的。

石油产品标准是指将石油及石油产品的质量规格按其性能和使用要求规定的主要指标。石油产品标准包括产品分类、分组、命名、代号、品种(牌号)、规格、技术要求、检验方法、检验规则、产品包装、产品识别、运输、储存、交货和验收等内容。在我国主要执行中华人民共和国强制性标准(GB)、推荐性国家标准(GB/T)、石油化工行业标准(SH)和企业标准,如石油化工企业标准(Q/SH),涉外的按约定执行。

2. 实验方法标准

石油产品是复杂有机物的混合物,理化性质没有固定值,因此,其实验需用特定的仪器,按规定的操作条件进行。石油产品实验方法标准就是根据石油产品实验多为条件性实验的特点,为方便使用和确保贸易往来中具有仲裁和鉴定法律约束力而制定的一系列分析方法标准。实验方法标准包括适用范围、方法概要、使用仪器、材料、试剂、测定条件、实验步骤、结果计算、精密度等技术规定,根据标准的适应领域和有效范围分为以下 6 类。

1)国际标准

国际标准是由国际标准化组织或国际标准组织通过并公开发布的标准。国际标准在全世界范围内统一使用。

2)区域标准

区域标准是由区域标准化组织或区域标准组织通过并公开发布的标准,如欧洲标准化委员会(CEN)制定和使用的欧洲标准(EN)。

3)国家标准

国家标准是指由国家标准机构通过并公开发布的标准。例如,我国石油及石油产品实验方法国家标准是由国务院标准化行政主管部门指派中国石油化工股份有限公司石油化工科学研究院组织制定,在 1988 年以前由国家标准局颁布实施;1990 年后依次改由国家技术监督局、国家质量技术监督局、国家质量监督检疫检验总局发布。目前由国家市场监督管理总局和国家标准化管理委员会联合发布。

国家标准号前都冠以不同字头。例如：我国用 GB，美国用 ANSI，英国用 BSI，德国用 DIN，日本用 JIS，俄罗斯用 ГOCT 等。

4）行业标准

行业标准是指由行业机构通过并公开发布的标准。行业标准由国务院有关行政主管部门制定实施，并报国务院标准化行政部门备案，如中国石油化工行业标准用 SH 表示。行业标准不得与国家标准相抵触。

国际上著名的行业标准有美国材料与实验协会标准 ASTM、英国石油学会标准 IP 和美国石油学会标准 API，它们都是世界上著名的行业标准。

5）地方标准

地方标准是指在国家的某个地区通过并公开发布的标准。例如，北京市地方标准 DB 11/238—2021《车用汽油环保技术要求》。

6）企业标准

企业标准是指由企业通过、供该企业使用的标准。企业标准须报当地政府标准化行政主管部门和其他有关行政主管部门备案。企业标准不得与国家标准或行业标准相抵触。为了提高产品质量，企业标准可以比国家标准或行业标准更为先进。

石油产品实验方法属于技术标准中的方法标准。我国石油产品实验方法的编号意义如下：编号的字母（汉语拼音）表示标准等级，带有"T"的为推荐性标准，无"T"的为强制性标准，中间的数字为发布标准序号，末尾数字为审查批准年号，批准年号后面有括号时，括号内的数字为该标准进行重新确认的年号。例如，GB 17930—2006 为中华人民共和国国家标准第17930 号，2006 年批准；GB/T 19147—2016 为中华人民共和国国家推荐性标准第 19147 号，2016 年批准；GB/T 261—1983（1991）为中华人民共和国推荐性标准第 261 号，1983 年批准，1991 年重新确认；SH/T 0404—2008 为中国石油化工行业推荐性标准第 0404 号，2008 年批准。

3. 我国采用国际标准或国外先进标准的方式

1）等同采用

"等同采用"用符号"≡"、缩写字母"idt"表示。其技术内容完全相同，没有或仅有编辑性修改，编写方法完全对应。

2）等效采用

"等效采用"用符号"="、缩写字母"eqv"表示。其技术内容基本相同，个别条款结合我国情况稍有差异，但可被国际标准接受，编写方法不完全对应。

3）非等效采用

"非等效采用"即"参照采用"，用符号"≠"、缩写字母"nev"表示。其技术内容有重大差异，有互不接受的条款。

三、石油产品分析的目的、任务及方法分类

（一）石油产品分析的目的

石油产品分析的目的是通过一系列的分析实验，对石油从原油到石油产品的生产过程和

产品质量进行有效控制和检验。它是石油产品生产加工的"眼睛",可为石油产品加工过程提供有效的科学依据。

（二）石油产品分析的任务

1. 为制定加工方案提供基础数据

对用于石油炼制的原油和原材料进行分析检验,为建厂设计和制定生产方案提供可靠的数据。

2. 为控制工艺条件提供数据

对各炼油装置的生产过程进行控制分析,系统地检验各馏出口产品和中间产品的质量,从而对各生产工序及操作进行及时调整,以保证产品质量和安全生产,并为改进生产工艺条件、提高产品质量、增加经济效益提供依据。

3. 检测石油产品的质量

对石油产品进行质量检验,确保进入商品市场的石油产品的质量,促进企业建立健全的质量保证体系。

4. 对石油产品的使用性能进行评定

对超期储存和失去标签或发生混串石油产品的使用性能进行评定,以便确定上述石油产品能否使用或提出处理意见。

5. 对石油产品的质量进行仲裁

当石油产品生产和使用部门对石油产品质量发生争议时,可根据国际或国家统一制定的标准进行检验,确定石油产品的质量,进行仲裁,以保障供需双方的合法利益。

（三）石油产品分析方法的分类

1. 按分析方法的原理分类

1) 化学分析法和物理-化学分析法

化学分析法是利用某产品待测物质的化学性质来进行分析和检测的方法,如 GB 18351—2017《车用乙醇汽油(E10)》中的"硫醇(博士实验)(NB/SH/T 0174)"项目。利用某产品待测物质的物理和化学性质进行分析和检测的方法称为物理-化学分析法,如 GB 18351—2017 中的"水溶性酸或碱(GB/T 259)"项目。

2) 仪器分析法

该法利用某些常见或特殊,甚至专用(属)仪器设备对某产品待测项目或物质进行分析和检测,如 GB 18351—2017《车用乙醇汽油(E10)》中的"铅含量(GB/T 8020)""乙醇含量(SH/T 0663)"两项目,标准中分别采用原子吸收光谱法和气相色谱法。虽然某些特殊、专用(属)仪器设备也归于仪器分析法的范畴,但在石油产品分析和检验领域,还有其独特的称谓,如 GB 18351—2017 中的"蒸气压(GB/T 8017)""铜片腐蚀(GB/T 5096)"两项目均属于模拟性条件实验法。

2. 按生产及要求分类

1) 快速分析法

顾名思义,该法的突出特点是实验步骤简单,操作速度快,实验结果的误差可能较大,但只要满足生产要求即可,此法主要用于车间的中间产品控制分析(也称中控分析)。必要时,快速分析可在车间现场进行。

2）例行分析法

例行分析法,也称常规分析法或日常分析法。该法主要依据实验方法标准,对原料、成品等物料进行分析。与快速分析、在线分析比较,此法需用的时间可相对长些,但对实验结果的准确度要求较高,主要用于产品质量评定、认证以及工艺计算、财务核算等。例行分析多在企业质检处(科)中心化验室进行。例行分析所使用的实验方法标准,有的也适用于仲裁分析。

3）在线分析法

在线分析法,也称过程控制分析法。它是在中控分析的基础上发展起来的现代检验技术。该技术主要针对生产过程中中间产品的特性量值进行实时检测,并将数据、参数直接反馈到工艺总控制系统,及时实施车间生产过程的全程质量控制。

4）仲裁分析法

该法特指不同单位对同一产品的分析结果发生争议时,由国家认证的权威机构采用公认的实验方法标准进行裁决性的且具有法律效力的实验工作。

随着现代分析技术与手段的不断进步,快速分析也在向提高实验结果准确度的方向发展,例行分析也在向迅速得出实验结果的方向发展,它们之间的差别已逐渐变小,越来越不明显。当下某些用于中控过程领域的在线分析以后可能在终产品的在线分析和检验领域得到更加广泛的应用。

第5章

石油产品取样

一、石油产品试样

石油产品试样是指按照给定实验方法提供的所需要产品的代表性部分。

(一) 石油产品试样的分类

按石油产品性状的不同,石油产品试样可分为如下 4 类:

(1) 液体石油产品试样:如煤油、汽油、柴油、原油等。

(2) 膏状石油产品试样:如润滑脂、凡士林等。

(3) 固体石油产品试样:①可熔性石油产品,如石蜡、沥青等;②不熔性石油产品,如石油焦、硫磺块等;③粉末状石油产品,如焦粉、硫磺粉等。

(4) 气体石油产品试样:如液化石油气、天然气等。

(二) 液体石油产品试样的分类

石油产品分析中最常见的是液体石油产品,GB/T 4756—2015《石油液体手工取样法》按取样位置和方法将液体石油产品试样分类如下。

1. 点样

点样是指在罐内规定位置或按规定时间从管线液流中采集的样品。点样仅代表石油产品局部或某段时间的性质。如图 5-1 所示,按取样位置可将点样划分如下:

(1) 撇取样(表面样):从油罐内顶液面处采取的试样。

(2) 顶部样:在石油产品顶液面下 150 mm 处采取的试样。

(3) 上部样:在石油产品顶液面下深度 1/6 处采取的试样。

(4) 中部样:在石油产品顶液面下深度 1/2 处采取的试样。

(5) 下部样:在石油产品顶液面下深度 5/6 处采取的试样。

(6) 底部样:从油罐或容器底表面(底板)上,或者从管线最低点处石油产品中采取的试样。

(7) 出口液面样:从油罐内抽出石油产品的最低液面处取得的试样。

此外,属于点样的还有排放样(从油罐排放活栓或排放阀门采取的试样)、罐侧样(从罐侧取样管线采取的点样)。

2. 代表性试样

代表性试样是指试样的物理、化学特性与取样总体的平均特性相同的试样。通常用按规定从同一容器各部位或几个容器中所采取的混合试样来代表该批石油产品的质量,测定石油

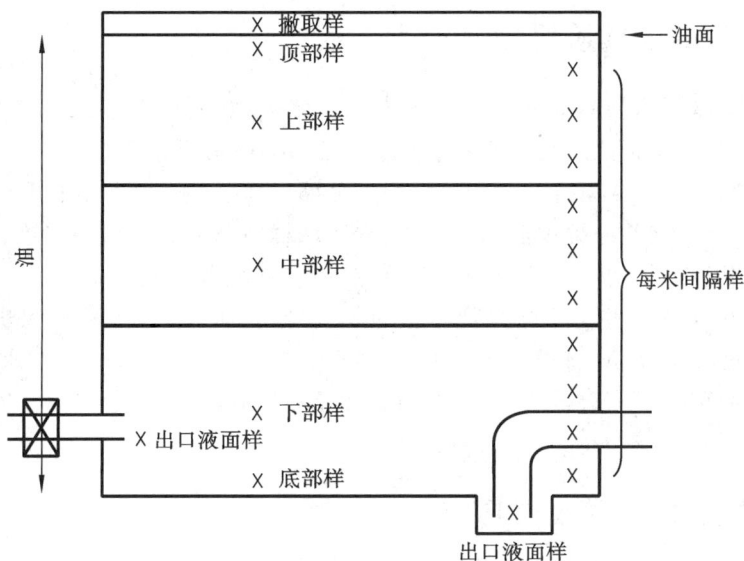

图 5-1　液体石油产品取样位置示意图

（×表示取样点）

产品的平均性质。石油产品试样一般指代表性试样。

1）组合样

组合样是指按规定比例合并若干个点样得到的用以代表整个石油产品性质的试样。常见组合样是按下述任何一种情况合并试样而得到的：

（1）按等比例合并上部样、中部样和下部样。

（2）按等比例合并上部样、中部样和出口液面样。

（3）对于非均匀石油产品，应在多于 3 个液面上采取一系列点样，按其所代表石油产品数量比例掺和而成；从几个油罐或油船的几个油舱中采取单个试样，按每个试样所代表石油产品数量比例掺和而成。

（4）在规定时间间隔从管线流体中采取一系列等体积的点样并混合（时间比例样）。

除非有特殊规定或者经过有利害关系的对象同意，才能制备用于实验的组合样，否则应对单个的点样进行实验，然后由单个实验结果和每个样品所代表的数量按比例计算整体的实验值。

2）全层样

全层样是指取样器在一个方向上通过整体液面，使其充满约 3/4（最大 85%）液体时所取得的试样。

3）例行样

例行样是指将取样器从石油产品顶部降落到底部，然后以相同速度提升到石油产品的顶部，提出液面时取样器充满约 3/4 时的试样。

二、石油及液体石油产品的取样

取样是按规定方法，从一定数量的整批物料中采集少量有代表性试样的一种行为、过程或技术。按规定取样是保证样品具有代表性的关键。

（一）执行标准及其适用范围

我国石油及液体石油产品取样执行标准有 GB/T 4756—2015《石油液体手工取样法》和 SH/T 0635—1996《液体石油产品采样法（半自动法）》。前者等效采用 ISO 3170：2004《液体石油手工取样法》，适用于从固定油罐、铁路罐车、公路罐车、油船和驳船、桶和听或从正在输送液体的管线中采取液体烃、油罐残渣和沉淀物样品，取样时，要求储存容器（罐、油船、桶、听等）或输送管线中的石油产品处于常压范围，且石油产品在环境温度至 100 ℃之间应为液体；后者规定了从立式油罐中采取液体石油和石油化工产品试样的方法，对于原油和非均匀液体石油用半自动法所取试样的代表性较好。

本节仅以石油液体手工取样法为例，介绍石油及液体石油产品手工取样的仪器、操作及注意事项。

（二）取样仪器、容器及用具

1. 取样仪器

（1）油罐取样器。

油罐取样器按试样不同分为多种，见表 5-1。

表 5-1　油罐取样器的种类

试 样 名 称	取样器名称	试 样 名 称	取样器名称
点样	取样笼	油罐沉淀物或残渣样品	沉淀物取样器（抓取取样器）
	加重取样器		重力管或撞锤管取样器
	界面取样器	例行样	例行取样器
底部样	底部取样器	全层样	全层取样器

①取样笼：它是一个金属或塑料保持架或笼子，能固定适当的容器（如玻璃瓶）。装配好后应加重，容器口用系有绳索的瓶塞塞紧，取样器塞子能在任一要求的液面开启（图 5-2）。

②加重取样器：它是一个底部加重（一般灌铅）并设有器盖开启机构的金属容器（图 5-3）。

③界面取样器：由一根玻璃管、金属管或塑料管制成，当其在液体中降落时液体能自由地流过（图 5-4）。通过有关装置可以使其下端在要求的液面处关闭。

④底部取样器：当其降落到罐底时，能通过与罐底板的接触打开阀或启闭器，而在离开罐底时又能关闭阀或启闭器（图 5-5）。

⑤沉淀物取样器（抓取取样器）：它是一个带有抓取装置的坚固黄铜盒，其底部是两个由弹簧关闭的夹片组，取样器由吊缆放松，取样器顶上的两块轻质盖板可防止从液体中提升取样器时样品被冲洗出来（图 5-6）。

⑥重力管或撞锤管取样器：它是加重的或者配备机械操纵装置的一根具有均匀直径的管状装置，可穿透被取的沉淀层。

⑦例行取样器：它是一个加重的或放在加重取样笼中的容器，只是在取样瓶口处安装有钻孔的软木塞或有开口的螺纹帽（开口的尺寸取决于液体的黏度、液体的深度和容器的尺寸），以限制取样时的充油速度。在通过石油产品降落和提升时取得样品，但不能保证它是在均匀速度下充满的。

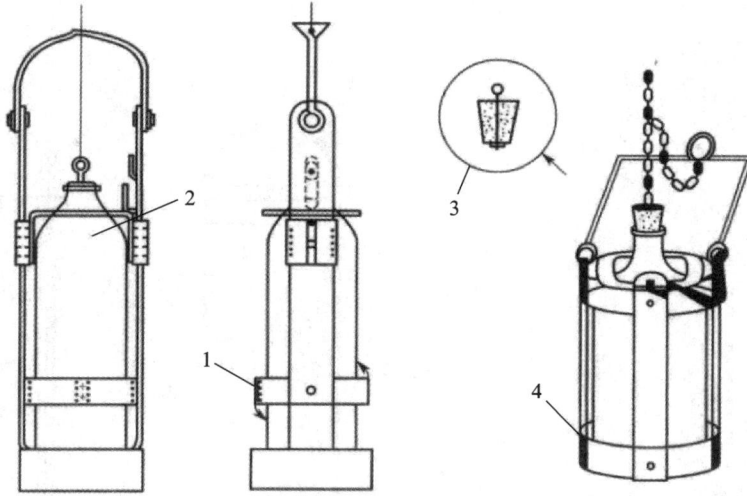

图 5-2　取样笼示意图

1—转动环；2—取样瓶；3—软木塞详图；4—加重的瓶子保持架

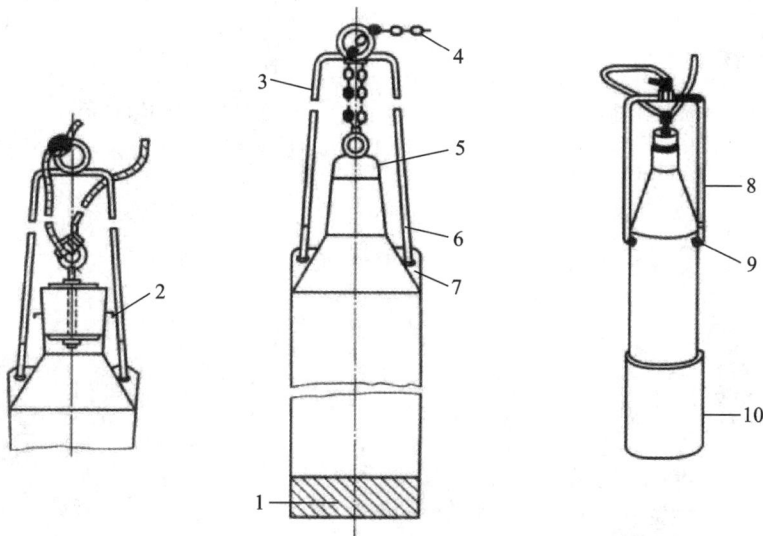

图 5-3　加重取样器

1—外部铅锤；2—加重器嘴；3,8—铜丝手柄；4—可防火花的绳或长链；
5—紧密装配的锥形帽；6—黄铜焊接头；7,9—黄铜焊的耳状柄；10—铅板

⑧全层取样器：如图 5-7 所示，该取样器有液体进口和气体出口，通过在石油产品中降落和提升来试样，但不能保证石油产品是在均匀速度下充满的，故所取试样代表性较差。

（2）桶和听取样器。

通常使用管状取样器，如图 5-8 所示，它是一根由玻璃、金属或塑料制成的管子，能插到油桶或汽车油罐中所需要的液面上，从一个选择液面上采取点样或底部样；有时用于从液体的纵向截面采取代表性试样，在下端有关闭机构。

（3）管线取样器。

管线取样器由取样头、隔离阀和输油管组成。取样头应安装在竖直管线中，其开口直径应

触发关闭机构的重物

图 5-4　界面取样器

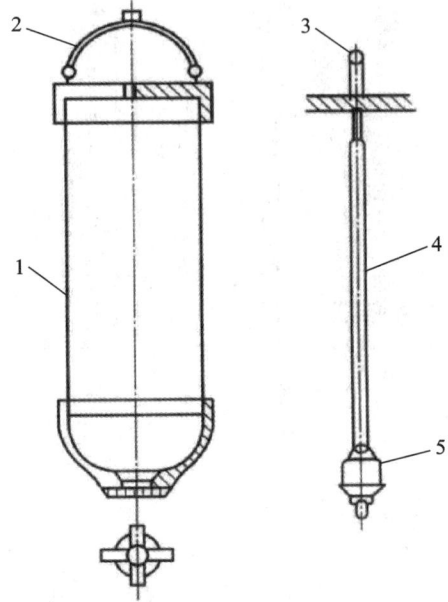

图 5-5　底部取样器

1—外壳；2—挂钩；3—放空提手；4—内芯；5—重物

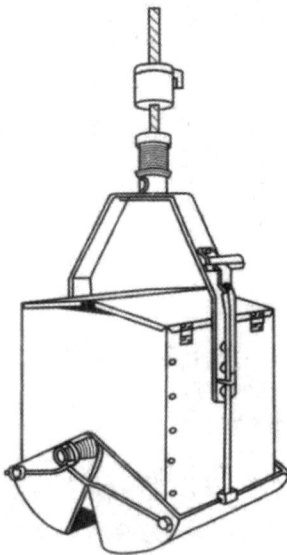

图 5-6　沉淀物取样器

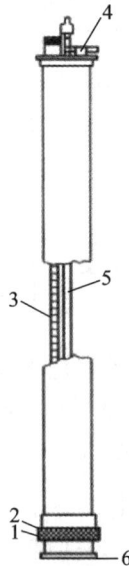

图 5-7　全层取样器

1—底座充油孔；

2—夹紧底座的滚花的环；

3—温度计；4—扳倒开关；

5—停止杆；6—接触线

图 5-8　管状取样器

不小于 6 mm。取样头的开口朝向液流方向,取样头的入口中心点与管壁的距离不小于管线内径的 1/4。输油管的长度应使其能达到试样容器底部,以便浸没充油。

2. 试样容器

试样容器是用于储存和运送试样的接受器,不渗漏石油产品,能耐溶剂,具有足够的强度。常用玻璃瓶、塑料瓶、带金属盖的瓶或听,容量通常为 0.25～5 L。成品油销售过程中的样品容器一般使用茶色玻璃瓶,容量一般为 1 L。

容器封闭器有软木塞、磨砂玻璃塞、塑料或金属螺旋帽。

3. 取样用具

(1)防护手套:用不溶于烃类的材料制成。

(2)眼罩或面罩:防止石油产品飞溅伤害。

(3)防爆手电:取样照明用。

(4)取样绳:由导电、不打火花的材料制成的绳或链。不能完全用人造纤维制造,最好用天然纤维(如马尼拉麻、剑麻)制作。

(5)废油桶:作为冲洗或排放取样器剩余油样的专用设施。

(6)气体闭锁装置:当从压力油罐,特别是从使用惰性气体系统的油罐取样时使用的装置。

(三)取样准备

1. 确定取样条件

确定储油罐、油船、公路罐车是否有装卸石油产品任务,确定是否可以取样,一般在完成转移或装罐 30 min,石油产品稳定后,才可以取样。

2. 选择合适的取样器和试样容器

要根据取样任务选择合适的取样器和试样容器,采样仪器和试样容器必须清洁干燥,取样前应当用被取石油产品冲洗至少一次。

3. 做好安全防护准备

(1)穿不产生静电火花的鞋和衣服;戴上不溶于烃类的防护手套;在有飞溅危险的地方,要戴眼罩或面罩。

(2)在油罐或油船上取样前,应先接触距离取样口至少 1 m 远的某个导电部件,以消除身体静电荷。

(3)只要有可能,浮顶油罐都应从顶部平台取样,因为有毒和可燃蒸气会聚集到浮顶上方。当必须下到浮顶取样时,应有至少两个人戴上呼吸器在现场;若一人取样,应有其他人员站在楼梯头处,可清楚看到取样者,以防发生意外。

(4)油罐取样时,应站在上风口,避免吸入石油产品蒸气。

(5)取样时,为防止电火花,在整个取样过程中应保持取样导线牢固接地,接地方法是直接接地或与取样口保持牢固接触。

(四)取样操作方法

1. 立式油罐取样

1)点样

降落取样器或瓶,直到其口部达到要求的深度(看标尺),用适当的方法打开塞子,在要求的液面处保持取样器直到充满为止。当采取顶部试样时,小心降落不盖塞子的取样器,直到其颈部刚刚高于液体表面,再突然地将取样器降到液面下 150 mm 处,当气泡停止冒出(表示取样器充满)时,将其提出。如需在不同液面取样时,要从上到下依次取样,以避免搅动下面的液体。

2)组合样

组合样是把具有代表性的单个试样的等分样转到组合样容器中混合均匀而成的。

立式圆筒形油罐在成品油交接过程中,多采用上部、中部和下部样方案,若罐内石油产品是均匀的,则将具有代表性的单个样品按等比例分别转移到组合样容器中混合均匀。

3)底部样

检查罐底积水与杂质情况时,应取底部样。取样时,降落底部取样器,将其直立停在罐底板上,通过与罐底板接触打开启闭器,石油产品自取样器底部进入取样器,静置片刻,提出取样器,则启闭器自行关闭。

如需要将其内含物全部转移进试样容器时,应使取样器直立于试样容器口上,向上轻轻提起放空提手,使所取试样(包括取样器壁上黏附的水和固体)沿进液孔全部转移到试样容器中。

4)界面样

降落打开的界面取样器,使液体通过取样器冲流,到达要求液面后,关闭阀,提出取样器。若使用透明的管子,可以通过管壁目视确认界面,然后根据量油尺的量值确定界面在油罐内的位置。检查阀是否正确关闭,如阀未正确关闭要重新取样。

5)罐侧样

取样阀应装到油罐的侧壁上,与其连接的取样管至少伸进罐内 150 mm。下部取样管应安装在出口管的底液面上。

6)全层样

用全层取样器在石油产品中降落或提升时,从液体进口取得试样。取样时要掌握好降落或提升的速度。

7)例行样

以匀速将取样瓶和笼子从石油产品表面降到罐底,再提出石油产品表面,不能在任何点停留。当从石油产品中提出取样瓶时,瓶内应充入约 75% 的石油产品,绝不能超过 85%。

2. 卧式圆筒形和椭圆形油罐取样

从这类油罐采取点样方法与立式油罐相同。

3. 油船或驳船的取样

油船的装载空间一般划分为若干个大小不同的舱室。可以从每个舱室采取点样;对于装载相同石油产品的油船,也可按 GB/T 4756—2015 中规定的方法进行随机抽查取样。

4. 油罐车取样

把取样器降到罐内石油产品深度的 1/2 处,急速拉动绳子,打开取样器塞子,待取样器内充满油后,提出取样器。对于整列装有相同石油或液体石油产品的油罐车,也可按 GB/T 4756—2015 中规定的方法进行随机抽查取样,但必须包括首车。

5. 油罐残渣和沉淀物取样

罐底残渣是一层软而黏稠的有机或无机沉淀物。残渣厚度不同,取样方法不同。厚度不大于 50 mm 时,使用沉淀物取样器;厚度大于 50 mm 的软残渣可使用重力管取样器,硬残渣则用撞锤管取样器或其他合适的工具。

6. 桶或听取样

取样前,将桶口或听口向上放置,打开盖子,放在桶口或听口旁边,粘油的一面朝上。

用拇指封闭清洁干燥的取样管上端,把管子插进石油产品中约 300 mm 深,移开拇指,让石油产品进入取样管,再用拇指封闭上端,抽出取样器。水平持管,润洗内表面。要避免触摸管子已浸入石油产品中的部分,舍弃并排净管内的石油产品。再用同样的方法取样,取出的石油产品转入试样容器中,然后封闭试样容器,放回桶盖,拧紧。对容量小于 20 L 的听装容器,用其全部内含物作为试样。

7. 管线取样

管线样有流量比例样和时间比例样两种,推荐使用流量比例样。采取管线流量比例样前,先放出一些要取样的石油产品,把全部取样设备冲洗干净。取样时,按表 5-2 规定从取样口采取试样,并将所取试样等体积掺和成一份组合样。采取时间比例样时,按表 5-3 规定从取样口采取试样,并将采取的试样以等体积掺和成一份组合样。

表 5-2　管线流量比例样取样规定

输油数量/m³	取 样 规 定
≤1000	在输油开始(指罐内石油产品流到取样口)时和结束时(指停止输油前 10 min)各一次
1000～10000	在输油开始时一次,以后每隔 1000 m³ 取样一次
>10000	在输油开始时一次,以后每隔 2000 m³ 取样一次

表 5-3　管线时间比例样取样规定

输油时间/h	取 样 规 定	输油时间/h	取 样 规 定
≤1	在输油开始时和结束时各一次	2～24	在输油开始时一次,以后每隔 1 h 取样一次
1～2	在输油开始时、中间和结束时各一次	>24	在输油开始时一次,以后每隔 2 h 取样一次

8. 非均匀石油或液体石油产品的取样

非均匀石油或液体石油产品最好用自动管线取样器取样。如果用手工取样法,则应先从上部、中部和出口液面处采取试样,送到实验室并用标准方法分别检测它们的密度和水含量,当实验结果之差值在规定范围内时,试样可视为具有代表性;否则要从罐的出口液面开始向上以每米间隔采取试样,并分别进行实验,用这些实验结果去确定罐内油品的性质和数量。

(五)试样处理及保存

1. 试样处理

试样处理是指在试样取出点到分析点或储存点之间对试样的均化、转移等过程。进行试样处理时要保持试样的性质和完整性。

含有挥发性物质的油样应用初始试样容器直接送到实验室,不能随意转移到其他容器中,如必须就地转移,则要冷却和倒置试样容器;具有潜在蜡沉淀的液体在均化、转移过程中要保持一定的温度,防止出现沉淀;含有水或沉淀物的不均匀样品在转移或实验前一定要均化处理。手工搅拌均化不能使其中的水和沉淀物充分地分散,常用高速剪切机械混合器和外部搅拌器循环的方法均化试样。

2．试样的保存

（1）试样保存数量：液体石油产品一般为 1 L。

（2）试样保留时间：燃料油类（汽油、煤油、柴油等）保存 3 个月；润滑油类（各种润滑油、润滑脂及特殊油品等）保存 5 个月；有些试样的保存期由供需双方协商后可适当缩短或延长。

试样在整个保存期间应保持签封完整无损，超过保存期的试样由实验室适当处置。

（3）采取的试样要分装在两个清洁干燥的瓶子里。第 1 份试样送往化验室分析用，第 2 份试样留存发货人处，供仲裁实验使用。仲裁实验用试样必须按规定保留一定的时间。

（4）试样容器应贴上标签，并用塑料布将瓶塞瓶颈包裹好，然后用细绳捆扎并铅封。标签上的记号应是永久的，应使用专用的记录本作详细取样记录。

标签一般填写如下项目：取样地点；取样日期；取样者姓名；石油或石油产品的名称和牌号；试样所代表的数量；罐号、包装号（和类型）、船名等；被取试样的容器的类型和试样类型（例如上部样、平均样、连续样）。

三、固体和半固体石油产品、石油沥青及液化石油气的取样

（一）固体和半固体石油产品的取样

石油产品中固体和半固体产品的取样方法执行 SH/T 0229—1992《固体和半固体石油产品取样法》。

1．取样工具

（1）采取膏状或粉状石油产品试样时，使用螺旋形钻孔器或活塞式穿孔器，其长度有 400 mm（用于在铁盒、白铁桶或袋子中取样）和 800 mm（用于在大桶或鼓形桶中取样）两种。在活塞式穿孔器的下口，焊有一段长度与口部直径相等的金属丝。

（2）采取固体石油产品试样时，使用刀子或铲子。

2．取样的一般要求

（1）根据分析任务确定合适的取样量。

（2）取样工具和容器必须清洁。采取试样前应该用汽油洗涤工具和容器，待干燥后使用。

（3）用来掺和成一个平均试样时，允许用同一件取样器或钻孔器取样，这件工具在每次取样前不必洗涤。

3．取样方法

1）膏状石油产品的取样

（1）取样件数：装在小容器中的膏状石油产品，要按包装容器总件数的 2％（但不应少于 2 件）采取试样，取出试样要以相等体积掺和成一份平均试样。车辆运载的大桶、木箱或鼓形桶按总件数的 5％ 采取平均试样。

（2）取样方式：将执行取样的容器顶部或盖子朝上立起，用抹布擦净顶部或盖子，取下的顶盖表面朝上，放在包装容器旁边。然后从润滑脂表面刮掉直径 200 mm、厚度约 5 mm 的脂层。

用螺旋形钻孔器采取试样时，将钻孔器旋入润滑脂内，使其通过整个脂层一直达到容器底

部,然后取出钻孔器,用小铲将润滑脂取出。用活塞式穿孔器采取试样时,将穿孔器插入润滑脂内,使其通过整个脂层一直达到容器底部,然后将穿孔器旋转180°,使穿孔器下口的金属丝切断试样,取出穿孔器,用活塞挤出试样。但在大桶或木箱中取样时,应先弃去钻孔器下端5 mm脂层。

从每个试样容器中采取相等数量的试样,将其装入一个清洁而干燥的容器里,用小铲或棒搅拌均匀(不要熔化)。取出试样后,白铁桶、铁盒、木箱要用盖子盖好,大桶、鼓形桶要把顶盖装好。

2) 可熔性固体石油产品的取样

(1) 取样件数:装在容器中的可熔性固体石油产品,要按包装容器总件数的2%(但不应少于2件)采取试样。取出的试样要以大约相等的体积掺和成一份平均试样。

(2) 取样方式:打开桶盖或箱盖,从石油产品表面刮掉直径200 mm、厚度约10 mm的一层,利用灼热的刀子割取一块约1 kg的试样。

从每块试样的上、中、下部分别割取3块体积大约相等的小块试样;将割取的小块试样装在一个清洁、干燥的容器中,在实验室进行熔化,注入铁模。

从散装用模铸成的可熔性固体石油产品采取试样时,在每100件中,采取的件数不应少于10件;未经模铸的产品,要在每吨中采取一块样品(总数不少于10块)。从不同的位置选取一些大小相同的块料作为试样,再从每块试样的不同部分割3块体积大致相等的小块试样,装在一个容器中,交给实验室熔化,搅拌均匀后注入铁模。

3) 粉末状石油产品的取样

(1) 取样件数:包装中的粉末状石油产品,要按袋子总件数的2%或按小包总件数的1%(但不应少于2袋或2包)采取试样,取出的试样要以相等体积掺和成一份平均试样。

(2) 取样方式:从袋子或小包中取样时,将穿孔器插入石油产品内,使穿孔器通过整个粉层,将取出的试样装入一个清洁、干燥的容器中,搅拌均匀。随后,将袋或包的缺口堵塞。

4) 散装不熔性固体石油产品的取样

不熔性固体石油产品在成堆存放或在装车和卸车时,按下述规定用铲子采取试样:

(1) 用机械传送时,要按送料斗数的20%取样。

(2) 用车辆运输时,要按车辆的10%取样。

(3) 用手推车或肩挑运送时,要按车数或挑数的2%取样。

取出的试样要以大约相等的数量掺和成一份平均试样。不允许用手任意选取几块固体石油产品作为试样。目视大于250 mm的块料,不能作为试样。将捣碎的试样放在铁板上,小心地拌匀,并铺成一个正方形的均匀层,再按对角线划分成4个三角形。然后把任何两个对顶三角形的试样去掉,将剩下的试样混合在一起,重新捣碎成5~10 mm的小块,拌匀。

反复执行如上的四分法,直至试样质量达到2~3 kg。

5) 散装可熔性固体石油产品的取样

可熔性固体石油产品,要按如下方法掺和成平均试样:

(1) 在同一批产品中要从不同位置选取一些大小相同的块料作为试样。用模铸成的石油产品,在每100件中,采取的总数不应少于10件;未经模铸的石油产品,要在每吨中采取一块试样,但取出的总数不应少于10块。

(2) 从每块试样的不同部分割3块体积大约相等的小块试样。

(3) 将取出的试样装在一个容器中,交给实验室熔化,搅拌均匀后注入铁模内。

4. 试样的保管和使用

（1）膏状石油产品试样，要分装在两个清洁、干燥的牛皮纸袋或玻璃罐中。一份试样作为分析之用，另一份试样留在发货人处保存 2 个月，供仲裁实验时使用。

（2）装有试样的玻璃罐要用盖子盖严，可用牛皮纸或羊皮纸封严。

（3）在每个装有试样的玻璃罐或纸包上，要把叠成两折的细绳固定在贴上标签的地方，细绳的两个绳头要用火漆或封蜡粘在塞子上，盖上监督人的印戳。

标签必须写明：产品名称和牌号；发货工厂名称或油库名称；取样时货物的批号或车、铁盒、大桶和运输等编号；取样日期；石油产品的国家标准、行业标准或技术规格的代号。

（二）石油沥青的取样

石油沥青作为一类产品具有特殊性，其取样方法执行 GB/T 11147—2010《沥青取样法》，该标准修改采用美国材料与实验协会标准 ASTM D140-01（2007 年确认）《沥青材料取样法》。

1. 试样数量要求

（1）液体沥青试样量：常规检验试样从桶中取样时为 1 L，从储罐中取样时为 4 L。

（2）固体或半固体试样量：取样量为 1～1.5 kg。

2. 盛样器

（1）液体沥青或半固体沥青盛样器：使用具有密封盖的金属容器，乳化石油沥青可用聚乙烯塑料桶。

（2）固体沥青盛样器：应为带盖桶，也可用有可靠外包装的塑料袋。

3. 取样方式

1）从沥青储罐或桶中取样

（1）从不能搅拌的储罐（流体或经加热可变成流体）中取样时，应先关闭进料阀和出料阀，然后取样。用沥青取样器（不适用于黏稠沥青）在液层的上、中、下位置（液面高各 1/3 范围内，但距罐底不得小于液面高的 1/6），各取样 1～4 L；从罐中取的 3 个试样，经充分混合后留取 1～4 L 进行所要求的检验。

（2）从有搅拌设备的罐中取样（流体或经加热可变成流体的沥青），经充分搅拌后由罐中部取样。

（3）大桶包装则按随机取样的要求从充分混合后的桶中取 1 L 液体沥青试样。

2）从槽车、罐车、沥青撒布车中取样

当车上设有取样阀或顶盖时，可从取样阀或顶盖处取样。从取样阀取样至少应先放掉 4 L 沥青后取样；从顶盖处取样时，用取样器从该容器中部取样；从出料阀取样时，应在出料至约 1/2 时取样。

3）从油轮和驳船中取样

在装料或卸料中取样时，应在整个装卸过程中，时间间隔均匀地取至少 3 个 4 L 试样，将其充分混合后再从中取出 4 L 备用；从容量 4000 m³ 或稍小的油轮或驳船中取样时，应在整个装料或卸料中，时间间隔均匀地取至少 5 个试样（容量大于 4000 m³ 时，至少取 10 个 4 L 试样），将这些试样充分混合后，再从中取出 4 L 备用。

4）半固体或未破碎的固体沥青取样

（1）取样方式：从桶、袋、箱中取样时，应在表面以下及容器侧面以内至少 5 cm 处采样。

若沥青是能够打碎的,则用干净的适当工具打碎后取样;若沥青是软的,则用干净的适当工具切割取样。

(2)取样数量:当能确认是同一批生产的产品时,应随机取出一件,按上述取样方式取 4 kg 供检验用;当上述取出试样经检验不符合规格要求或者不能确认是同一批生产的产品时,则须按随机取样的原则,选出若干件后再按上述规定的取样方式取样。每个试样的质量应不少于 0.1 kg,这样取出的试样经充分混合后取出 4 kg 供检验用。

5)碎块或粉末状固体沥青取样

散装储存的沥青应按 SH/T 0229 所规定的方法取样和准备检验用样品,总样量应不少于 25 kg,再从中取出 1～1.5 kg 供检验用;装在桶、袋、箱中的沥青,按随机取样的原则挑选出若干件,从每一件接近中心处取至少 0.5 kg 样品。这样采集的总样量应不少于 20 kg,然后按 SH/T 0229 中 7.2 条规定的方法从中取出 1～1.5 kg 供检验用,即应在 24 h 内将试样捣碎成不大于 25 mm 的小块,然后执行四分法,直至试样质量达到 1～1.5 kg。

(三) 液化石油气的取样

液化石油气是指在环境温度和压力适当的情况下,能以液相储存和输送的石油气体。其主要成分是丙烷、丙烯、丁烷和丁烯,带有少量的乙烷、乙烯和戊烷、戊烯。通常以其主要成分来命名,例如,工业丁烷和工业丙烷。液化石油气取样属于带压液体取样,目前执行 SH/T 0233—1992《液化石油气采样法》。

1. 取样器

液化石油气取样器用不锈钢制成,能耐压 3.1 MPa 以上,要求定期进行约 2.0 MPa 的气密性实验。常见取样器类型如图 5-9 所示,大小可按实验需要确定。

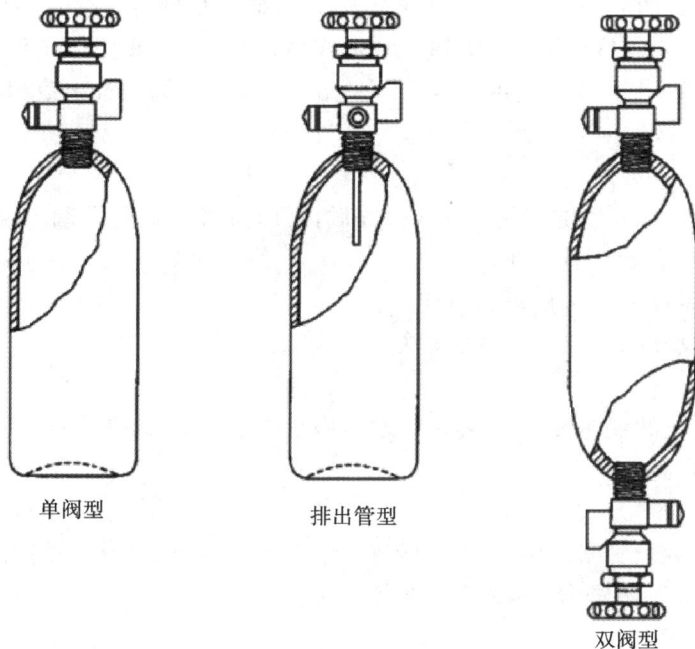

单阀型　　　　排出管型

双阀型

图 5-9　液化石油气取样器

如图 5-10 所示,取样器用铜、铝、不锈钢或尼龙等材料制成的软管与取样管连接,并通过产品源控制阀(阀 1)、取样管排出控制阀(阀 2)和入口控制阀(阀 3)三个控制阀控制取样。

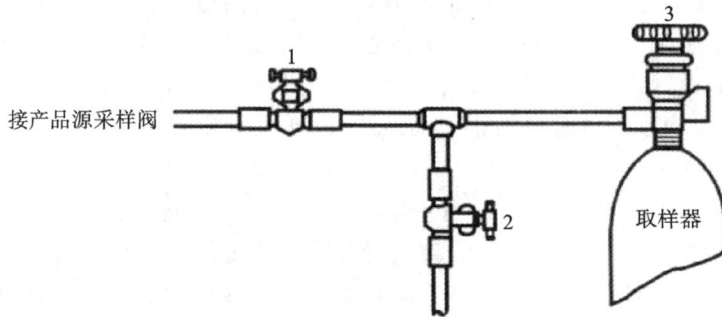

图 5-10　取样连接示意图
1—产品源控制阀;2—取样管排出控制阀;3—入口控制阀

2. 取样方法

1)取样准备

(1)选择取样器。按实验所需试样量,选择清洁、干燥的取样器。对于单阀型取样器,应先称出其质量。

(2)冲洗取样管。如图 5-10 所示,连接好阀 3 与取样管,关闭阀 1、阀 2 和阀 3,然后依次打开产品源采样阀、阀 1 和阀 2,用试样冲洗取样管。

①单阀型取样器的冲洗:冲洗取样管后,先关闭阀 2,再打开阀 3,让液相试样部分注满取样器,然后关闭阀 1,打开阀 2,排出一部分气相试样,再颠倒取样器,让残余液相试样通过阀 2排出,重复上述冲洗操作至少 3 次。

②双阀型取样器的冲洗:将其置于直立位置,出口阀在顶部,当取样管冲洗完毕后,先关闭阀 2 和阀 3,再打开阀 1,然后缓慢打开阀 3 和取样器出口阀,让液相试样部分充满容器,关闭阀 1,从取样器出口阀排出部分气相试样后,关闭出口阀,打开阀 3 排出液相试样的残余物,重复此冲洗操作至少 3 次。

2)取样

当最后一次冲洗取样器的液相残余物排完后,立即关闭阀 2,打开阀 1 和阀 3,使液相试样充满容器,再关闭阀 3、出口阀和阀 1,然后打开阀 2,待完全卸压后,拆卸取样管。调整取样量,排出超过取样器容量 80% 的液相试样。

对于非排出管型的取样器,采用称重法;对于排出管型的取样器,采用排出法。

3)泄漏检查

在排去规定数量的液体后,把容器浸入水浴中检查是否泄漏,在取样期间,如发现泄漏,则试样报废。

4)试样保管

试样应尽可能置于阴凉处存放,直至所有实验完成。为了防止阀的偶然打开或意外碰坏,应将取样器放置于特制的框架内,并套上防护帽。

3. 取样注意事项

(1)混合的液化石油气所采得的试样只能是液相。

(2)避免从罐底取样。

（3）如果储罐容量较大，在取样前可先使其循环至均匀；在管线采取流动状态试样时，管线内的压力应高于其蒸气压力，以避免形成两相。

（4）取样人员应戴上手套和防护眼镜，避免液化石油气接触皮肤，避免吸入蒸气。

（5）液化石油气排出装置会产生静电，从取样准备直至取样完成，设备应接地或与液化石油气系统连接。

（6）在清洗取样器和排出取样器内试样期间，处理废液及蒸气时要注意安全。排放点必须有安全设施并遵守安全及环保规定。

第6章

石油及石油产品基本理化性质测试

实验1　石油产品密度的测定

密度是石油产品的重要物性指标,是在原油炼制过程中的控制指标,也是产品使用的重要指标。本实验所采用的密度测定方法根据《原油和液体石油产品密度实验室测定法(密度计法)》(GB/T 1884—2000)和《液体石油化工产品密度测定法》(GB/T 2013—2010)改编而成。石油产品密度是指在一定温度下,单位体积内所含石油产品的质量。石油产品的密度与温度有关,通常用符号 ρ 表示温度 t 时石油产品的密度,单位为 g/cm^3 或 kg/m^3。石油产品及石油产品与非石油产品混合物的标准密度指 20 ℃和 101.3 kPa 下,单位体积液体的质量。当采用密度计测定时,密度计在其他温度下的刻度读数称为视密度,而不是在该温度下的密度。

一、实验目的

(1) 了解石油密度计法测定石油产品密度的原理和方法。
(2) 掌握石油产品密度测定仪的基本结构、工作原理和操作方法。

二、方法要点

使试样处于规定温度,将其倒入温度大致相同的密度计量筒中。将量程适宜的密度计放入已调好温度的试样中,保持静止状态。当温度达到平衡后,读取密度计示数和试样温度。根据《石油计量表》把观察到的密度计读数(视密度)换算成标准密度。测试时,需将密度计量筒及内装的试样一起放在恒温浴中,以避免在测定期间温度变动太大。

三、仪器设备及材料

(1) 石油产品密度测定仪(图 6-1(a)):恒温,准确到±0.5 ℃。
(2) 石油密度计(图 6-1(b))一盒:符合 SH/T 0316—1998《石油密度计技术条件》的规定。作石油计量用时,必须使用 SY-1 型石油密度计。

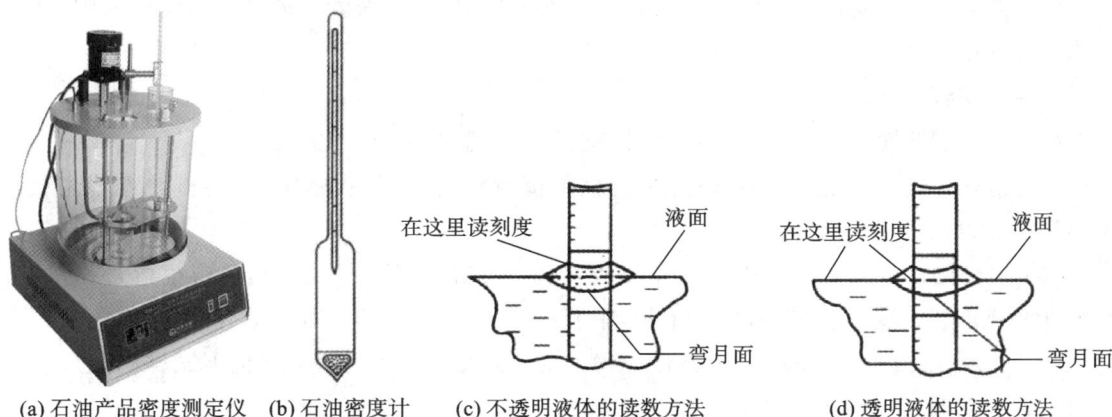

(a) 石油产品密度测定仪　(b) 石油密度计　(c) 不透明液体的读数方法　　(d) 透明液体的读数方法

图 6-1　石油产品密度测定设备及其读数方法

（3）玻璃量筒：内径比密度计外径至少大 25 mm，高度能使密度计下端距量筒底部至少 25 mm。

（4）温度计：经检定合格、分度值为 0.2 ℃ 的全浸式水银温度计。

（5）石油产品试样。

四、实验步骤

1. 调整恒温浴

（1）确保恒温浴中液体介质液面高于加热罩上缺口，以保证液体上下循环。

（2）确保搅拌电机及温度传感器插入恒温浴中。

（3）接通电源，打开电源开关、搅拌开关。

（4）根据实验要求将温度设定值调整为 20 ℃。（SV 为浴温设定值，PV 为当前浴温显示值。）

（5）启动温控 Ⅰ、温控 Ⅱ 按键，加热管通电，浴温开始升高。

（6）当浴温升至接近设定值时，温度控制器自动关断，此后，温度控制器加热处于受控状态。

（7）若发现温度控制器显示温度与玻璃温度计检测温度产生偏差，则需进行修正，及时告知实验教师。当恒温浴温度恒定在所需实验温度后，准备测定。

2. 准备试样

（1）试样必须均化，对黏稠或含蜡的试样，要预先加热到试样能够充分流动的实验温度，保证既无蜡析出，又不致引起轻组分损失。

（2）将调好温度的试样小心地沿管壁倾入温度稳定、清洁的量筒中，注入量为量筒容量的 70% 左右。注意避免试样飞溅和生成空气泡，并减少轻组分的挥发。

（3）当试样表面有气泡聚集时，用一片清洁的滤纸除去试样表面上形成的所有气泡。

（4）将盛有试样的量筒放在没有空气流动并保持平稳的实验台上。

（5）将密度计量筒专用夹具从浴盖上转一个角度后取下。

（6）将密度计量筒（试样已转移于其中）套入夹具中，再将密度计量筒放入恒温浴中，转动专用夹具与浴盖锁紧。

3. 密度测定

（1）将温度计插入试样中，小心地搅拌试样，待其温度稳定。

（2）选取合适的密度计放入液体中，达到平衡位置时放开，让密度计自由地漂浮（注意避免弄湿液面以上的干管）。

（3）把密度计按到平衡点以下 1 mm 或 2 mm，并让它回到平衡位置，观察弯月面形状。如果弯月面形状改变，应清洗密度计干管，重复此项操作，直到弯月面形状保持不变。

（4）当密度计离开量筒壁自由漂浮并静止时，读取密度计刻度值并记下试样的温度。读取密度计刻度值时应精确至刻度间隔的 1/5。

对于不透明黏稠液体（图 6-1(c)）：

①要等待密度计慢慢地沉入液体中。

②使眼睛处于稍高于液面的位置观察，密度计读数为液体上弯月面与密度计刻度相切的那一点。

对于不透明低黏度液体：

①将密度计压入液体中约两个刻度，再放开。

②由于干管上多余的液体会影响读数，在密度计干管液面以上部分应尽量减少残留液。

③在放开时，要轻轻地转动一下密度计，使它能在离开量筒壁的地方静止下来自由漂浮，要有充分的时间让密度计静止，并让所有气泡升到表面，读数前要除去所有气泡。

对于透明液体（图 6-1(d)）：

①先使眼睛处于稍低于液面的位置，慢慢地升到表面，先看到一个不正的椭圆，然后变成一条与密度计刻度相切的直线。

②密度计读数为液体下弯月面与密度计刻度相切的那一点。

（5）再次测量试样温度。记录温度，准确到 0.1 ℃。

（6）若与开始实验温度相差 0.5 ℃以上，应重新读取密度和温度，直到温度变化在 ±0.5 ℃以内。需将盛有试样的量筒放在恒温浴中，再按照密度测定步骤重新进行操作。

（7）记录连续两次测定的温度和视密度。

五、注意事项

（1）在整个实验期间，环境温度变化大于 2 ℃时，要使用恒温浴，以避免测量温度变化过大。测定温度前，必须搅拌试样，保证试样混合均匀。

（2）测定透明低黏度试样时，不要将密度计压入液体中过多，以防止干管上多余的液体影响读数。

（3）密度计是易损的玻璃制品，使用时要轻拿轻放，要用脱脂棉或者其他质软的物质擦拭；取出和放入时，用手拿密度计上部；清洗时应拿其下部，以防止折断。

（4）塑料量筒易产生静电，妨碍密度计自由漂浮，使用时要用湿抹布擦拭量筒外壁，消除静电。

（5）记完密度计的读数,应记下当时的温度。

（6）对观察到的温度计读数进行有关修正后,记录时精确到 0.1 ℃。

（7）对观察到的密度计读数进行有关修正后,记录时精确到 0.0001 g/cm³。

六、思考题

（1）在密度测定过程中,为什么量筒、试样、温度计、密度计应处于相同的温度下?

（2）整个测定过程中,密度计为什么不能与量筒的任何部位接触?

（3）哪些情况会导致读数误差?

（4）为什么读数过程中,不是只读 1 次,而是读 3 次?

实验 2　石油及石油产品黏度的测定

黏度是评价原油及其产品流动性能的指标。在原油和石油化工产品加工、运输、管理、销售及使用过程中,黏度是非常重要的物理常数之一。例如:原油输送过程中,黏度对流量压力降影响很大;在原油加工中,黏度是检验许多石油产品的重要质量指标。黏度具有可加性。

本实验所采用的黏度测定方法根据《石油产品运动黏度测定法和动力黏度计算法》(GB/T 265—1988)改编而成。本实验用于测定液体石油产品(指牛顿液体)的运动黏度,其单位为 m²/s(常用单位为 mm²/s),1 m²/s＝10⁶ mm²/s。

一、实验目的

（1）了解石油产品运动黏度的测定原理和测定方法。

（2）掌握石油产品运动黏度测定仪的基本结构、工作原理和操作方法。

二、方法要点

石油产品黏度包括运动黏度、动力黏度(又称为绝对黏度)和条件黏度(或相对黏度)。运动黏度测定原理为在某一恒定温度下,测定一定体积试样在重力下流过一个经过标定的玻璃毛细管黏度计的时间。将毛细管黏度计常数与流动时间相乘,即可得到该温度下所测液体的运动黏度。将该温度下运动黏度和相同温度下该液体的密度相乘可得到该温度下液体的动力黏度。

三、仪器设备及材料

（1）石油产品黏度测定仪:带有透明壁或装有观察孔的恒温浴,其高度不小于 180 mm,容量不小于 2 L,并附有自动搅拌装置和自动控温系统(精确到±0.1 ℃)。如图 6-2(a)所示。

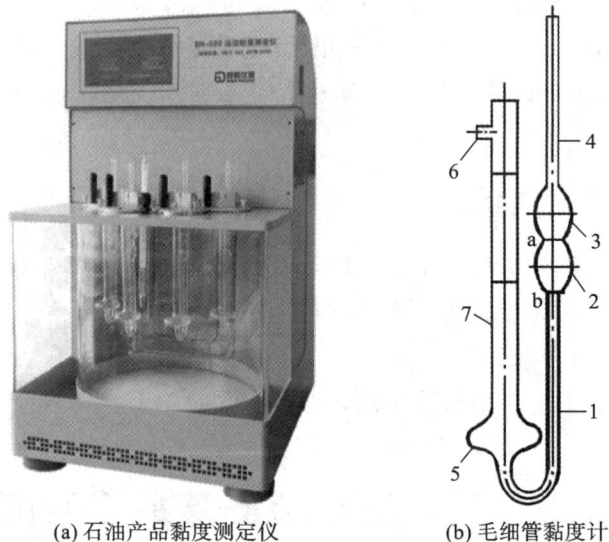

(a) 石油产品黏度测定仪　　　(b) 毛细管黏度计

图 6-2　石油产品黏度测定设备

1—毛细管；2,3,5—扩张部分；4,7—管身；6—支管

根据测定条件，在恒温浴中注入表 6-1 中列举的任一液体。

表 6-1　不同温度下恒温浴所使用的液体

测定温度/℃	恒温浴液体
50～100	透明矿物油、甘油、25％硝酸铵水溶液 （其表面浮有一层透明矿物油）
20～50	水
0～20	水与冰或乙醇与干冰的混合物
−50～0	乙醇与干冰的混合物或无铅汽油

（2）毛细管黏度计：应符合 SH/T 0173—1992(2004)《玻璃毛细管黏度计技术条件》，如图 6-2(b)所示。毛细管内径分别为 0.4 mm、0.6 mm、0.8 mm、1.0 mm、1.2 mm、1.5 mm、2.0 mm、2.5 mm、3.0 mm、3.5 mm、4.0 mm、5.0 mm、6.0 mm。

每支黏度计必须按 JJG 155—2016《工作毛细管黏度计检定规程》进行检定并确定常数。

测定试样的运动黏度时，应根据试样的温度选用适当的黏度计，务必使试样的流动时间不短于 200 s，内径为 0.4 mm 的黏度计，流动时间不短于 350 s。

（3）玻璃水银温度计：最小分度为 0.1 ℃。测定−30 ℃以下温度的黏度时，可以使用同样分度的玻璃合金温度计或其他玻璃液体温度计。

（4）计时器：最小分度为 0.1 s。这个计时器专供测定黏度使用，不应移作他用。

用来测定运动黏度的计时器、毛细管黏度计、温度计，都必须定期进行检定。

（5）干燥箱：能在室温～100 ℃范围内自动恒温，并带有鼓风装置。

（6）铅垂线。

（7）洗涤用轻汽油或 NY120 溶剂油。

（8）铬酸洗液。

（9）石油醚：60～90 ℃。

（10）95％乙醇：化学纯。

（11）石油产品试样。

四、实验步骤

1. 预处理过程

（1）试样预处理。

①试样含有水或机械杂质时，在实验前必须经过脱水处理，用滤纸过滤除去机械杂质。

②对于黏度大的润滑油，可用漏斗抽滤。也可加热至50～100 ℃脱水过滤。

（2）清洗黏度计。

①在测定试样黏度之前，必须用溶剂油或石油醚洗涤黏度计。

②如果黏度计沾有污垢，可用铬酸洗液、水、蒸馏水或95％乙醇依次洗涤。

③放入烘箱中烘干或用通过棉花过滤的热空气吹干。

2. 装入试样

（1）测定运动黏度时，选择内径符合要求的清洁、干燥的毛细管黏度计，吸入试样。

（2）在装试样之前，将橡皮管套在支管上，并用手指堵住管身7的管口，同时，倒置黏度计，将管身插入装有试样的容器中。

（3）利用洗耳球（或水流泵、真空泵）将试样吸到标线，同时，注意不要使管身扩张部分的试样产生气泡和裂隙。

（4）当液面达到标线时，从容器中提出黏度计，并迅速恢复至正常状态。

（5）将管身管端外壁所沾的多余试样擦去，并从支管取下橡皮管套在管身4上。

3. 安装黏度计

（1）将装有试样的黏度计浸入事先准备妥当的恒温浴中，并用夹子将黏度计固定在支架上。固定位置时，必须把毛细管黏度计的扩张部分浸入一半。

（2）将温度计用另一只夹子固定，勿使水银球的位置接近毛细管中央点的水平面，并使温度计上要测量的刻度位于恒温浴的液面上10 mm处。

4. 黏度测定

（1）调整温度计。

①将黏度计调整为垂直状态，要利用铅垂线从两个相互垂直的方向去检查毛细管的垂直情况。

②将恒温浴调整到规定温度。

③把装好试样的黏度计浸入恒温浴内。实验温度必须保持恒定，波动范围不允许超过±0.1 ℃。

（2）调试试样液面位置。

利用毛细管黏度计管身接口所套的橡皮管将试样吸入扩张部分中，使试样液面高于标线。

（3）测定试样流动时间。

①观察试样在管身中的流动情况。

②液面恰好到达标线时，开动计时器；液面正好流到标线时，停止计时器，记录流动时间。

③重复测定4次，其中，各次流动时间与其算术平均值的差值应符合如下要求：

a. 在温度为15～100 ℃条件下测定黏度时，差数不应超过算术平均值的0.5％。

b. 在温度为-30~15 ℃条件下测定黏度时,差数不应超过算术平均值的1.5%。

④用不少于3次测定的流动时间计算算术平均值,作为试样的平均流动时间。

五、注意事项

(1) 黏度计必须干燥、透明,无油污、无水垢,如连续使用沾有污垢时,要用铬酸洗液洗涤,再用水、蒸馏水或95%乙醇依次洗涤,然后放入烘箱中烘干或用通过棉花过滤的热空气吹干,方可使用。用后倒出石油,用汽油、石油醚细心洗涤,管外用自来水或洗衣粉冲洗,放入烘箱中烘干,备下次使用。

(2) 安装黏度计时,必须用铅垂线调整成垂直状态,若黏度计倾斜,就会改变液柱高度,使静压力减小及内摩擦力增大,影响测定结果的准确性。

(3) 必须控制恒温浴温度,石油产品的运动黏度随温度升高而降低,变化很明显,为此,实验温度必须保持在(20±0.1) ℃;否则,会使测定结果产生较大的误差。

(4) 将黏度计安装在恒温浴中时,必须把黏度计的扩张部分浸入一半以上,防止实验中露出恒温浴液面影响测定结果。

(5) 要正确选择毛细管,即试样在毛细管内流动时间不能短于200 s。若流动时间过短,液体在毛细管内流动时会变成湍流而易造成视觉偏差,进而影响分析的精度。

(6) 必须严格控制试样装入量,不能过多或过少;吸入黏度计的试样不允许有气泡,气泡不但会影响装油体积,而且进入毛细管后还能形成气塞,增大流体流动阻力,使流动时间延长,测定结果偏高。

(7) 试样必须严格进行脱水和除机械杂质。若试样中有水,在高温测定黏度时水会汽化,在低温测定黏度时水会凝固。这些都会影响试样的正常流动。若试样中有杂质存在,它会黏附于毛细管壁而使试样流动时间延长,造成结果偏高。

六、思考题

为什么要控制恒温浴温度?

实验3　石油产品凝点的测定

石油产品是多种烃的复杂混合物,在低温下石油产品是逐渐失去流动性的,没有固定的凝固温度。根据组成不同,石油产品在低温下失去流动性的原因有两种。

(1) 黏温凝固:对含蜡很少或不含蜡的石油产品,温度降低,黏度迅速增大,当黏度增大到一定程度时,就会变成无定形的黏稠玻璃状物质而失去流动性,这种现象称为黏温凝固。影响黏温凝固的是石油产品中的胶状物质及多环短侧链的环状烃。

(2) 构造凝固:对含蜡较多的石油产品,温度降低,蜡就会逐渐结晶出来,当析出的蜡增多至形成网状骨架时,就会将液态的油包在其中而失去流动性,这种现象称为构造凝固。影响构造凝固的是石油产品中高熔点的正构烷烃、异构烷烃及带长烷基侧链的环状烃。

黏温凝固和构造凝固都是指石油产品刚刚失去流动性的状态,事实上,石油产品并未凝成坚硬的固体,仍是一种黏稠的膏状物。

石油产品的凝点(又称凝固点)是指石油产品在实验规定的条件下,冷却至液面不移动时的最高温度,以℃表示。由于石油产品的凝固是一个渐变的过程,因此凝点的高低与测定条件有关。

凝点可以作为石油产品生产、储存和运输的质量检测标准。不同规格牌号的车用柴油对凝点都有具体规定,润滑剂及有关产品的19类产品都选择性地对凝点作出了具体要求。

根据凝点可以确定石油产品的使用温度。如表 6-2 所示,我国车用柴油按凝点分为 10号、5 号、0 号、−10 号、−20 号、−35 号和−50 号,共 7 个牌号,变压器油按凝点分为 10 号、25号和 45 号,共 3 个牌号。它们表示的意义略有差异,例如,−10 号车用柴油的凝点要求不高于−10 ℃,而 10 号变压器油的凝点要求不高于−10 ℃,以此类推。要注意根据地区和气温的不同,选用不同牌号的石油产品,见表 6-3。

表 6-2　车用柴油和变压器油的牌号

石 油 产 品	牌　　号	凝点上限/℃
车用柴油 (GB/T 19147—2016)	10 号	10
	5 号	5
	0 号	0
	−10 号	−10
	−20 号	−20
	−35 号	−35
	−50 号	−50
变压器油 (GB 2536—2011)	BD-10	−10
	BD-25	−25
	BD-45	−45

表 6-3　车用柴油和变压器油的选用

油　　品	牌　　号	适 用 条 件
车用柴油 (GB/T 19147—2016)	10 号	有预热设备的柴油机
	5 号	最低气温高于 8 ℃的地区
	0 号	最低气温高于 4 ℃的地区
	−10 号	最低气温高于−5 ℃的地区
	−20 号	最低气温高于−14 ℃的地区
	−35 号	最低气温高于−29 ℃的地区
	−50 号	最低气温高于−44 ℃的地区
变压器油 (GB 2536—2011)	BD-10	平均气温高于−10 ℃的地区
	BD-25	我国寒区及严寒地区
	BD-45	我国严寒地区

蜡含量越多,石油产品越易凝固,凝点就越高,据此可估计蜡含量,指导石油产品生产。润滑油基础油的生产需要通过脱蜡工艺除去高熔点组分,以降低其凝点,但脱蜡加工的生产费用高,通常控制脱蜡到一定深度后,再加入降凝剂使其凝点达到规定要求。高凝点直馏柴油一般采用添加低温流动改进剂或掺和二次加工柴油的办法降低凝点。

此外,凝点还用于估计燃料油不经预热而能输送的最低温度,因此它是石油产品抽注、运输和储存的重要指标。

本实验所采用的凝点测定方法是根据《石油产品凝点测定法》(GB/T 510—2018)改编而成。

一、实验目的

(1) 了解石油产品凝点的测定原理和测试方法。
(2) 掌握石油产品凝点测定仪的基本结构、工作原理和操作方法。

二、方法要点

当温度降低时,石油产品将在相当宽的温度范围内逐渐凝固,整体失去流动性。凝点是石油产品凝固过程中的某一特定温度点,不能代表整个凝固过程。凝点的高低,同石油产品的化学组成有关,蜡含量越多,馏分越重,则石油产品的凝点越高。测定凝点时,需将试样装在规定的试管中,并冷却到预计的温度,将试管倾斜45°角保持 1 min,观察液面是否移动。液面不移动时的最高温度为凝点。

三、仪器设备及材料

(1) 凝点测定仪(图 6-3)。

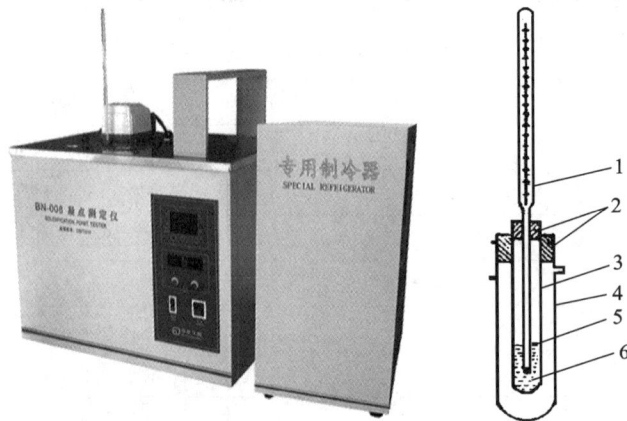

图 6-3　石油产品凝点测定仪

1—温度计;2—固定用软木塞;3—圆底试管;4—圆底玻璃套管;5—环形刻线;6—石油产品

(2) 圆底试管:高度(160±10) mm,内径(20±1) mm,在距管底 30 mm 的外壁处有一环形标线。

（3）圆底的玻璃套管：高度（130±10）mm，内径（40±2）mm。

（4）装冷却剂用的广口保温瓶或筒型容器：高度不小于 160 mm，内径不小于 120 mm。

（5）水银温度计：符合 GB/T 514—2005《石油产品试验用玻璃液体温度计技术条件》的规定，供测定凝点高于－35 ℃的石油产品使用。

（6）液体温度计：符合 GB/T 514—2005《石油产品试验用玻璃液体温度计技术条件》的规定，供测定凝点低于－35 ℃的石油产品使用。

（7）温度计：供测量冷却剂温度用。

（8）支架：有能固定套管、冷却剂容器和温度计的装置。

（9）计时器：精确到 1 s。

（10）冷却剂：实验温度在 0 ℃以上时用水和冰；在－20～0 ℃时用食盐和碎冰或雪；在－20 ℃以下时用工业乙醇（或溶剂汽油、直馏的低凝点汽油、直馏的低凝点煤油）和干冰（固体二氧化碳）。

缺乏干冰时，可以使用液态氮气、液态空气或其他适当的冷却剂，或者使用半导体制冷器。

（11）无水乙醇：化学纯。

（12）食盐。

（13）硫酸钠：粉状。

（14）氧化钙：小粒状。

（15）棉花。

（16）石油产品试样。

四、实验步骤

1. 制备冷却剂

根据温度选用冷却剂。

制备含有干冰的冷却剂时，在容器中注入工业乙醇，至容器内 2/3 深度处。然后将细块的干冰放进搅拌着的工业乙醇中，再根据要求下降的温度，逐渐增加干冰的用量。每次加入干冰时，应注意搅拌，不使工业乙醇外溅或溢出。冷却剂不再剧烈冒出气体之后，添加工业乙醇达到必要的高度。

使用溶剂汽油制备冷却剂时，最好在通风橱中进行。

2. 处理试样

（1）试样脱水。

①含水的试样测试前需要脱水，但在进行产品质量验收时，只要试样的水分在产品标准允许范围内，应直接开始测试。

②对于容易流动的试样，脱水处理是在试样中加入新煅烧的粉状硫酸钠或小粒状氧化钙，并定期摇荡，静置 10～15 min，用干燥的滤纸滤取澄清部分。

③对于黏度大的试样，脱水处理是将试样预热到接近 50 ℃，经食盐层过滤。

食盐层的制备方法如下：

a. 在漏斗中放入少许棉花。在漏斗上铺以新煅烧的粗食盐结晶。

b. 试样含水多时需要经过 2～3 个漏斗的食盐层过滤。

（2）试样注入。

①在干燥、清洁的试管中注入试样，使液面至环形标线处。

②用软木塞将温度计固定在试管中央，使水银球距离管底 8～10 mm。

（3）试样预热。

①将装有试样和温度计的试管垂直地浸在（50±1）℃的水浴中，直至油样的温度达到（50±1）℃。

②从水浴中取出装有试样和温度计的试管，擦干外壁。

③用软木塞将试管牢固地装在套管中，试管外壁与套管内壁要处处距离相等。

（4）试样冷却。

①将装好的仪器垂直固定在支架的夹子上，并放在室温下静置，直至试管中的试样冷却到（35±5）℃。

②将这套仪器浸在装有冷却剂的容器中。冷却剂的温度要比试样的预计凝点低 7～8 ℃。冷却试样时，冷却剂的温度检测必须精确到±1 ℃。试管（外套管）浸入冷却剂的深度应不小于 70 mm。

③从冷却剂中小心取出仪器，迅速地用工业乙醇擦拭套管外壁，垂直放置仪器并透过套管观察试管里面的液面是否有过移动的迹象。（注：测定低于 0 ℃的凝点时，实验前应在套管底部注入 1～2 mL 无水乙醇。）

3. 测定试样凝点范围

（1）当试样的温度冷却到预计凝点时：

①将浸在冷却剂中的仪器倾斜 45°角。

②将这样的倾斜状态保持 1 min，但仪器的试样部分仍要浸没在冷却剂内。

（2）当液面位置有移动时：

①从套管中取出试管，并将试管重新预热至试样达（50±1）℃。

②用比上次实验温度低 4 ℃或其他更低的温度重新进行测定，直至某实验温度能使液面位置停止移动。（注：实验温度低于−20 ℃时，重新测定前应将装有试样和温度计的试管放在室温下，待油样温度升至−20 ℃，才将试管浸在水浴中加热。）

（3）当液面位置没有移动时：

①从套管中取出试管，并将试管重新预热至（50±1）℃。

②用比上次实验温度高 4 ℃或其他更高的温度重新进行测定，直至某实验温度能使液面位置有移动。

4. 确定试样凝点

（1）找出凝点的温度范围（液面位置从移动到不移动或从不移动到移动的温度范围）之后，就采用比移动的温度低 2 ℃，或采用比不移动的温度高 2 ℃的条件，重新进行实验。

（2）如此重复实验，直至确定实验温度能使试样的液面停止移动，而提高 2 ℃又能使液面移动时，就取使液面不动的温度作为试样的凝点。

试样的凝点必须进行重复测定。第二次测定时的开始实验温度，要比第一次所测出的凝点高 2 ℃。同一操作者重复测定两个结果之差不应超过 2 ℃。

五、注意事项

预热条件和冷却速度是影响凝点测定的主要因素。不同的预热条件和冷却速度下，蜡在石油产品中的溶解程度、结晶温度、晶型及形成网状骨架的能力均不相同,可使测定结果出现明显的误差。因此,实验时只有严格遵守操作规程,才能得到正确的具有可比性的数据。

六、思考题

(1) 何为石油产品的凝点?

(2) 如何制备冷却剂? 制备冷却剂时应注意什么问题?

实验 4　石油产品闪点与燃点的测定(开口杯法)

　　闪点是油气与空气的混合气体在遇到明火时,发生瞬间着火的最低温度。闪点是着火燃烧的前奏,闪点意味着在此温度下油料挥发产生的油蒸气已在空气中达到爆炸所需的浓度。

　　当可燃气体与空气混合,达到一定浓度时,遇火就会发生燃烧、爆炸。浓度过小或过大都不会发生爆炸,这个浓度范围称为爆炸界限。在爆炸界限内,可燃气在空气中的最低体积分数称为爆炸下限,最高体积分数称为爆炸上限。

　　人们在日常生活中经常遇到有些石油产品(如汽油、溶剂油等)遇到明火时立即着火燃烧,另外一些石油产品(如重油、沥青等)遇到明火时不易燃。这与这些石油产品的挥发性、沸点有关,即与石油产品的闪点、燃点有关。

　　测定石油产品闪点的方法有闭口杯法(GB/T 261—2021)和开口杯法(GB/T 267—1988)两种。我国为适应外贸需要,制定了测定石油产品闪点和燃点的克利兰夫开口杯法(GB/T 3536—2008)。

　　闭口杯法多用于轻质石油产品,开口杯法多用于润滑油及重质石油产品,具体如何选用取决于油样的性质和使用条件。轻质石油产品选用闭口杯法时,由于它与轻质石油产品的实际储存和使用条件相似,因此可以作为制定安全防火控制指标的依据;重质石油产品及多数润滑油,一般在非密闭机件或温度不高的条件下使用,它们含轻组分较少,在使用的过程中轻组分又易蒸发扩散,不致引起着火或爆炸,因此采用开口杯法测定闪点。某些轻质溶剂油,多在敞开环境下使用,边使用边挥发,因此只要求控制开口杯法闪点。对在密闭、高温条件下使用的内燃机润滑油、特种润滑油、电器用油等,则要求控制闭口杯法闪点。

　　闪点实验是对未知组成材料进行研究的第一步,也是判定其运输、储存和操作安全系数的指标。本实验所采用的闪点测定方法根据《石油产品闪点与燃点测定法(开口杯法)》(GB/T 267—1988)改编而成。本实验所采用的开口杯法适用于闪点高于 79 ℃的样品,多用于润滑油和深色石油产品等。

一、实验目的

(1) 掌握开口杯法闪点的测定方法(GB/T 267—1988)和大气压力修正计算。

(2) 掌握开口杯法闪点测定器的使用性能和操作方法。

二、方法要点

把试样装入内坩埚中到规定的刻线。首先迅速升高试样的温度，然后缓慢升温，当接近闪点时，恒速升温。在规定的温度间隔，用小的点火器火焰按规定通过试样表面，以点火器火焰使试样表面上的蒸气发生闪火的最低温度，作为开口杯法闪点。继续进行实验，直到用点火器火焰使试样发生点燃并至少燃烧 5 s，此时的最低温度作为开口杯法燃点。

三、仪器设备及材料

图 6-4　开口闪点测定器

（1）开口闪点测定器（图 6-4）：符合 SH/T 0318—1992 的要求。

（2）温度计：符合 GB/T 514—2005 的要求。

（3）煤气灯、酒精喷灯或电炉：测定闪点高于 200 ℃ 试样时，必须使用电炉。

（4）防护屏：用隔热耐火材质制成，高度 550～650 mm，宽度以适用为宜，屏身内涂成黑色。

（5）计时器：精确到 1 s。

（6）气压计：使用前已检定合格。

（7）细沙：要预先经过充分灼烧。

（8）溶剂油：符合 SH 0004—1990（2007）要求。

（9）石油产品试样。

四、实验步骤

1. 准备工作

1）试样脱水

含水的试样测试前需要脱水，但在产品质量验收时，只要试样的水分在产品标准允许范围内，就可直接开始测试。

2）清洗安装坩埚

内坩埚用溶剂油（或车用汽油）洗涤后，放在点燃的煤气灯上加热，除去遗留的溶剂油。待内坩埚冷却至室温时，放入装有细沙（经过煅烧）的外坩埚中，使细沙表面距离内坩埚的口部边缘约 12 mm，并使内坩埚底部与外坩埚底部之间保持 5～8 mm 厚的沙层。

3）注入试样

试样注入内坩埚时，不应溅出，而且液面以上的内坩埚不应沾有试样。对于闪点在 210 ℃ 和 210 ℃ 以下的试样，液面距内坩埚口边缘为 12 mm，即内坩埚内的上刻线处；对于闪点在 210 ℃ 以上的试样，液面距离口部边缘为 18 mm，即内坩埚内的下刻线处。

4）安装仪器

将装好试样的坩埚平稳地放置在支架上的铁环（或电炉）中，再将温度计垂直地固定在温度计夹上，并使温度计水银球位于内坩埚中央，使之与内坩埚底和试样液面的距离大致相等。

5）围好防护屏

测定装置应放在避风和较暗的地方并用防护屏围着,使闪火现象能够看得清楚。

2. 闪点和燃点的测定

1）闪点的测定

（1）加热坩埚。

使试样逐渐升高温度,当试样温度达到预计闪点以下 60 ℃时,调整加热强度;在试样温度达到预计闪点以下 40 ℃时,控制升温速度为每分钟升高(4±1) ℃。

（2）点火实验。

试样温度达到预计闪点以下 10 ℃时,将点火器的火焰放到距离试样液面 10～14 mm 处,并在水平方向沿坩埚内径作直线移动,从坩埚的一边移至另一边所经过的时间为 2～3 s。试样温度每升高 2 ℃,应重复一次点火实验。

（3）测定闪点。

试样液面上方刚出现蓝色火焰时,立即从温度计读取温度值,作为闪点的测定结果,同时记录大气压力。

2）燃点的测定

（1）点火实验。

测得试样的闪点之后,如果还需要测定燃点,应继续对外坩埚进行加热,使试样升温速度为每分钟升高(4±1) ℃。然后,按上述点火方法进行点火实验。

（2）测定燃点。

试样接触火焰后立即着火并能继续燃烧不短于 5 s,此时立即从温度计读取温度,作为燃点的测定结果,同时记录大气压力。

3. 闪点或燃点的压力修正

（1）大气压力低于 99.3 kPa(745 mmHg)时,实验所得的闪点或燃点 t_0(℃)按下式进行修正(精确到 1 ℃):

$$t_0 = t + \Delta t$$

式中:t_0——相当于 101.3 kPa(760 mmHg)大气压力时的闪点或燃点,℃;

t——在实验条件下测得的闪点或燃点,℃;

Δt——修正值,℃。

（2）大气压力在 72.0～101.3 kPa(540～760 mmHg)范围内,修正值 Δt(℃)可按下面两个公式计算:

$$\Delta t = (0.00015t + 0.028) \times (101.3 - p) \times 7.5$$
$$\Delta t = (0.00015t + 0.028) \times (760 - p_1)$$

式中:p——实验条件下的大气压力,kPa;

t——在实验条件下测得的闪点或燃点(300 ℃以上仍按 300 ℃计),℃;

0.00015、0.028——实验常数;

7.5——大气压力单位换算系数;

p_1——实验条件下的大气压力,mmHg。

此外,修正值还可以从表 6-4 查出。

表 6-4 开口杯法闪点或燃点大气压力修正值

闪点或燃点/℃	在下列大气压力[kPa(mmHg)]时的修正值/℃										
	72.0 (540)	74.6 (560)	77.3 (580)	80.0 (600)	82.6 (620)	85.3 (640)	88.0 (660)	90.6 (680)	93.3 (700)	96.0 (720)	98.6 (740)
100	9	9	8	7	6	5	4	3	2	2	1
125	10	9	8	8	7	6	5	4	3	2	1
150	11	10	9	8	7	6	5	4	3	2	1
175	12	11	10	8	8	6	6	5	3	2	1
200	13	12	10	9	8	7	6	5	4	2	1
225	14	12	11	10	9	7	6	5	4	2	1
250	14	13	12	11	9	8	7	5	4	3	1
275	15	14	12	11	10	8	7	6	4	3	1
300	16	15	13	12	10	9	7	6	4	3	1

取重复测定两个闪点结果的算术平均值,作为试样的闪点;同一操作者重复测定两个闪点结果之差不应超过 4 ℃。

取重复测定两个燃点结果的算术平均值,作为试样的燃点;同一操作者重复测定两个燃点结果之差不应超过 6 ℃。

五、注意事项

(1) 清洗安装坩埚时,对闪点在 300 ℃以上的试样进行测定时,两个坩埚底部之间的沙层厚度允许酌量减小,但在实验时必须保持规定的升温速度。

(2) 点火实验时,点火器的火焰长度应预先调整至 3～4 mm。

(3) 测定闪点时,不应混淆试样蒸气发生的闪火与点火器火焰的闪光,如果闪火现象不明显,必须在试样升高 2 ℃时继续点火证实。

六、思考题

点火火焰离液面远近及停留时间长短都对闪点有影响。火焰离油液面越近,停留时间越长,测得结果会怎样?

实验 5 石油产品闪点的测定(闭口杯法)

石油产品具有挥发性,温度越高,挥发越快。当石油产品的蒸气和空气的混合物与火源接触时,会闪出火花。这种短暂的燃烧过程称为闪燃,发生闪燃的最低温度称为闪点。闪点的测定方法有开口杯法和闭口杯法。

闭口杯法闪点与开口杯法闪点的选用主要取决于石油产品的性质和使用条件。闭口杯法多用于轻质石油产品,如溶剂油、煤油等,由于测定条件与轻质石油产品实际储存和使用条件相似,可以作为制定防火安全控制指标的依据。对于多数润滑油及重质油,尤其是在非密闭机件或温度不高的条件下使用的润滑油,它们含轻组分较少,即便有极少的轻组分混入,也将在使用过程中挥发掉,不致造成着火或爆炸的危险,所以,这类石油产品采用开口杯法测定闪点。

在某些润滑油的质量标准中,规定了开口杯法闪点和闭口杯法闪点两项质量指标,其目的是用两者之差值判断润滑油馏分的宽窄程度及有无掺入轻质石油产品成分。有些润滑油在密闭容器内使用,由于种种原因(如高速或其他原因引起设备过热,发生电流短路、电弧作用等)而产生高温,会使润滑油发生分解,或从其他部件掺进轻质石油产品成分,这些轻组分在密闭器内蒸发聚集并与空气混合后,有着火或爆炸的危险。若只用开口杯法测定闪点,不易发现轻组分的存在,所以,规定仍要用闭口杯法进行测定。属于这类石油产品的有电器用油、高速机械油及某些航空润滑油等。

一、实验目的

(1) 了解闭口杯法闪点的测定原理、测定方法和有关计算。
(2) 掌握闭口闪点测定器的基本结构、工作原理和操作方法。

二、方法要点

测定闪点时,将样品倒入实验杯中,在规定的速度下连续搅拌,以恒定的速度加热样品。在规定的温度间隔并中断搅拌的情况下,将火源引入实验杯开口处。样品蒸气发生瞬间闪火且蔓延至液体表面的最低温度,即闭口杯法闪点。由于所测温度为环境大气压下的闪点,通常需要用公式修正到标准大气压下的闪点。

三、仪器设备及材料

(1) 闭口闪点测定器(图 6-5):符合 SH/T 0315—1992(2004)《闭口闪点测定器技术条件》的要求。

(2) 温度计:符合 GB/T 514—1992《石油产品实验用液体温度计技术条件》的要求。

(3) 防护屏:用隔热耐火材质制成,高度 550～650 mm,宽度以适用为宜,屏身内涂成黑色。

(4) 气压计:使用前已检定合格。

(5) 轻质润滑油:缝纫机油、变压器油等。

(6) 石油产品试样。

图 6-5　闭口闪点测定器

四、实验步骤

1. 试样预处理

(1) 脱水。

①试样的水分超过 0.05% 时,必须脱水。

②脱水后,取试样的上层澄清部分供实验使用。

③如果样品中含有未溶解的水,在样品混匀前应将水分离出来。

④水的存在会影响闪点的测定结果。但某些残渣燃料油和润滑油中的游离水可能分离不出来。此时,在混匀前应用物理方法除去水。

(2)清洗。

①依据被测试样及残渣黏性选择清洗溶剂。

②先用清洗溶剂冲洗实验杯、实验杯盖及其他附件,以除去上次实验留下的所有胶质或残渣痕迹。

③再用清洁的空气吹干实验杯,确保除去所有溶剂。

(3)分样。

①在至少低于预计闪点 28 ℃的温度下进行。

②如果等分样品是在实验前储存的,应该确保样品充至容器容量 50% 以上。

(4)样品取样。

①对于室温下为液体的样品,取样前应轻轻摇动混匀样品,再小心取样,尽可能避免挥发性组分损失。

②对于室温下为固体或半固体的样品,将装有样品的容器放入加热浴或烘箱中,在(30±5)℃或不超过预计闪点 28 ℃的温度下加热 30 min。

③如果样品未全部液化,再加热 30 min。但要避免样品过热造成挥发性组分损失,轻轻摇动混匀样品。

(5)装杯。

①试样注入油杯时,试样和油杯的温度都不应高于试样脱水的温度。

②杯中试样要装到环状标记处,然后盖上清洁、干燥的杯盖,插入温度计,并将油杯放在空气浴中。

③测试闪点低于 50 ℃的试样时,应预先将空气浴冷却到室温附近(±5 ℃)。

④试样的预计闪点低于 100 ℃时不必加温,预计闪点高于 100 ℃时,可以加热至 50～80 ℃。

(6)检查火焰。

①将试样倒入实验杯至加料线,盖上实验杯盖,然后放入加热室,确保实验杯就位或锁定。装置连接好后插入温度计。

②用点火器的灯芯或煤气引火点燃,并将火焰调整到接近球形,直径为 3～4 mm。

③使用带灯芯的点火器前,应向点火器中加入燃料(缝纫机油、变压器油等轻质润滑油)。

④闪点测定器要放在避风和较暗的地点,便于观察闪火。

⑤为了更有效地避免气流和光线的影响,闪点测定器应围着防护屏。

(7)用检定过的气压计,测出实验时的实际大气压力。

2. 温度控制

(1)测试闪点低于 50 ℃的试样时,从测试开始到结束要不断地进行搅拌,并使试样温度每分钟升高 1 ℃。

(2)当试样的预计闪点不高于 110 ℃时,开始升温速度要均匀,并定期进行搅拌。到预计闪点以下 40 ℃时,调整升温速度。从预计闪点以下(23±5)℃开始点火,试样每升高 1 ℃,点火一次,点火时停止搅拌。

（3）当试样的预计闪点高于 110 ℃时,从预计闪点以下(23±5) ℃开始点火,试样每升高 2 ℃,点火一次,点火时停止搅拌。

3. 点火实验

（1）当测定未知试样的闪点时,在适当起始温度下开始实验。高于起始温度 5 ℃时进行第一次点火。

（2）在试样测试期间都要转动搅拌器进行搅拌,只有在点火时才停止搅拌。

（3）点火时,使火焰在 0.5 s 内降到实验杯的蒸气空间内,在此位置停留 1 s,然后迅速升高回至原位。

（4）如果看不到闪火,就继续搅拌试样,并按照本步骤要求重复进行点火实验。

4. 闪点测定

（1）记录火源引起实验杯内产生明显着火的温度,作为试样的观察闪点。

（2）在试样液面上方刚出现蓝色火焰时,立即从温度计读取温度值,作为闪点的测定结果。

（3）得到最初闪火之后,继续按照测试步骤进行点火实验,应能继续闪火。

（4）在最初闪火之后,如果再进行点火却看不见闪火,应更换试样重新实验。

（5）只有重复实验的结果依然如此,才能认为测定有效。

（6）如果所记录的观察闪点与最初点火温度的差值小于 18 ℃或大于 28 ℃,则认为此结果无效,应更新试样进行实验。

（7）调整最初点火温度,直到获得有效的测定结果,使观察闪点与最初点火温度的差值保持在 18～28 ℃范围内。

（8）对同一实验用油应平行测定 3～4 次。

5. 观察闪点的修正

结果报告修正到标准大气压(101.3 kPa)下的闪点,精确至 0.5 ℃。

标准大气压(101.3 kPa)下的闪点 t_c(℃)由下式计算得出:

$$t_c = t_0 + 0.25 \times (101.3 - p)$$

式中:t_0——环境大气压下的观察闪点,℃;

p——环境大气压,kPa;

0.25——实验常数;

101.3——标准大气压,kPa。

五、注意事项

（1）试样水含量大于 0.05％时,必须脱水;否则,试样受热时,分散在油中的水分会汽化形成水蒸气,有时形成气泡覆盖于液面上,影响油的正常汽化,推迟闪火时间,使测定结果偏高。

（2）按照要求在杯中装入试样。试样要装至环形刻线处,试样过多时,测定结果偏低,反之则偏高。

（3）必须严格按照标准控制升温速度。升温速度过快,试样蒸发迅速,会使混合气局部浓度达到爆炸下限而提前闪火,导致测定结果偏低;升温速度过慢,测定时间将延长,点火次数增多,消耗了部分油气,使到达爆炸下限的温度升高,则测定结果偏高。

（4）点火用的火焰大小、与试样液面的距离及停留时间都应按照标准规定执行。球形火焰直径偏大、与液面距离偏近及停留时间偏长均会使测定结果偏低；反之，结果偏高。

（5）打开盖孔时间要控制在 1 s 以内，不能过长；否则，测定结果偏高。

六、思考题

开口杯法闪点和闭口杯法闪点的区别是什么？其应用范围分别是什么？

实验 6　石油产品残炭测定

石油产品在规定的仪器中隔绝空气加热，使其蒸发、裂解和缩聚所形成的残留物，称为残炭。残炭用残留物占石油产品的质量分数表示。残炭是评价石油产品在高温条件下生成焦炭倾向的指标。

不加添加剂的润滑油，其残炭呈鳞片状，且有光泽；若加入添加剂，其残炭呈钢灰色，质地较硬，难以从坩埚壁上脱落。因此，对添加剂含量高的润滑油只要求测定基础油的残炭，而不控制成品油的残炭值。

1. 残炭与组成的关系

（1）残炭与石油产品中的非烃类、不饱和烃及多环芳烃化合物的含量有关。残炭主要是由石油产品中胶质、沥青质、不饱和烃及多环芳烃所形成的缩聚产物，而烷烃只起分解反应，不参加聚合，所以不会形成残炭。因此，石油产品中含氮、硫、氧的化合物，胶质、沥青质，以及多环芳烃多的、密度大的重质燃料油，残炭较高；裂化、焦化产品的残炭高于直馏产品的残炭。

（2）残炭与石油产品的灰分多少有关。灰分主要是石油产品中环烷酸盐类等煅烧后所得的不燃物，它们与残炭混在一起，可使测定结果偏高。一般含有添加剂的石油产品灰分较多，其残炭增加较明显。

2. 分析残炭的意义

（1）残炭是石油产品中胶质和不稳定化合物的间接指标。例如，催化裂化生产中，残炭是判断原料优劣的重要参数，残炭过高，说明原料含胶质、沥青质较多，易造成生产中焦炭产量过高，不仅破坏装置的热平衡，而且降低催化剂的活性，影响正常生产及操作。

（2）预测焦炭产量。根据原料的残炭，能预测延迟焦化工艺过程的焦炭产量。残炭越高，目的产物焦炭的产量越高，对生产越有利。

（3）判断润滑油及柴油的精制深度。一般精制深的石油产品，残炭低。柴油的残炭指的是 10% 蒸余物残炭，即对轻柴油和车用柴油试样先按 GB/T 6536—2010《石油产品常压蒸馏特性测定法》对 200 mL 试样进行蒸馏，收集 10% 残余物作为试样；也可按 GB/T 255—1977《石油产品馏程测定法》获取 10% 残余物，由于该法采用 100 mL 蒸馏烧瓶，因此需进行不少于两次的蒸馏，收集 10% 残余物作为试样，再利用康氏法测定残炭。这主要是由于柴油馏分轻，直接测定时残炭很低，误差较大，故规定测定 10% 蒸馏物残炭。残炭高的柴油在使用中会在汽缸内形成积炭，导致散热不良，机件磨损加剧，缩短发动机使用寿命。

3. 残炭的测定方法

残炭的测定方法有康氏法、电炉法和兰氏法。

1）康氏法

康氏法残炭测定是按 GB/T 268—1987《石油产品残炭测定法（康氏法）》标准实验方法进行的。该方法参照采用国际标准 ISO 6615：1983，这是国际普遍应用的一种标准实验方法，我国石油产品多采用康氏法残炭指标。康氏法一般用于常压蒸馏时易分解、相对易挥发的石油产品如柴油的 10% 蒸馏物残炭，汽油机油和柴油机油的残炭等测定。其测定器如图 6-6 所示。

测定时，用恒重的瓷坩埚按规定称取试样，将盛有试样的瓷坩埚放入内铁坩埚中，再将内铁坩埚放在外铁坩埚内（内、外铁坩埚之间装有细沙），然后将全套坩埚放在镍铬丝三脚架上，使外铁坩埚置于遮焰体中心，用圆铁罩罩好。用强火焰的煤气喷灯加热，使试样蒸发、燃烧，生成残留物，冷却 40 min 后称量，计算质量分数，即为康氏法残炭。

加热过程分预热期、燃烧期和强热期三个阶段，测定时，一定要严格执行标准，以确保测定结果的有效性。

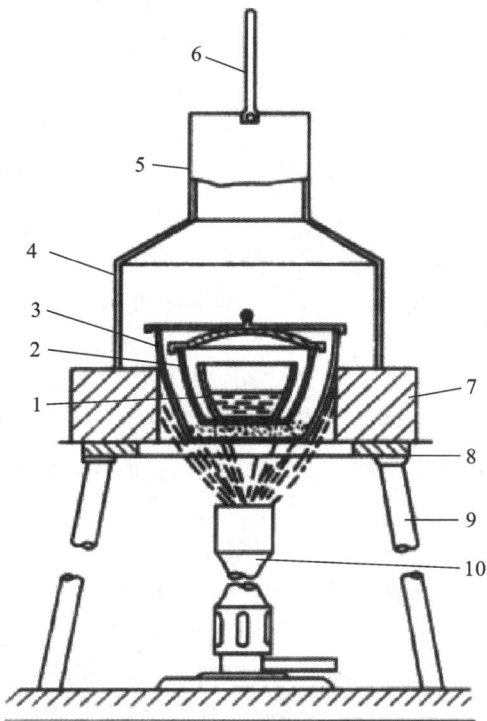

图 6-6　康氏法残炭测定器

1—矮型瓷坩埚；2—内铁坩埚；3—外铁坩埚；
4—圆铁罩；5—烟罩；6—火桥；7—遮焰体；
8—镍铬丝三脚架；9—铁三脚架；10—喷灯器

2）电炉法

电炉法残炭测定按 SH/T 0170—1992《石油产品残炭测定法（电炉法）》标准实验方法进行。该方法适用于润滑油、重质燃料油或其他石油产品。如图 6-7 所示，其与康氏法的主要区别是用电炉作热源。

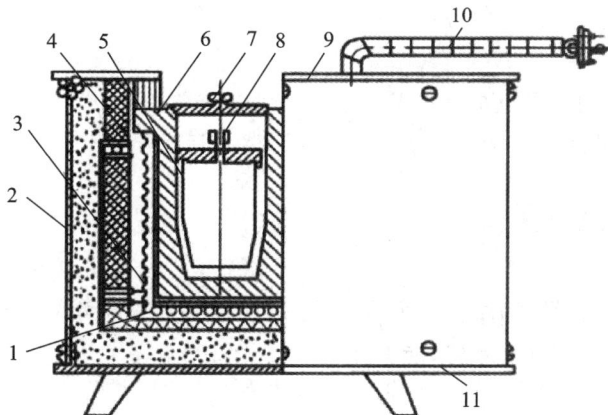

图 6-7　电炉法残炭测定器

1—电热丝（300 W）；2—壳体；3—电热丝（600 W）；4—电热丝（1000 W）；5—瓷坩埚；
6—钢浴；7—钢浴盖；8—坩埚盖；9—加热炉盖；10—热电偶；11—加热炉底

测定前,先将符合规定的瓷坩埚放入(800±20)℃的高温炉中煅烧 1 h,冷却后准确称量。接通电源,使残炭测定器电炉的温度恒定在(520±5)℃范围内。在上述称量过的坩埚中加入规定量的试样,放入电炉的空穴中,盖上坩埚盖。当试样在炉中加热至开始从坩埚盖的毛细管中逸出油蒸气时,立即点燃,燃烧结束后,继续维持炉温在(520±5)℃,煅烧残留物。从试样加热至残留物煅烧结束共需 30 min。然后从电炉中取出坩埚,冷却 40 min 后称量,计算质量分数,即为电炉法残炭。

与康氏法残炭测定相比,电炉法残炭测定操作简便,容易掌握。因此,多用于生产控制中,只有在产品出厂和仲裁实验时才采用康氏法残炭测定或兰氏法残炭测定。

3)兰氏法

兰氏法残炭测定按 SH/T 0160—1992《石油产品残炭测定法(兰氏法)》标准实验方法进行。该标准参照采用国际标准 ISO 4262:1978,这也是国际普遍应用的一种标准实验方法,一般适用于在常压蒸馏时部分分解的、不易挥发的石油产品。对一些不容易装入兰氏焦化瓶的重质残渣燃料油、焦化原料等油料,宜采用康氏法测定残炭。该法与康氏法没有精确的关联关系,评定石油产品时应引起注意。

兰氏法测定残炭时,将适量的试样装入已恒重的带有毛细管的玻璃焦化瓶中,再准确称量,计算出试样质量,然后放入温度恒定在(550±5)℃的金属炉内。试样被迅速加热、蒸发、分解、焦化。试样放入炉内(20±2)min 时,将焦化瓶从炉内转移至规定的干燥器内冷却,并再次称量,计算残余的质量分数,即为兰氏法残炭。

本实验主要介绍电炉法残炭测定。

一、实验目的

(1)了解润滑油、重质液体燃料及其他产品残炭的测定原理和测试方法。
(2)掌握残炭测定器的基本结构、工作原理和操作方法。
(3)理解电炉法残炭测定的意义。

二、方法要点

在规定的实验条件下,用电炉来加热蒸发润滑油、重质液体燃料或其他石油产品的试样,实验煅烧后形成的焦黑色残留物所占试样的质量分数即残炭。

三、仪器设备及材料

(1)电炉法残炭测定器:如图 6-7 所示,包括加热设备和配电设备两部分。
(2)马弗炉:带有自动恒温装置,能升温并恒定至 900 ℃。
(3)干燥器:内装干燥剂(变色硅胶或无水氯化钙)。
(4)电炉法残炭测定用瓷坩埚(带盖)。
(5)电子天平:最小分度为 0.1 mg。
(6)细沙:要预先充分灼烧过。在残炭测定器中,每个瓷坩埚的空穴底部装入细沙 5~6 mL。
(7)石油产品试样。

四、实验步骤

1. 坩埚和实验器标定

（1）仪器热电偶需要经过校正，确保准确地测量电炉温度。

（2）将坩埚放在（800±20）℃的高温炉中煅烧 1 h 之后，取出，先在空气中放置 1～2 min，之后移入干燥器中。

（3）冷却 40 min 后，称量坩埚质量，精确至 0.0002 g。

（4）重新放入高温炉中煅烧 1 h，进行准确称量，重复上述过程，直至连续两次称量的差值不大于 0.0004 g。

（5）试样不超过瓶容量的四分之三，将试样摇匀 5 min。

（6）黏稠和含蜡石油产品需要预先加热到 50～60 ℃才进行摇匀。

（7）在预先称量过的瓷坩埚中称入一份如下数量的试样，精确至 0.01 g：

①润滑油或柴油的 10％残留物，7～8 g。

②重质燃料油，1.5～2 g。

③渣油沥青，0.7～1 g。

（8）对于含水量大于 0.5％的石油产品，要在测定残炭前进行脱水。

（9）进行柴油 10％残余物的残炭测定时，应按照 GB/T 255—1977 或 GB/T 6536—2010 进行。

①将试样进行不少于两次的蒸馏。

②收集试样的 10％残留物，供测定柴油 10％残留物的残炭用。

2. 残炭测定

（1）打开电源，盖上钢浴盖。

（2）将温度控制器设定在实验所需的温度，仪器开始加热。

（3）当浴温达到实验温度并稳定后，用钳子将盛有试样的坩埚放入实验空穴中，立即盖上坩埚盖，切勿使坩埚盖偏斜靠壁。

（4）未用的实验空穴均应盖上钢浴盖。

（5）同时使用 4 个实验空穴时，会导致炉体温度降低。

（6）当试样在高温炉中加热到开始从坩埚盖的毛细管中溢出蒸气时，立刻引火点燃蒸气，使其燃烧。

（7）燃烧结束时，将钢浴盖盖在实验空穴上。

（8）将炉温维持在（520±5）℃煅烧实验的残留物。

（9）从开始加热，经过蒸气燃烧，到残留物的煅烧结束，共需 30 min。

3. 称量

（1）当残留物的煅烧结束时，打开钢浴盖和坩埚盖，立即从实验空穴中取出坩埚。

（2）在空气中放置 1～2 min，之后移入干燥器中。

（3）冷却 40 min 后，称量坩埚质量，精确至 0.0002 g。

4. 残炭值计算

残炭（w）按照下式计算：

$$w = \frac{m_1}{m} \times 100\%$$

式中：m_1——残留物（残炭）的质量，g；

    m——试样的质量，g。

残炭的计算结果，精确到 0.1%。

五、注意事项

（1）在确定实验结果时，注意坩埚中残留物的情况，应该是发亮的；否则，应重新测定。如果第二次仍获得同样的残留物，应判断测定有效。

（2）本仪器为高温测试仪器，使用中应严格按规程操作，以防烫伤。

（3）实验结束后，应及时关闭电源。待仪器完全冷却后才可离开。

六、思考题

石油产品残炭测定方法与煤和生物质残炭测定方法区别在哪里？

实验 7　石油产品水分的测定

石油产品中的水分主要来源于开采、运输、储存及炼制过程中与水的接触，例如原油开采时混入的地下水、运输管道冷凝水、储存容器残留水，以及炼制过程中化学反应生成的水。其存在形式分为游离水、乳化水和溶解水三种：游离水以独立液态形式存在，可通过静置分离；乳化水是微小液滴分散于油中形成的稳定乳液，需化学破乳处理；溶解水则以分子状态溶解于油中，通常含量较低但难以去除。

水分对石油产品的危害显著。它会加速金属设备腐蚀，因为水与油中酸性物质结合生成腐蚀性电解质；破坏石油产品性能，如降低润滑性、导电性和燃烧效率；促进微生物繁殖，导致石油产品氧化变质；低温下形成冰粒，堵塞管道，影响输送安全；在变压器油中，还会引发绝缘性能下降，威胁电力设备运行安全。因此，控制石油产品水分是保障石油产品质量与使用安全的关键环节，需通过脱水工艺、干燥处理及储存管理等手段严格控制其水分。

水分是评价石油产品质量的重要指标之一。测定石油产品水分对维护设备安全、提升产品品质、降低运营成本及保障生产安全均具有不可替代的作用。

（1）水分是影响石油产品质量的关键指标之一，直接关系到其储存稳定性、使用性能及设备运行安全。通过检测水分可及时发现石油产品污染或工艺缺陷，避免因水分超标引发的腐蚀、乳化、氧化变质等问题。

（2）水分测定是保障生产工艺稳定性的重要手段，炼油过程中需通过水分监测优化脱水工艺，减少设备结垢、催化剂中毒及能量损耗。

（3）水分直接影响石油产品计量准确性，尤其在贸易交接环节，精确的水分数据可避免经济纠纷。

（4）符合国家及行业标准的水分检测结果，是石油加工企业质量管理体系的重要组成部分,也是确保产品合规性的必要条件。

（5）控制水分有助于防止微生物滋生,减少石油产品变质风险,延长储存周期。

一、实验目的

（1）了解石油产品中水分测定的原理和测试方法。

（2）掌握水分测定装置的基本结构、工作原理和操作方法。

（3）理解石油产品中水分测定的意义。

二、实验方法

（一）蒸馏法

1. 方法要点

将被测试样和与水不相溶的溶剂共同加热回流,溶剂可将试样中的水携带出来。不断冷凝下来的溶剂和水在接受器中分离,水沉积在带刻度的接受器中,溶剂流回蒸馏器中。

2. 仪器设备及材料

（1）水分测定器(图 6-8):包括圆底烧瓶(500 mL)、接受器和直管式冷凝管(长度为 250～300 mm)。

（2）电热板或电炉:温度可调。

（3）干燥箱:能在室温至 110 ℃ 范围内自动恒温,并带有鼓风装置。

（4）电子天平:最大称样量不小于 200 g,最小分度为 0.1 g。

（5）玻璃棒:一端带有橡皮头。

（6）无釉瓷片、沸石或一端封闭的玻璃毛细管:在使用前必须经过烘干。

（7）溶剂:工业溶剂油或直馏汽油(80 ℃ 以上的馏分),溶剂在使用前必须脱水和过滤。

（8）石油产品试样。

3. 实验步骤

（1）水分测定器的圆底烧瓶、接受器必须预先洗净烘干,冷凝管内部必须事先用干净棉花擦干。

（2）黏稠的石油(如原油)或含蜡的石油应先加热到 40～50 ℃,使其完全熔融后再摇匀。向预先洗净烘干的圆底烧瓶中倒入已摇匀的石油 100 g,准确称量至 0.1 g。若不是正好为 100 g 油,则如实记下石油的质量。注意:切勿使石油倒在瓶外或粘在烧瓶磨口接头外。

对于黏度小的石油,可用量筒量取 100 mL 石油注入圆底

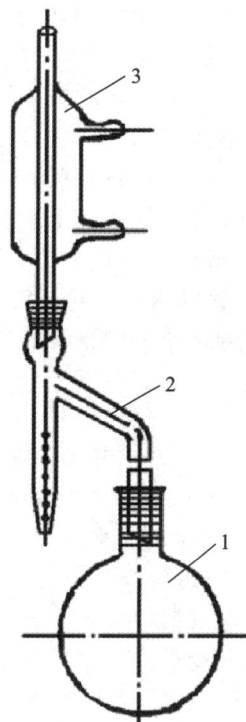

图 6-8　水分测定器
1—圆底烧瓶;2—接受器;
3—冷凝管

烧瓶中,再用这个未经洗涤的量筒量取 100 mL 溶剂。圆底烧瓶中的油重等于该油密度乘以体积(100 mL)。

(3) 用量筒量取 100 mL 溶剂,注入圆底烧瓶中,将圆底烧瓶中混合物仔细摇匀后,投入数片无釉瓷片、沸石或一端封口的玻璃毛细管。(为什么?)

(4) 将接受器的支管紧密地安装在圆底烧瓶上,使支管斜口进入圆底烧瓶 15~20 mm,然后将冷凝管安装在接受器上。这两处的连接方式一般为磨口或使用软木塞(仲裁实验时必须用磨口),如用磨口方式连接,在安装时应先在磨口上抹上薄层密封脂,以防不易拆卸和漏气。

安装时,冷凝管与接受器必须垂直,冷凝管下端的斜口切面与接受器支管口相对,并用干净棉花将冷凝管上端轻轻堵住。

(5) 用变压器控制电炉(或用煤气灯、酒精灯)小心加热圆底烧瓶,调节回流速度使冷凝管斜口每秒滴下 2~4 滴液体,开始时加热强度稍大,当油开始汽化、沸腾时,立即减小加热强度,保持一定的回流速度。

对于含水较多的石油,在加热时必须小心,切不可加热太强,以免产生剧烈的沸腾现象,造成水蒸气与溶剂蒸气一起喷出冷凝管,引起火灾。

(6) 测定时,水蒸气与溶剂蒸气一起流出,在冷凝管下部冷凝后流入接受器中,水沉于底部,多余溶剂流回圆底烧瓶。最初的冷凝液是混浊的,当水逐渐增多时,水层呈清液状,溶剂层也逐渐变清,最后成为澄清的液体。

(7) 蒸馏快结束时,如冷凝管内壁沾有水滴,则应加大电流,使圆底烧瓶中混合物迅速剧烈沸腾,利用大量的冷凝溶剂将水滴尽量洗入接受器中。

当接受器中收集的水体积不再增加,而水层上面的溶剂层完全透明时,停止加热。

注意:回流时间不应超过 1 h。

(8) 停止加热后,如冷凝管壁上仍沾有水滴,可从冷凝管上端倒入经过脱水的溶剂,将水滴冲入接受器。如冲洗依然无效,则用带鸭毛的金属丝或带橡皮头的玻璃棒的一端从上口伸入冷凝管中将水滴刮进接受器中。

(9) 待圆底烧瓶冷却后,将仪器拆卸开,读取接受器中水的体积。

如接受器中溶剂呈现混浊状,而且管底收集的水不超过 0.3 mL,将接受管放入热水中浸 20~30 min,使溶剂澄清,再将接受器冷却到室温,才读取管底收集水的体积。

4. 试样水含量的计算

试样中水的质量分数按下式计算:

$$w = \frac{V\rho}{m} \times 100\%$$

式中:w——试样中水的质量分数;

V——接受器中收集水的体积,mL;

ρ——水的密度,g/mL;

m——试样的质量,g。

当接受器中收集的水的体积不大于 5 mL 时,两次平行实验收集体积之差不应超过 0.1 mL。

当接受器中收集的水的体积在 5~25 mL 时,两次平行实验收集体积之差不应超过平均值的 2%。

(二) 卡尔费休库仑滴定法

由于蒸馏法是一种常量测定法,因此只能测定水含量在 0.03% 以上的石油产品。当水含量小于 0.03% 时,认为是痕量,如接受器中没有水,则认为试样无水。在石油化工生产和科研中,常常要测定痕量水,如铂重整装置一般要求原料油中的水含量小于 60 mg/kg,双金属及多金属重整装置要求原料油中水含量小于 15 mg/kg。因此,痕量水的测定是不可缺少的。

卡尔费休库仑滴定法按 GB/T 11133—2015《石油产品、润滑油和添加剂中水含量的测定 卡尔费休库仑滴定法》进行。这是应用卡尔费休试剂进行容量滴定来测定液体石油产品水含量的方法。该法适用于测定水含量为 10~25000 mg/kg 的液体石油产品,结果准确,是当今较为广泛应用的测定水含量的方法之一。

1. 方法要点

将一定量的试样加入卡尔费休库仑滴定仪的滴定池中,滴定池阳极生成的碘与试样中的水根按反应的化学计量关系即 1:1 的比例发生卡尔费休反应。当滴定池中所有的水反应消耗完后,滴定仪通过检测过量的碘产生的电信号确定滴定终点并终止滴定。因此依据法拉第定律,滴定出的水的量与总积分电流成一定比例关系。

(1)测定原理:碘被二氧化硫还原时,需要消耗定量的水,其反应如下:
$$I_2 + SO_2 + 2H_2O \rightleftharpoons 2HI + H_2SO_4$$
但上述反应是可逆的,要使反应向右进行,需要加入适当的碱性物质以中和反应生成的酸。采用吡啶可以满足要求,其反应如下:
$$H_2O + I_2 + SO_2 + 3C_5H_5N \longrightarrow 2C_5H_5N \cdot HI + C_5H_5N \cdot SO_3$$
生成的硫酸酐吡啶很不稳定,能与水发生副反应,消耗一部分水,因而干扰测定,其反应如下:
$$H_2O + C_5H_5N \cdot SO_3 \longrightarrow C_5H_5N \cdot HSO_4H$$
当有甲醇存在时,可以防止上述副反应:
$$CH_3OH + C_5H_5N \cdot SO_3 \longrightarrow C_5H_5N \cdot HSO_4CH_3$$

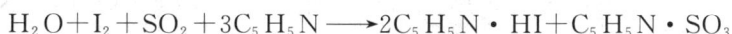

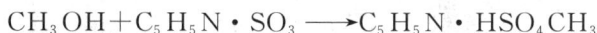

由上述讨论可知,滴定时的标准溶液是含有 I_2、SO_2、C_5H_5N 及 CH_3OH 的混合溶液,此溶液称为卡尔费休试剂,亦称卡氏试剂,其中甲醇 670 mL、二氧化硫 65 g、吡啶 270 mL、碘 85 g(使用前需进行标定)。

(2)终点判断:早期用目视法,卡氏试剂滴定时出现过量碘,由浅黄色变为棕红色即为终点。但对于微量分析,由于滴定剂浓度低,终点不易辨别,现已为永停点滴定法和库仑法所代替。

①永停点滴定法。永停点滴定装置如图 6-9 所示。

测定时,滴定瓶内装入溶剂(体积比为 1:3 的甲醇-氯仿混合液)和待测试样,插入两根铂丝作为指示电极,外加一个低电动势(10~15 mV)。当试样所含的水分与滴加的卡氏试剂作用时(终点以前),指示电极间无电流通过,微安表仍指示在零位上。若滴定到达终点后,继续滴加卡氏试剂,碘过量,则指示电极间发生电极反应。
$$I_2 \longrightarrow 2I^- - 2e$$

两电极间就有电流通过,微安表指针偏转。根据卡氏试剂的滴定度和滴定时消耗卡氏试剂的体积,可计算试样中的水含量,即
$$w = \frac{V_1 D}{m_1} \times 10^3$$
$$D = \frac{m_0}{V_0}$$

式中:w——试样中的水含量,mg/kg;

V_1——滴定试样所消耗卡氏试剂的体积，mL；

D——卡氏试剂滴定度，mg/mL；

m_1——试样质量，g；

m_0——所加入纯水的质量，mg；

V_0——滴定水所消耗卡氏试剂的体积，mL。

②库仑法。测定水分用的滴定池的结构如图 6-10 所示，其中指示电极对为铂片，电解电极由铂丝构成。本方法是以三氯甲烷、甲醇和卡氏试剂为电解液，用 2～5 mL 试样可定量检出含量为 3 mg/kg 的水。

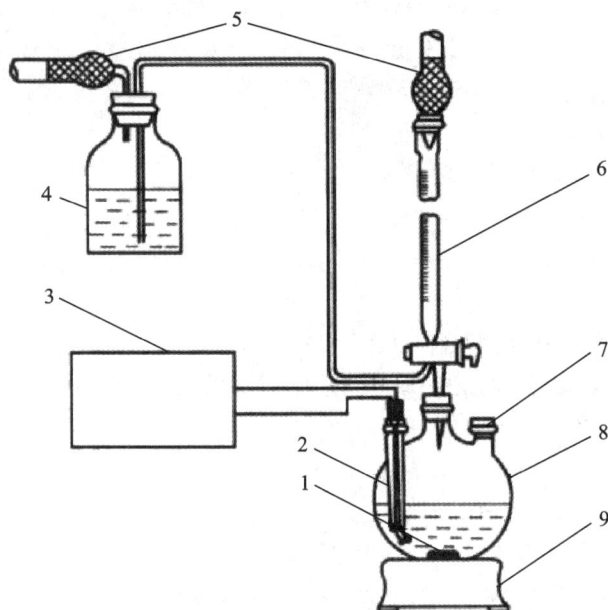

图 6-9　永停点滴定装置

1—搅拌子；2—指示电极；3—终点显示器；4—储液瓶；
5—干燥器；6—滴定管；7—进样口；8—滴定瓶；9—搅拌器

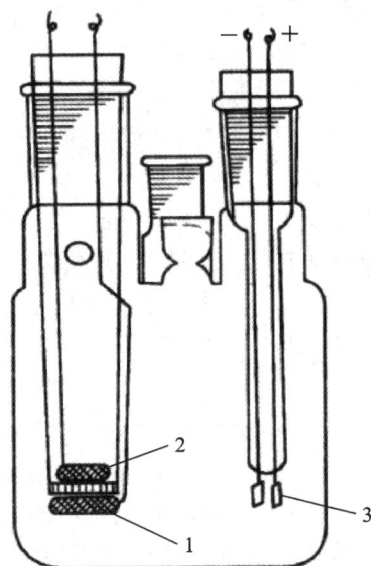

图 6-10　滴定池结构

1—电解阳极；2—电解阴极；3—指示电极对

库仑法测定微量水的原理是基于在含恒定碘的电解液中通过电解过程，使溶液中的碘离子在阳极氧化为碘：

$$2I^- - 2e === I_2$$

生成的碘又与试样中的水反应：

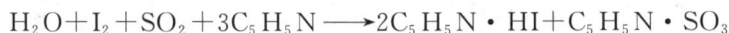

$$H_2O + I_2 + SO_2 + 3C_5H_5N \longrightarrow 2C_5H_5N \cdot HI + C_5H_5N \cdot SO_3$$

生成的硫酸酐吡啶进一步和甲醇反应：

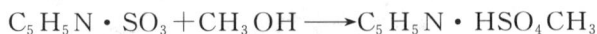

$$C_5H_5N \cdot SO_3 + CH_3OH \longrightarrow C_5H_5N \cdot HSO_4CH_3$$

反应终点通过一对铂电极来指示，当电解液中的碘浓度恢复到原定浓度时，电解即自行停止。根据法拉第定律即可求出试样中相应的水含量：

$$w = \frac{9q \times 10^3}{96500 \times V\rho}$$

即

$$w = \frac{1000q}{10722 \times V\rho}$$

式中：w——试样水含量，mg/kg；

　　　q——试样消耗电量，mC；

　　　V——试样的体积，mL；

　　　ρ——取样时试样的密度，g/mL。

库仑法是通过电解自动产生的滴定剂进行滴定的，测定的是电量，省去了试剂的标定操作，因而比永停点滴定法更为快速、准确。

本方法不适用于含醛、酮试样中水含量的测定。试样中含有硫醇、硫化氢时也有干扰，但可用适当方法测出硫化氢及硫醇的含量，并按下式计算水含量：

$$w = \frac{1000q}{10722V\rho} - \frac{9S}{6} - \frac{9R}{32}$$

式中：S——试样中以硫表示的硫醇含量，mg/kg；

　　　R——试样中以硫表示的硫化氢含量，mg/kg。

其他符号意义同前式。

2. 仪器设备及材料

（1）卡尔费休库仑滴定仪：由滴定池、铂电极、磁力搅拌器和控制单元部分组成。具体操作方法参见制造商提供的操作说明书。

（2）水分蒸发器：具体操作方法参见制造商提供的操作说明书。

（3）注射器：标有精确刻度的玻璃注射器或一次性注射器。注射器针头（带有鲁尔锥形接头的皮下注射用针头）的长度应能保证穿过进样口隔膜后能伸入阳极试液的液面以下。针头的针孔应尽可能地小，但应保证吸样时不会出现反压或是堵塞的情况。

（4）电子天平：最小分度为 0.1 mg。

（5）电热板或电炉：温度可调。

（6）氮气：纯度 99.9%，氧含量小于 0.01%。

（7）二甲苯：分析纯，水含量小于 300 mg/kg，使用前经分子筛干燥。

（8）卡氏试剂：市售的用于卡尔费休库仑滴定的标准试剂。如果试样中含有酮类物质，可以使用市售的专门用于此类物质水含量测定的卡氏试剂。

（9）阳极电解液：由市售的卡尔费休阳极电解液与二甲苯按体积比 6∶4 的比例混合而成。

（10）阴极电解液：建议使用市售的新配制的标准阴极电解液。

（11）单组分卡尔费休电解液：可替代阳极电解液在带隔膜的滴定单元中使用，或替代双组分电解液在不带隔膜滴定单元中使用，建议使用市售的新配制的电解液。可根据特殊的试剂、仪器和试样的需要与二甲苯按不同比例配制，测定有些试样的水含量时可能不需要加入二甲苯，而另一些试样可能需要加入二甲苯，以提高其在电解液中的溶解度。

（12）正己烷：分析纯，水含量小于 200 mg/kg，使用前经分子筛干燥。

（13）白油：分析纯。

（14）5A 分子筛：粒度为 1.70～2.36 mm。

（15）石油产品试样。

3. 实验步骤

1）仪器准备

（1）按照滴定仪制造商的设备说明书准备滴定设备。

（2）密封各个接口和连接处，防止空气中的湿气进入仪器。

（3）如使用双组分的卡尔费休电解液，按下述步骤操作：

①按照卡尔费休库仑滴定仪厂商的推荐，将适量的卡尔费休阳极电解液加入滴定池阳极（外）隔间。

②将卡尔费休阴极电解液加入滴定池的阴极（内）隔间，阴极电解液的液面应低于阳极电解液的液面2～3 mm。

（4）如使用单组分卡尔费休电解液，按照卡尔费休库仑滴定仪厂商的推荐，将适量的电解液直接加入滴定池中。

（5）开启仪器，打开磁力搅拌装置，调整搅拌速度使其运行均匀平稳。预滴定池里残余的微量水，直至达到滴定终点。在进行下一步实验前，确保背景电流（或背景滴定速度）稳定并低于厂家推荐的最大值。

2）滴定

（1）质量直接滴定法。

①将新配制的电解液加入滴定单元中，开启仪器，预滴定试剂达终点条件。

②按照下面的步骤将试样加入滴定池中：

a. 选取一个洁净、干燥并具有合适容量的注射器，吸取并丢弃至少3次试样。然后立即吸取一份试样（表6-5），用一张干净的滤纸擦净针头后称重，精确到0.1 mg。将注射器针头穿过仪器进样口隔膜，伸入阳极试液的液面以下，启动滴定仪并注入试样。抽出注射器，用一张滤纸擦净针头，称重，精确到0.1 mg。到达滴定终点后，记录下滴定出的水的质量（mg）。

表6-5 基于试样预计水含量的试样进样量

预计水含量	试样进样量/g（或 mL）	预计滴定出的水的质量/μg
10～100 mg/kg（或 μg/mL）	3.0	30～300
100～500 mg/kg（或 μg/mL）	2.0	200～1000
0.02%～0.1%	1.0	200～1000
0.1%～0.5%	0.5	500～2500
0.5%～2.5%	0.25	1250～6250

b. 滴定结束后，当背景电流或者滴定速度恢复到一个稳定的读数时，可以继续按上述步骤进行实验。

③如果滴定池被试样污染，需用二甲苯彻底地清洗阳极和阴极部分。不应使用丙酮或其他酮类物质清洗。如电极隔膜堵塞，会导致仪器发生故障。

④如果样品过于黏稠而很难用注射器吸取，可以先把试样放入干燥、洁净的瓶中，称量瓶、滴管和试样的质量。然后用适当的方法（如用滴管）迅速转移适当数量的试样至滴定池内。重新称量瓶、滴管和试样的质量，并按以上步骤进行滴定。

（2）体积直接滴定法。

用注射器吸取适当体积的试样，按质量直接滴定法中的步骤进行实验。

（3）水分蒸发器间接滴定法。

①水分蒸发器间接滴定法适用于由于黏度大、存在干扰反应或者水含量很小（如小于100

mg/kg)而无法按照以上两法进行直接滴定分析的样品。实验前将 10 mL 白油加入蒸发器附件中,并通入 300 mL/min 的干燥氮气进行吹扫。将白油加热到仪器制造商建议的加热温度。

②精确称量(5±0.01) g 黏稠试样,加到 10 mL 容量瓶中,加入无水正己烷至刻线。摇动容量瓶,直至试样完全溶解。

③注射 1 mL 溶解后试样到蒸发器中。按照质量直接滴定法中的步骤进行操作。达到滴定终点后,记录数字显示器上显示的水的质量(μg)。

4. 结果计算

(1) 按下式之一计算试样中的水含量:

$$w_1 = \frac{m_1}{m_2}$$

$$w_2 = \frac{V_1}{V_2}$$

式中:w_1——试样中的水含量,mg/kg;

　　　w_2——试样中的水含量,μL/mL;

　　　m_1——滴定出的水的质量,μg;

　　　m_2——试样的进样量,g;

　　　V_1——滴定出的水的体积,μL;

　　　V_2——试样的进样量,mL。

(2) 按下式之一计算试样中水的质量分数或体积分数:

$$w_3 = \frac{m_1}{m_2 \times 10^6} \times 100\%$$

$$w_4 = \frac{V_1}{V_2 \times 10^3} \times 100\%$$

式中:w_3——试样中水的质量分数;

　　　w_4——试样中水的体积分数;

　　　m_1、m_2、V_1、V_2 的含义同前所述。

三、注意事项

(1) 应严格控制蒸馏速度,使从冷凝管斜口每秒滴下 2~4 滴蒸馏液。太慢则测定时间长,溶剂汽化量少,降低对油中水分的携带能力,使结果偏低;太快则易产生暴沸。

(2) 当试样水含量超过 10% 时,可酌情减少试样量,使蒸出的水分不超过 10 mL,但也要注意到试样称量太少时,会降低试样的代表性,影响测定结果的准确性。

四、思考题

石油产品中的水分对其使用有何危害?

实验 8　发动机燃料实际胶质的测定

一、实验目的

（1）了解汽油、煤油和柴油在规定实验条件下燃料蒸发形成胶质的测定原理和测试方法。

（2）掌握发动机燃料实际胶质实验器的基本结构、工作原理和操作方法。

二、方法要点

将 25 mL 试样在规定的仪器、温度和空气流的条件下蒸发，可得固体残渣。将正庚烷抽提前和抽提后的残渣分别称量可获得胶质含量。胶质含量以 100 mL 试样中所含实际胶质质量（mg/100 mL）表示。

三、仪器设备及材料

（1）油浴装置：椭圆形的钢制容器，高度约 200 mm，长轴的长度约 250 mm，短轴的长度约 150 mm。有可以卸下的铁制浴盖，盖下设置有安放烧杯用的两个凹槽和铜制或黄铜制的旋管，其全长约 4.5 m，内径 6~8 mm。旋管的一端在盖面的旁边通出，用来导入空气；另一端在盖的中心点通出，并接可以卸下的磨口三通管（内径约 6 mm）。每端要对准凹槽的中心点，而且与槽底相距（50±5）mm。浴盖上还有两个孔口，供插普通温度计和接触点温度计用。油浴装置外表面用石棉层绝热；带有电热装置，能将浴油加热到 150 ℃、180 ℃ 和 250 ℃，并能在实验期内保持温度恒定。

（2）无嘴高型玻璃烧杯：容量 100 mL，外径 47~48 mm，高度（85±2）mm。

（3）电子天平：最小分度为 0.1 mg。

（4）流量计：可测量 60 L/min 的空气流速，经过 300 次实验至少校正一次。

（5）空气过滤器：内装棉花和玻璃珠。

（6）普通温度计：0~360 ℃，最小分度为 1 ℃。

（7）鼓风机：空气压缩机，或空气供应总管，要求能够供给实验时所需要的空气流速。

（8）电热板或电炉：温度可调。

（9）镀铬坩埚钳。

（10）矿物油：开口杯法闪点不低于 310 ℃。

（11）苯：化学纯。

（12）丙酮：化学纯。

（13）乙醇-苯混合液：用 95% 乙醇（化学纯）与苯（化学纯）按体积比 1∶4 配成。

（14）硫酸钠：化学纯。

（15）石油产品试样。

四、实验步骤

1. 准备工作

(1) 试样含有水分或机械杂质时,在实验前必须经过脱水处理,用滤纸过滤除去机械杂质。

(2) 向油浴装置注入矿物油,保证在实验温度下将油浴装置装满。

(3) 用软木塞将普通温度计插在浴盖上一个孔口中,使水银球距离盖面 40～50 mm。在需要时,将接触点温度计插入浴盖上的另一个孔口中。

(4) 测定汽油的实际胶质时,预先将浴中矿物油加热到 (150 ± 3) ℃,测定煤油时加热到 (180 ± 3) ℃,测定柴油时加热到 (250 ± 5) ℃。

(5) 实验用烧杯要预先洗涤。

(6) 在预先加热至规定温度的油浴上,将烧杯放在凹槽中 15 min,再将烧杯放在干燥器中冷却 30～40 min。

(7) 称量烧杯的质量,精确至 0.0002 g。

(8) 重复干燥、称重,直至连续称量值之间的差值不超过 0.0004 g。

(9) 将旋管导入空气一端通过流量计和装有棉花的空气过滤器与空气供应装置相连。

2. 测定

(1) 开启仪器电源,将控温仪设定为指定温度(以普通温度计读数为准)。

(2) 用量筒量取 25 mL 试样两份,分别注入烧杯中。

(3) 将烧杯放在已加热至规定温度的油浴凹槽内。在浴盖旋管一端安放三通管,要求导气管下端离试样 (30 ± 5) mm。

(4) 向两只烧杯通入空气时,最初流速应为 (20 ± 2) L/min。在实验汽油时最初的 8 min 内,或实验煤油、柴油时的最初 20 min 内,都要求供给空气流速逐渐增加到 (55 ± 5) L/min,注意不要使试样溅出。

(5) 供给空气流速应保持到试样蒸发完毕。当油气停止冒出并且烧杯底和烧杯壁呈现干燥的残留物或出现不再减小的油状残留物时,可认为蒸发完毕。

(6) 蒸发完毕后,继续通入空气 15～20 min(汽油及煤油)或 30 min(柴油),然后将烧杯取出,放在干燥器中冷却 30～40 min 后进行称量,精确至 0.0002 g。

(7) 称量后将烧杯重新放在油浴凹槽内,用与上述相同的空气流速和规定温度,再通入空气 15～20 min(汽油及煤油),或停止通入空气,而在 250 ℃ 下烘 30 min(柴油)。

(8) 将烧杯再放在干燥器中冷却 30～40 min 后进行称重。

(9) 如此重复处理带有胶质的烧杯,直至连续称量值之间的差值不超过 0.0004 g。

3. 胶质含量的计算

100 mL 试样所含的实际胶质质量 m(g)按照下式计算:

$$m=\frac{m_2-m_1}{25}\times100=4\times(m_2-m_1)$$

式中:m_1——烧杯的质量,g;

m_2——胶质和烧杯的质量,g;

25——试样体积,mL。

五、注意事项

（1）石油产品不同，实际胶质测量重复性不同。

（2）在每次操作后，应立即用乙醇-苯混合液洗涤烧杯，以清除杯内的残留物。

六、思考题

如何满足实际胶质测定的精密度要求？

第 7 章

石油产品蒸发性能的分析

蒸发性能又称为汽化性能,它是指液体在一定的温度下蒸发为蒸气的能力。目前,石油产品绝大部分作为燃料使用,例如车用汽油、喷气燃料、车用柴油等都是重要的内燃机燃料。内燃机燃料在燃烧前,首先要经过一个雾化、汽化及与空气形成可燃混合气的过程,该过程是保证燃料燃烧稳定、完全的先决条件,因此蒸发性能是液体燃料的重要性质之一。不仅如此,它对于石油产品的储存、输送也有重要意义,同时也是生产、科研和设计中的主要物性参数。石油产品的蒸发性能可用馏程、蒸气压等指标评定。

实验 9   石油产品馏程的测定

纯液体物质在一定温度下具有恒定的蒸气压。温度越高,蒸气压越大。当蒸气压与外压相等时,液体表面和内部同时出现汽化现象,这一温度称为该液体物质在此压力下的沸点。通常所说的沸点是指纯液体物质在压力为 101.3 kPa 下的沸点,又称为正常沸点。

石油产品是一个主要由多种烃类及少量烃类衍生物组成的复杂混合物,与纯液体不同,它没有恒定的沸点,其沸点表现为一个很宽的范围。由于石油产品中轻组分的相对挥发度大,加热蒸馏时,首先汽化,当蒸气压等于外压时,石油产品即开始沸腾。随着汽化率的增大,石油产品中重组分逐渐增多,所以沸点也不断升高。可见,石油是一个沸点连续的多组分混合物。在外压一定时,石油产品的沸点范围称为沸程。

石油产品在规定的条件下蒸馏,从初馏点到终馏点这一温度范围称为馏程。而在某一温度范围蒸出的馏出物称为馏分,如汽油馏分、煤油馏分、柴油馏分及润滑油馏分等。温度范围窄的称为窄馏分,温度范围宽的称为宽馏分。石油馏分仍是一个混合物,只是包含的组分数相对少一些。石油产品的馏分范围因所用蒸馏设备的不同,其测定的结果也有差异。在石油产品质量控制、工艺计算及原油的初步评价中,普遍使用简单的恩氏蒸馏设备测定石油产品馏程。

1. 馏分组成

石油产品蒸馏测定中馏出温度(也叫回收温度)与馏出体积分数相对应的一组数据称为馏分组成。例如,初馏点、10%馏出温度、50%馏出温度、90%馏出温度和终馏点等,生产实际中常统称为馏程。馏分组成是石油产品蒸发性能的主要指标。

2. 分析馏程的意义

(1)馏程可判断石油馏分组成,并作为建厂设计的基础数据。

在决定一种原油的加工方案时,首先应了解原油中所含轻、重质馏分的相对含量,这就需要对原油进行常压蒸馏和减压蒸馏,以得到汽油、煤油、车用柴油等轻质馏分油的产率。同时,还要对馏分性质进行详细的分析,从产率的多少和各馏分性质的优劣来判断原油最适宜的产品方案和加工方案。

(2) 馏程是精馏装置生产操作控制的依据。

精馏装置生产操作条件的调控是以馏出物的馏程数据为基础的。例如,根据汽油馏程可以确定塔顶的操作温度,如果汽油干点高于指标,说明塔顶温度高或塔内压力低,塔顶回流量大或原油带水多,吹汽量大。一般可对应采用降低塔顶温度、加强原油脱水、减小吹汽量等措施控制产品干点使其合格。

此外,根据馏分组成的具体情况,还可以确定添加调和成分的种类和数量,以满足石油产品使用要求。

(3) 根据馏程可以评定汽油发动机燃料的蒸发性能,判断其使用性能。

①10%馏出温度可以判断汽油中轻组分的含量,它反映汽油发动机燃料的低温启动性能和形成气阻的倾向。发动机启动时转速较低(一般为 50~100 r/min),吸入汽油量少,且发动机处于冷缸状态,进入汽缸的汽油汽化率低,如果缺乏足够的轻组分,汽油发动机的启动就会很困难。因此,车用汽油规格标准中规定 10%馏出温度不能高于 70 ℃,表 7-1 中列出汽油10%馏出温度与保证汽油发动机易于启动的最低大气温度之间的关系。显然,汽油 10%馏出温度越低,越能保证发动机的低温启动性。

表 7-1　车用汽油 10%馏出温度与保证发动机易于启动的最低大气温度的关系

10%馏出温度/(℃)	最低大气温度/(℃)	10%馏出温度/(℃)	最低大气温度/(℃)
54	−21	71	−9
60	−17	77	−6
66	−13	82	−2

在相同的大气温度条件下,汽油 10%馏出温度越低,所需启动的时间越短,汽油消耗量越少(表 7-2)。

表 7-2　车用汽油 10%馏出温度与发动机启动时间及汽油消耗量的关系

实验温度 /℃	启动时间/s		启动时汽油消耗量/mL	
	10%馏出温度为 79 ℃	10%馏出温度为 72 ℃	10%馏出温度为 79 ℃	10%馏出温度为 72 ℃
0	10.5	9.4	10	8.7
−6	45	29	48	30

然而,物极必反,汽油中轻组分过多时,易在输油管内产生气阻,影响发动机的正常启动,在炎热的夏季或低压下工作时更是如此。目前,汽油规格标准中只规定了 10%馏出温度的上限,其下限实际上由另一个蒸发性能指标(蒸气压)来控制。

②车用汽油的 50%馏出温度表示其平均蒸发性能,它影响发动机启动后的升温时间和加速性能。冷发动机从启动到车辆起步,一般要经过一个暖车阶段,温度上升到 50 ℃左右,才能带负荷运转(此时发动机转速约 400 r/min)。汽油的 50%馏出温度越低,其平均蒸发性能越好,启动时参加燃烧的汽油量就越多,则发热量也越多,因而能缩短发动机启动后的升温时间并减少耗油量。

车用汽油的 50%馏出温度还直接影响汽油发动机的加速性能和工作的稳定性。50%馏出温度低,发动机加速灵敏,运转平稳;若过高,当发动机加大油门提速时,部分燃料来不及汽化,燃烧不完全,使发动机功率降低,甚至燃烧不起来,致使发动机熄火而无法工作。因此规定车用汽油的 50％馏出温度不高于 120 ℃。

③车用汽油的 90％馏出温度表示其重组分的含量,它关系到燃料的燃烧完全性。90％馏出温度越高,重组分越多,汽化状态越差,燃料燃烧越不完全,这不仅会降低发动机功率,增大耗油量,而且还易在汽缸内形成积炭,加重磨损。一般来说,车用汽油的 90％馏出温度低些好,我国规定车用汽油的 90％馏出温度不高于 190 ℃。

④终馏点表示燃料中最重馏分的沸点。此点温度高,则易稀释润滑油,降低其黏度,影响润滑,加重机械磨损。同时,由于燃烧不完全,还会在汽缸上形成油渣沉积或堵塞油管。实验表明,使用终馏点为 225 ℃的汽油,发动机的磨损比使用终馏点为 200 ℃的汽油增大一倍,耗油量增加 7％。因此,我国规定车用汽油的终馏点不高于 205 ℃。

(4)评定车用柴油的蒸发性能,判断其使用性能。

车用柴油的馏程是保证其在发动机燃烧室内迅速蒸发和燃烧的重要指标。为保证良好的低温启动性能,需要有一定的轻质馏分,以保证蒸发快,油气混合均匀,燃烧状态好,油耗少(表7-3)。

表 7-3　车用柴油 50％馏出温度与启动性能的关系

车用柴油 50％馏出温度/℃	发动机启动时间/s	车用柴油 50％馏出温度/℃	发动机启动时间/s
200	8	275	60
225	10	285	90
250	27		

但馏分组成过轻也不利,由于柴油机是压燃式发动机,馏分组成越轻,沸点越低,油越容易挥发,自燃点越高,则着火滞后期(滞燃期)越长,致使所有喷入的燃料几乎同时燃烧,造成汽缸内压力猛烈上升而发生工作粗暴现象。此外,过轻的馏分组成还会降低柴油的黏度,使润滑性能变差,油泵磨损加重。

重质馏分特别是碳链较长的烷烃自燃点低,容易燃烧,但馏分组成过重,汽化困难,燃烧不完全,不仅油耗增大(表7-4),还易形成积炭,磨损发动机,缩短使用寿命。因此,我国车用柴油指标规定,50％馏出温度不得高于 300 ℃,90％馏出温度不得高于 355 ℃,95％馏出温度不得高于 365 ℃。

表 7-4　车用柴油 300 ℃馏出量与单位耗油率的关系

300 ℃馏出量/(％)	单位耗油率/(％)
39	100
34	114
20	131

一、实验目的

(1)了解石油产品馏程的测定原理和测试方法。

(2)掌握石油产品常减压馏程测定仪的基本结构、工作原理和操作方法。

二、方法要点

测定汽油、喷气燃料、溶剂油、煤油和车用柴油等轻质石油产品的馏分组成可按照 GB/T 255—1977《石油产品馏程测定法》(恩氏蒸馏)和 GB/T 6536—2010《石油产品常压蒸馏特性测定法》进行,这两种标准实验方法适用于测定发动机燃料、溶剂油和轻质石油产品的馏分组成。常用的恩氏蒸馏装置如图 7-1 所示。

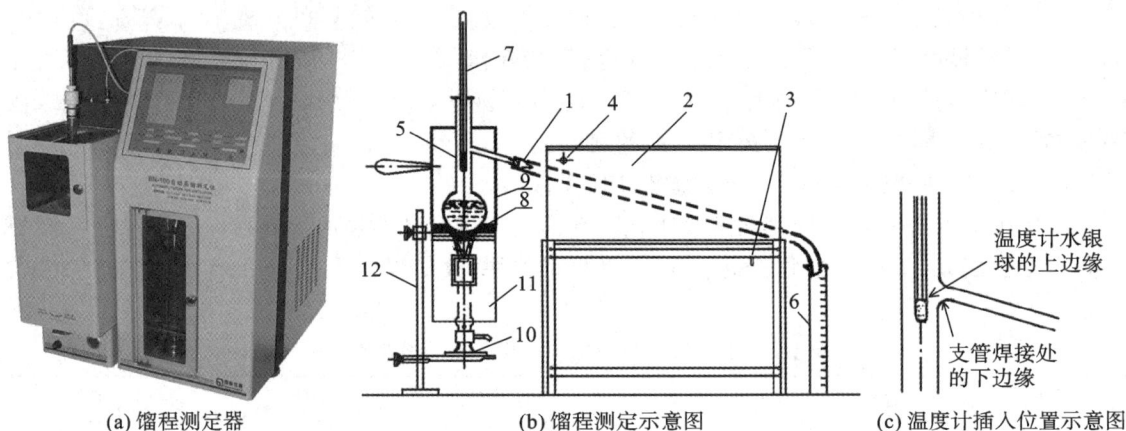

(a) 馏程测定器　　　　(b) 馏程测定示意图　　　　(c) 温度计插入位置示意图

图 7-1　馏程测定装置

1—冷凝管;2—冷凝器;3—进水支管;4—出水支管;5—蒸馏烧瓶;6—量筒;
7—温度计;8—石棉垫;9—上罩;10—喷灯;11—下罩;12—支架

恩氏蒸馏测定时,将 100 mL 试样在规定的实验条件下蒸馏,按产品性质不同控制蒸馏操作升温速度。冷凝管流出第一滴冷凝液时的气相温度称为初馏点。蒸馏过程中,烃类分子按其相对挥发度由大到小的次序逐渐蒸出,气相温度也随之逐渐升高,当馏出物体积分数为装入试样的 10%、50%、90% 时,蒸馏烧瓶内的气相温度分别称为 10%、50%、90% 馏出温度。蒸馏过程中的最高气相温度称为终馏点(简称终点)。蒸馏烧瓶底部最后一滴液体汽化的瞬间所测得的气相温度称为干点,此时不考虑蒸馏烧瓶壁及温度计上的任何液滴或液膜。由于终馏点一般在蒸馏烧瓶底部全部液体蒸发后才出现,故与干点往往相同。初馏点到终馏点这一温度范围即为馏程。蒸馏结束后,将冷却至室温的烧瓶内容物按规定方法收集到 5 mL 量筒中的体积分数称为残留量(简称残留),而以装入试样量为 100%,减去馏出液体和残留物的体积分数之和,所得差值称为损失量(简称损失)。实际生产中常将上述这套完整数据称为馏程,它是轻质燃料油的质量指标。

石油产品馏程测定是间歇式的简单蒸馏,这种蒸馏没有精馏作用,石油产品中的烃类并不是按各自沸点逐一蒸出,而是在温度从低到高的渐次汽化过程中,以连续增高沸点的混合物形式蒸出。因此,通过馏分组成数据仅能粗略地判断石油产品的轻重及使用性质。

恩氏蒸馏测定操作简单、迅速,结果易重现,对评定石油产品特别是轻质石油产品的使用性质、控制产品质量和检查操作条件等都有着重要的实际意义。

三、仪器设备及材料

(1) 馏程测定器:符合 SH/T 0121—1992(2004)《石油产品馏程测定装置技术条件》的各

项规定,如图 7-1(a)所示。

(2) 温度计:符合 GB/T 514—2005《石油产品试验用玻璃液体温度计技术条件》的要求。

(3) 计时器:精确到 1 s。

(4) 软布:系在铜丝或铝丝上,用于擦拭冷凝器内壁。

(5) 瓷片或沸石:防止液体暴沸。

(6) 石油产品试样。

四、实验步骤

1. 安装蒸馏设备

(1) 试样中有水分时,实验前应进行脱水。在蒸馏前,要用缠在铜丝或铝丝上的软布擦拭冷凝器内壁,除去上次蒸馏剩下的液体。

(2) 连好电源线。按照标准要求装好试样,打开仪器上盖和玻璃门,将接受器(量筒)装入支架中。

(3) 取 100 mL 试样,倒入装有瓷片(或沸石)的干净蒸馏烧瓶中,记录量取试样的温度。

(4) 将蒸馏烧瓶放到加热炉上,并将馏出口插入量筒中,注意调节加热炉的高度,使量筒和蒸馏烧瓶保持垂直状态。

(5) 盖好上盖之后锁紧蒸馏烧瓶,关好玻璃门。

(6) 将玻璃温度计插入胶塞,然后一起插入蒸馏烧瓶中,轻轻向下用力,使水银球达到标准规定的深度。

2. 抽真空(减压蒸馏用)

(1) 将真空橡胶插头轻轻插入量筒的吸气端,真空管的长度可根据需要适当调整,可以轻轻拔出或塞进 5 cm 左右。

(2) 接通真空泵电源,关闭真空调节阀,检查系统气密性,再缓慢调整真空调节阀,使数字显示压力表显示的真空度达到测定要求。

3. 蒸馏与测定

(1) 打开系统电源,调节量筒空气浴控温点,使设置温度与量取试样时的温度相同。温度设定方法见温度控制器说明书,也可以咨询实验指导教师。

(2) 调整加热调节旋钮,加热蒸馏烧瓶,然后按照标准规定进行实验。

(3) 蒸馏时,所有读数都要精确到 0.5 mL 或 1 ℃。

(4) 加热装有试样的蒸馏烧瓶,按照要求调节加热强度。

4. 控制初馏点

(1) 第一滴馏出液从冷凝管滴入量筒,记录此时的温度,作为初馏点。

(2) 从加热开始到冷凝管下端滴下第一滴馏出液所经过的时间:

①蒸馏汽油或溶剂油时,为 5～10 min。

②蒸馏航空汽油时,为 7～8 min。

③蒸馏喷气燃料、煤油、轻柴油时,为 10～15 min。

④蒸馏重柴油或其他重质油料时,为 10～20 min。

5. 测定蒸馏曲线

(1) 观察和记录初馏点后,立即移动量筒,使冷凝管尖端与量筒内壁相接触,让馏出液沿量筒内壁流下。

（2）此后，蒸馏速度要均匀，每分钟流出 4～5 mL，该速度一般相当于每 10 s 馏出 20～25 滴。

（3）以每 10 s 相应的滴数检查蒸馏速度时，可以将量筒内壁与冷凝管末端离开片刻。

（4）调节加热强度。

①使从汽油初馏点到 5% 回收体积的时间为 60～75 s。

②从 5% 回收体积到蒸馏烧瓶中剩 5 mL 残留物的冷凝平均速度是 4～5 mL/min。

③如果不符合上述条件，则重新进行蒸馏。

（5）蒸馏时间控制。

①从初馏点到馏出 10% 的时间不超过 6 min。

②蒸馏重柴油时，最初馏出 10 mL 的蒸馏速度是 2～3 mL/min，继续下去的蒸馏速度是 4～5 mL/min。

（6）如果观察到分解点（蒸馏烧瓶中由于热分解而出现烟雾时的温度计读数），则应停止加热，并按照步骤 6 的要求进行。

（7）如果试样的技术标准要求馏出百分数（如 10%、50%、90% 等）的温度，那么，当量筒中馏出液的体积达到技术标准所制定的馏出百分数时，就立刻记录馏出温度。

（8）对馏程不明的试样，实验时要记录下列温度：初馏点，馏出 10%、20%、30%、40%、50%、60%、70%、90%、97% 时的温度。在确定与试样相似牌号后，再按照该牌号的技术标准所规定的各项馏程要求重新进行馏程测定。

（9）实验结束时，温度计的读数应根据温度计检定证上的修正值进行修正。

（10）馏出温度受大气压力的影响，应进行修正。

6. 测定、调整终馏点

（1）馏出 10%～90% 时保持每分钟馏出 4～5 mL。

（2）馏出 90% 时，允许最后调整一次加热强度，使 90% 到终馏点不超过 5 min。

（3）如果要求终馏点而不要求干点，应在 2～4 min 内到达终馏点。

（4）蒸馏时，按照试样技术标准的要求记录温度和馏出百分数，同时记录时间。

（5）在蒸馏喷气燃料、煤油或轻柴油的过程中，当量筒中的液体体积达到 95 mL 时，不要改变加热强度。

（6）记录从 95 mL 到终馏点所经过的时间，如果这段时间超过 3 min，这次实验无效。

7. 记录回收体积

（1）在冷凝管继续有液体滴入量筒时，每隔 2 min 观察一次冷凝液体积，直至相继两次观察的体积一致。

（2）精确地测量体积，并记录。

（3）如果出现分解点，而预先停止了蒸馏，则从 100% 减去最大回收体积分数，报告此差值为残留量和损失。

（4）蒸馏达到试样技术标准要求的终馏点（如馏出 95%、96%、97.5%、98% 等）时：

①除记录馏出温度外，应同时停止加热。

②让馏出液继续馏出 5 min，并记录量筒中的液体体积。

（5）蒸馏喷气燃料或煤油时，如果在馏出样未达到 98% 时（按照技术标准要求）试样已经蒸干，则：

①再次实验,允许在馏出液达到 97.5% 时记录馏出温度并停止加热。

②让馏出液馏出 5 min,然后记录量筒中液体的体积。

③如果量筒中的液体体积小于 98 mL,应重新进行实验。

(6) 如果试样的技术标准要求在某温度(例如,100 ℃、200 ℃、250 ℃、270 ℃)的馏出百分数,则:

①当蒸馏温度达到相当于技术标准所指定的温度时,就立刻记录量筒中的馏出液体积。

②在这种情况下,温度计的示数应预先根据温度计检定证上的修正值进行修正。

③馏出温度受大气压力的影响,也应预先进行修正。

(7) 当进行减压蒸馏时:

①记录温度和馏出百分数的同时,要记录残压和时间。

②蒸馏过程残压波动不得超过 0.0667 kPa(0.5 mmHg)。

(8) 蒸馏到终馏点,实验结束。

①关闭加热旋钮。

②打开冷却开关。

③将加热炉降至低位。

④打开玻璃门,以便蒸馏烧瓶自然冷却。

8. 量取残留体积分数

(1) 常压蒸馏。

①待蒸馏烧瓶冷却后,将其内容物倒入 5 mL 量筒中。

②将蒸馏烧瓶悬垂于 5 mL 量筒上,让蒸馏烧瓶排油,直至量筒中液体体积无明显增加。

③记录量筒中液体体积,精确至 0.1 mL,作为残留体积分数。

(2) 减压蒸馏。

①待温度计冷却到 100 ℃ 以下时,缓慢打开真空调节阀。

②关闭真空泵(减压蒸馏用)。

③测试结束时,取出上罩,让蒸馏烧瓶冷却 5 min 后,从冷凝管卸下蒸馏烧瓶。

④卸下温度计及瓶塞之后,将蒸馏烧瓶中热的残留物小心倒入 10 mL 量筒内。

⑤待量筒冷却到 (20±3) ℃,记录残留物的体积,精确至 0.1 mL。

9. 计算损失体积分数

(1) 最大回收体积分数和残留体积分数之和为总回收体积分数。

(2) 以 100% 减去总回收体积分数,则得出损失体积分数。

(3) 试样的体积 (100 mL) 减去馏出液和残留物的总体积,所得差值就是蒸馏的损失。

五、注意事项

(1) 实验用温度计、蒸馏烧瓶和量筒应符合标准要求。

(2) 注入烧瓶的石油产品温度和收集的馏出液温度应基本一致。

(3) 实验前必须擦拭冷凝管内壁,清除上次实验残余液体。

(4) 选择合适孔径的烧瓶支板(石棉垫),既要保证加热强度,又要避免石油产品过热。

(5) 温度计的安装位置很重要,直接影响温度计读数的准确性。

(6) 测定不同石油产品的馏程时,冷凝器内水温控制要求不同。

（7）加热强度和馏出速度的控制是操作的关键。

（8）若试样含水较多,将影响测定数据的准确性。注意减少蒸馏损失量。

六、思考题

（1）本实验测定石油产品的馏程主要操作步骤有哪些？所测定的石油产品符合质量标准吗？

（2）为什么恩氏蒸馏数据是条件实验数据？

（3）怎样正确安装恩氏蒸馏温度计？

（4）如何正确读出石油产品干点？

实验 10　发动机燃料的饱和蒸气压的测定

在一定的温度下,气液两相处于平衡状态时的蒸气压力称为饱和蒸气压,简称蒸气压。石油馏分的蒸气压通常有两种表示方法:一种是汽化率为零时的蒸气压,又称为泡点蒸气压或真实蒸气压,它在工艺计算中常用于计算气液相组成、换算不同压力下烃类的沸点或计算烃类的液化条件;另一种是雷德蒸气压,它是用特定的仪器,在规定的条件下测得的石油产品蒸气压,主要用于评价汽油的蒸发性能、启动性能、生成气阻的倾向及储存时轻组分损失等重要指标。

1. 影响蒸气压的因素

（1）温度。

特定纯物质的蒸气压只是温度的函数,而与液体的数量、容器的形状无关。温度升高,蒸气压增大;温度降低,蒸气压减小。与纯物质相似,石油产品的蒸气压也与温度有关,温度升高,石油产品的蒸气压增大,温度降低,石油产品的蒸气压减小。

（2）物质的种类和组成。

纯物质的蒸气压与物质的种类有关,即不同的物质在相同的温度下,具有不同的蒸气压,蒸气压越大,该物质越容易汽化,其挥发能力越强。

石油馏分是各种烃的复杂混合物,其蒸气压还与石油产品的组成有关。在一定温度下,石油产品的馏分越轻,越容易挥发,蒸气压越大。石油产品的组成是随汽化率不同而改变的,一定量的石油产品在汽化过程中,由于轻组分易挥发,因此当汽化率增大时,液相组成逐渐变重,其蒸气压也会随之降低。

2. 测定蒸气压的意义

（1）评定汽油的蒸发性能。

汽油的蒸气压越大,说明含小分子烃类越多,越容易汽化,与空气混合也越均匀,从而使进入汽缸的混合气燃烧得越完全。因此,较大的蒸气压能保证汽油正常燃烧,发动机启动快,效率高,油耗低。

（2）判断汽油在使用时有无形成气阻的倾向。

通常将汽油用作发动机燃料时,希望它具有较大的蒸气压,但也并不是无止境的。蒸气压过大容易使汽油在输油管路中形成气阻,使供油不足甚至中断,造成发动机功率降低,甚至停止运转;而蒸气压过小又会影响油料的启动性能。如表 7-5 所示,随着大气温度的升高,应使汽油保持较小的蒸气压,这样才能保证汽油发动机供油系统不发生气阻。因此,对车用汽油和航空汽油的蒸气压都有具体限制指标,如我国对车用汽油和车用乙醇汽油的蒸气压按季节规定了不同指标,要求从 11 月 1 日至次年 4 月 30 日不大于 88 kPa,从 5 月 1 日至 10 月 31 日不大于 74 kPa。

表 7-5　大气温度与不致引起气阻的汽油蒸气压的关系

大气温度/℃	不致引起气阻的汽油蒸气压/kPa	大气温度/℃	不致引起气阻的汽油蒸气压/kPa
10	97.3	33	56.0
16	94.0	38	48.7
22	76.0	44	41.3
28	69.3	49	36.7

(3) 估计汽油储存和运输中的蒸发损失。

当储存、灌注及运输发动机燃料时,石油产品含轻组分越多,蒸气压越大,蒸气损失也越大。这不仅易造成油料损失,污染环境,而且还有发生火灾的危险。

本实验所采用的石油产品蒸气压测定方法根据《石油产品蒸气压的测定　雷德法》(GB/T 8017—2012)改编而成。本实验可用于测定蒸气压小于 180 kPa 的石油产品。

一、实验目的

(1) 了解石油产品的蒸气压的测定原理和测试方法。
(2) 掌握石油产品的蒸气压测定仪器的基本结构、工作原理和操作方法。

二、方法要点

本方法适用于测定汽油、易挥发性原油及其他易挥发性石油产品的蒸气压,不适用于测定液化石油气的蒸气压。测定液体石油产品蒸气压的方法有多种,其中,较常用的为雷德法。雷德蒸气压指试样在 37.8 ℃下用雷德式蒸气压测定器所测出的蒸气最大压力。测试过程中,将经冷却的试样充入蒸气压测定器的气体室,并将气体室与 37.8 ℃的空气室相连。将测定器浸入 37.8 ℃恒温浴中并定期地振荡,直至安装在测定器上的压力表读数恒定。

三、仪器设备及材料

(1) 雷德式蒸气压测定器。
(2) 水银压力计:量程为 0~800 mm,最小分度为 1 mm。允许使用经校正的压力表。
(3) 恒温水浴装置:能保持(37.8±0.1)℃,其储水深度能浸没雷德式蒸气压测定器及其活栓。
(4) 水银温度计:最小分度为 0.5 ℃,供测定大气温度之用。
(5) 取样瓶:从小容器中取样时,采用取样瓶,该取样瓶取样时利用虹吸作用将水排出,吸进汽油;放出试样时,可以加水将汽油排出,避免汽油与空气接触造成挥发损失。取样器附有倒油装置,它具有装有注油管和透气管的木塞(或盖子),能严密封住取样器口部,注油管的一端与软塞的下表面相平,另一端应能插到离燃料室底部6~7 mm处。透气管的底端应能插到取样器的底部。

(6)冰箱:具有能控制温度在(0±1)℃的冷藏空间,空间大小能够完全容纳雷德式蒸气压测定器的液体室和试样容器。

(7)石油产品试样。

四、实验步骤

1. 取样及试样管理

取样按照第5章所述石油产品取样方法进行,其过程简述如下。

(1)取样。

①从油罐车或油罐中取样时,将空的开口式试样容器吊着并沉进罐内燃料中,使试样容器中充满燃料。

②将试样容器取出,倒掉所装的油,利用燃料洗涤试样容器。

③将试样容器重新沉进罐内燃料中,应一次性放到接近罐底就立即提出,要求将燃料装至试样容器的顶端。

④提出试样容器,立即倒掉一部分燃料,使试样容器所装的试样体积不小于容器内容积的70%,但不大于80%。

⑤立即用塞子(或盖子)封闭试样容器的器口。

(2)试样温度的测定与控制。

①在所有情况下,在打开容器之前,盛试样的容器和在容器中的试样均应冷却到0~1℃。

②温度可以按照下述方法测定:直接测定放在同一冷却浴中的另一个相同容器内相似液体的温度。

(3)试样管理。

①取样后,试样应置于冷的地方,直至实验全部完成。

②容器中的试样若有泄漏,则不能用于实验,应予舍弃并重新取样。

③雷德蒸气压的测定实验应作为被分析试样的第一个实验。

2. 试样测试

(1)液体室的准备。

①对于汽油(或乙醇汽油),将密封并且直立的液体室和试样转移连接装置完全浸入0~1℃冷浴液中。

②冷浴液的液面不要没过液体室螺口的顶部。

③放置20 min以上,使液体室和试样转移连接装置的温度均达到0~1℃。

(2)气体室的准备。

①对于汽油(或乙醇汽油),清洗气体室和压力表,将压力表和气体室连接。

②将密封的气体室浸入37.8℃水浴中,使水浴的液面高出气体室顶部至少24.5 mm,保持10 min以上。

③液体室充满试样之前不要将气体室从水浴中取出。

（3）调整恒温水浴。

①先从水浴箱内取出两个蒸气压弹,然后将清水加入水浴箱,使水面离箱内胆顶面约30 mm,以保证有足量的水。

②打开电源开关,接通工作电源。设定水浴加热温度为 37.8 ℃。

③实验时,水浴的温度应以水银温度计为准,如设定温度与水银温度计有差值,需修正。

（4）安装测定器。

①将装好的蒸气压测定器倒置,使试样从气体室进入空气室,在与测定器长轴平行的方向剧烈摇动。

②将测定器浸入温度为(37.8±0.1) ℃的水浴中,测定器应稍微倾斜,以便使气体室与空气室的连接处刚好位于水面下,并且仔细地检查连接处是否漏气和漏油。

③如未发现漏气或漏油,则把测定器浸在水浴中,使水浴的液面高出空气室顶部至少25 mm。

④在整个实验过程中,观察仪器是否漏气和漏油。任何时候如发现有漏气、漏油现象,则舍弃试样,用新试样重新实验。

⑤当实验温度等条件达到要求后,严格按照 GB/T 8017—2012 的要求测定试样的蒸气压。

（5）试样转移。

①完成实验各项准备工作后,将冷却的试样容器从冷浴中取出,开盖。

②插入经冷却的试样转移连接装置和空气管。

③将经冷却的气体室尽快地放空,放在试样转移连接装置的试样转移管上,将整个装置很快倒置,最后气体室应保持直立状态,试样转移管应延伸到离气体室底部 6 mm 处。

④试样充满气体室直至溢出,取出试样转移管,向实验台轻轻叩击气体室以保证试样不含气泡。

（6）仪器的安装。

①向气体室补充试样直至溢出。

②将空气室从 37.8 ℃水浴中取出,将其外表擦干。注意气体室和液体室连接处需要干燥。在去除气体室密封后尽快将其与充完试样的液体室连接。要求在气体室充满试样后10 s 内完成仪器的安装。

（7）蒸气压的测定。

①安装好的蒸气压测定器浸入水浴 5 min 后,轻轻地敲击压力表,并读数。

②将测定器从水浴中取出,倒转并剧烈摇荡,重新放回水浴,完成这个操作的时间越短越好,以避免测定器冷却。

③为保证达到平衡状态,重复这个操作至少 5 次,每次间隔至少 2 min,直至最后相继的两个读数相等。

④读出最后恒定的表压,精确至 0.25 kPa。

3. 清洗仪器

（1）拆开空气室和气体室,倒掉装在气体室中的试样。

（2）用大约 32 ℃的温水彻底清洗空气室,然后控干,重复这个操作至少 5 次。

（3）彻底除去气体室中的试样后,把气体室浸在水浴中以备下次使用。

（4）从带有压力表的支管连接处拆下压力表,除去残留在波顿管中的试样。

（5）也可采用人工方法替代上面的离心过程：

①将压力表持于两手掌中，表面持于左手，并使表的连接装置的螺纹向前，手臂以 45°角向前上方伸直，要使表的接头指向同一方向。

②然后手臂以约 135°弧度向下甩，由此产生的离心作用有助于表内液体的倒出。

③重复这个操作 3 次，然后用一小股空气吹波顿管至少 5 min。

五、注意事项

（1）每次实验后将压力表用水银压力计进行校核，以保证压力表的准确度。压力表读数时保持垂直状态，并轻轻敲击后再读数。

（2）必须在实验前和实验中检查全部仪器是否漏液体和漏气。

（3）取样和试样的管理对最后结果有很大的影响，应特别小心避免蒸发损失和轻微的组成变化，实验前绝不能把雷德蒸气压测定器的任何部件当作试样容器使用。

（4）必须彻底冲洗压力表、空气室和气体室，以确保不含有残余试样。

（5）必须小心地控制试样空气饱和时的温度及水浴的温度。

（6）实验结束，切断电源，整理器械，清理现场。

（7）仪器应在通风、干燥、无腐蚀性气体的地方存放。

（8）仪器发生故障时应请专业人员检查修理，严禁在带电情况下检修仪器。

（9）当室温低于 0 ℃时，将水浴箱内的水放尽，防止结冰损坏器件。

六、思考题

本实验测定汽油蒸气压方法的主要优缺点是什么？

实验 11　原油的实沸点蒸馏实验

实沸点蒸馏实验是原油评价工作的基础，其结果是评定直馏产品的质量与产率的重要依据，为炼厂设计和生产改进提供重要基础数据。

一、实验目的

（1）了解实沸点蒸馏的原理和测试方法。

（2）掌握实沸点蒸馏装置的基本结构、工作原理和操作技能。

二、方法要点

原油经过实沸点蒸馏被分割成窄馏分，然后对各个窄馏分进行性质分析，最后将数据标绘成实沸点蒸馏曲线。该曲线反映了原油的主要性质，是制定加工方案的依据。

实沸点蒸馏装置是一套釜式的常减压蒸馏装置，具有比炼厂常减压装置更高的分馏能力。

实沸点蒸馏装置,可以用来选取直馏产品,然后对这些馏分进行分析研究,评定直馏产品的质量与产率。原油的实沸点蒸馏过程是间歇式的蒸馏过程,分为三段进行:

第一段是常压蒸馏,选取初馏到 200 ℃的各个馏分。

第二段是残压为 1.33 kPa 左右的减压蒸馏,选取 200～425 ℃的各个馏分。

第三段是在小于 0.667 kPa 的残压下,不用精馏柱的减压蒸馏,通常称为克氏蒸馏,选取 395～500 ℃的各个馏分,最后留下 500 ℃以上的渣油。

在第二、三段之间还有冲洗精馏柱以回收其中的滞流液的操作。在放出渣油后,还要清洗蒸馏釜以回收其中附着的渣油。

三、仪器设备及材料

(1) 蒸馏釜:容量为 5 L、6 L 或 15 L,外面用电炉加热。

(2) 具有电热保温的精馏柱:柱内放有 $\phi 6$ mm×6 mm 不锈钢多孔填料,其特点是无须先经过"预溢沸"就能充分发挥精馏作用;填料表面上滞留液量较少,适用于选取窄馏分;在常压操作时压力降较小。精馏柱的理论板为 17 个(用苯和 CCl_4 二元混合物测定)。

蒸馏柱上下两段中心位置分别放置两支热电偶,蒸馏柱和保温套管间也放置两支热电偶,在操作过程中,应使保温套管中指示温度与蒸馏柱中指示温度之差值在 10 ℃左右。

(3) 回流冷凝器:能保持回流比为 4,如用阀减小流出速度,可使回流比大于 4。

(4) 馏分收集器:转盘式。

(5) 工业天平:最小分度为 1 g。

(6) 铝壶:容量不小于 4 L。

(7) 氮气:纯度 99.9%,氧含量小于 0.01%。

(8) 石油醚:60～90 ℃。

(9) 冰块。

(10) 沸石。

(11) 原油试样。

四、实验步骤

1. 调试设备

在加入原油前,应循着装置各系统进行检查并熟悉全装置的各部分,然后对真空系统抽空试漏,方法如下:关闭放空阀,开动真空泵,15 min 后,系统的残压应该只比真空泵的极限残压大 0.266～0.399 kPa,否则表示系统漏气,应分段检查,找出漏气位置,直到达到上述要求。

2. 装入原油

蒸馏原油的水含量必须小于 0.5%,否则在蒸馏中易造成温度指示失真和冲油事故。

在铝壶中装入原油,约共重 3500 g(称准至 1 g),由釜侧馏出管向釜内加入原油 2000 g 左右,装入量由差减法求得。

3. 常压蒸馏

(1) 检查系统馏出口,确保已通大气。

(2) 接通冷凝器和冷却器的冷却水。

（3）给接受馏分油的瓶子贴上标签并称重。

（4）加热蒸馏釜，开启精馏柱保温。调节保温电流使柱内外温度接近，柱温大致等于釜温和顶温的平均值。待有气相温度指示后，再平衡 20～30 min。当馏出物沸点低于 100 ℃时，接受管用水冷却，同时用冰水或干冰冷却冷阱，以回收不易冷凝的轻组分。当釜温升到 100 ℃以上时，釜内可能有"噼啪"之声，这是油中少量水分汽化进入精馏柱，因柱温较低又冷凝流入釜内热油之中，引起暴沸，此时应提高精馏柱温度（比上述平均值高 20～30 ℃），使水分尽快馏出。

记下冷凝器馏出口滴下第一滴液体时的温度，作为初馏点。调节蒸馏釜加热强度，控制馏出速度为 3～5 mL/min。常压蒸馏时，釜底同塔顶压差为 0.133～0.266 kPa，按下列温度收集馏分：初馏点～60 ℃、60～95 ℃、95～122 ℃、122～150 ℃、150～175 ℃、175～200 ℃。用增重法计算馏分质量。

当油温高于 350 ℃时，热分解严重。因而常压蒸馏只能在釜温低于 350 ℃的条件下进行。为了蒸出沸点较高的馏分，必须采用减压蒸馏。当气相温度达 200 ℃时，停止一切加热，撤离电炉，加速冷却。

4. 减压蒸馏

（1）常压蒸馏结束后，停止加热，待蒸馏釜和精馏柱温降到 130～150 ℃时，将冷凝器出口连接好真空接受器及已称重的馏分接受管。各连接处要密封良好。

（2）开动真空泵，使系统残压保持 1.33 kPa，开始加热蒸馏釜和精馏柱，操作与常压蒸馏时相同。注意已开始加热或已有馏出物时，不能再把残压突然降低。

（3）按下列常压沸点选取馏分：200～225 ℃、225～250 ℃、250～275 ℃、275～300 ℃、300～325 ℃、325～350 ℃、350～375 ℃、375～395 ℃、395～425 ℃。上述常压沸点应根据操作时残压由石油烃类温度-压力换算表（GB/T 9168—1997《石油产品减压蒸馏测定法》）换算成减压时馏出温度。釜底同塔顶压差一般为 1.33～2.00 kPa，馏出速度为 3～5 mL/min。

（4）对于含蜡原油，蒸至 275～300 ℃时，必须停冷却水，并对冷却器加热，以防冷却器内的馏出油结蜡，堵塞管路，使釜内压力升高，在疏通时发生冲油事故。

（5）釜温接近 350 ℃时，停止全部加热，撤离电炉，加速冷却。

（6）当釜温降到 150 ℃以下时，由放空阀慢慢放入空气，使残压上升，然后停真空泵，继续放入空气，直至系统恢复常压。

为了使系统尽快恢复常压，或遇到紧急停电事故时，可以用天然气或其他非氧化性气体（如 N_2、CO_2）代替空气，不必降低釜温，即可通入系统来恢复常压。

系统恢复常压时应防止以下事故：①高温重油与空气接触，引起闪火爆炸；②未放入气体恢复常压就先停真空泵，使泵内真空泵油被倒吸进入系统；③放入气体过快，以致冲坏压差计等。

5. 冲洗精馏柱及回收石油醚

当釜温和柱温都降到 80 ℃以下后，由柱顶测压管注入 60～90 ℃石油醚约 500 mL，把减压操作中滞留在填料上的数十克馏分油洗入釜内，然后把石油醚蒸出。为防止残留的少量石油醚进入真空泵，稀释真空泵油，最好用天然气（或其他惰性气体）吹扫精馏柱及汽提重油。

6. 第二段减压蒸馏（克氏蒸馏）

（1）在釜侧加料口加入沸石，换上釜侧馏出头，接好真空接受器及真空系统，系统密闭后，开动真空泵，待残压降到 0.667 kPa 以下，开始加热蒸釜。

（2）按下列常压温度收集馏分：425～450 ℃、450～474 ℃、475～500 ℃。控制馏出速度为 3～5 mL/min。馏出速度对这一段蒸馏影响很大，馏出速度稍有变化，就会明显影响馏出量。

（3）当釜底温度接近 350 ℃时，蒸馏全部结束，按前述步骤恢复常压和停泵。

待釜温降到 150 ℃时，用天然气(或空气)将渣油压出，称重。

7. 洗釜

用 60～90 ℃石油醚把釜内附着的渣油溶解、放出，用一已称重的蒸馏瓶将此溶液中石油醚蒸出，留下的渣油称重，计入渣油产率中。

五、结果计算

按下式计算每一馏分占原油试样的质量分数：

$$m_i = \frac{M_1 - M_2}{M} \times 100\%$$

式中：M_1——馏分和接受管的质量，g；

M_2——接受管的质量，g；

M——原油试样质量，g；

m_i——第 i 馏分占原油试样的质量分数。

在 16 cm×32 cm 坐标纸上，以总馏出率为横坐标，该馏出物的沸点为纵坐标，绘制出实沸点蒸馏曲线。

六、注意事项

（1）常压蒸馏时，系统不可密闭，冷凝器一定要通大气。憋压会使油料喷溅、起火。

（2）蒸轻质馏分时(如汽油、石油醚)，必须通冷却水。

（3）减压蒸馏结束或中途因停电或其他故障需暂停时，不可放入空气，以免发生闪火爆炸。只可缓慢放入天然气或其他非氧化性气体。

（4）防止真空泵停止后，它的润滑油被装置倒吸出来，应先放空，恢复常压后再停泵。

（5）含蜡原油的 300 ℃以上馏分凝点较高，应提前加热冷却器，防止堵塞。万一发生堵塞，应先冷却蒸馏釜，再加热熔化蜡油。否则，堵塞一旦解除，随之而来的是冲油事故。严重时能使玻璃容器爆裂，碎片横飞。

（6）操作时，为使数据准确可靠，必须控制馏分间的分离程度(简称为分馏精密度)。对其影响最大的因素是馏出速度，通常应保持在 3～5 mL/min。如馏出速度过快，则分馏精密度降低，馏分产率、组成、性质都会改变，这是导致实验误差的主要原因。

七、思考题

在进行减压蒸馏的过程中，为什么不能在釜温很高时马上进行减压蒸馏？

第8章

石油沥青质量指标分析

石油沥青按来源不同可分为天然石油沥青、矿石油沥青和原油生产的直馏石油沥青及氧化石油沥青四种。前两种是由天然矿物直接生产的,后两种是石油经炼制加工生产的。原油分馏工艺中的减压蒸馏塔底抽出的重质渣油,即为直馏石油沥青。直馏石油沥青在 270~300 ℃的温度下吹入空气氧化,可制成氧化石油沥青。

石油沥青主要由重质油分、胶质、沥青质三种物质组成,其组成如表 8-1 所示。

表 8-1 石油沥青的组成

名　　称	质量分数/(%)		
	重质油分	胶质	沥青质
直馏石油沥青	35~50	40~50	20~30
氧化石油沥青	5~15	40~60	30~40

石油沥青按其用途可分为道路沥青、建筑沥青、涂料沥青、电缆沥青及橡胶沥青等。石油沥青主要用于道路铺设和建筑工程,也广泛用于水利工程、管道防腐、电器绝缘、化工原料和涂料等方面。近年来,由石油沥青采用一定的加工工艺,制得碳素纤维、碳分子筛、活性炭、针状焦及具有特殊性能的黏结剂等材料。

石油沥青的质量指标主要有软化点(GB/T 4507—2014)、延度(GB/T 4508—2010)和针入度(GB/T 4509—2010)。

实验 12　沥青软化点的测定

一、实验目的

(1) 了解沥青软化点的测定原理和方法。
(2) 掌握软化点测定仪的基本结构、工作原理和操作方法。

二、方法要点

软化点是衡量沥青耐热程度的指标。软化点是在环球法测定条件下,沥青因受热软化而下坠 25.4 mm(1 英寸)时的温度,单位为℃。沥青是一种胶体,在受热情况下,随着温度升高,逐渐变软,黏度变小。软化点也能间接表示沥青使用的温度范围,若沥青的组成中沥青质和胶质的缩合程度较高、碳氢比例较大,则沥青的软化点较高。

三、仪器设备及材料

(1) 沥青软化点测定仪及其附件(图8-1)。

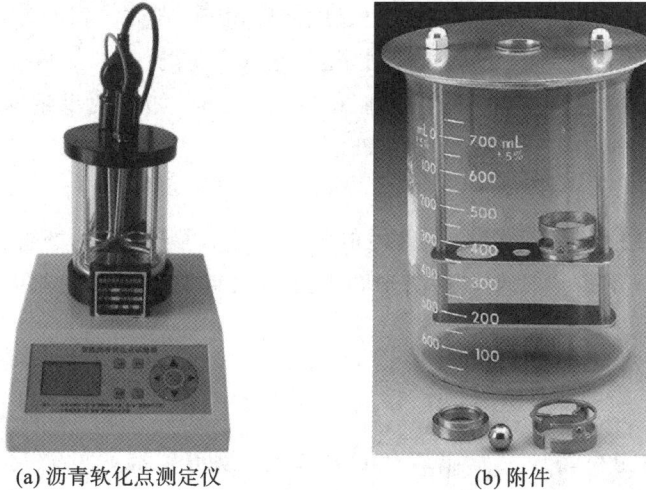

(a) 沥青软化点测定仪　　(b) 附件

图 8-1　沥青软化点测定装置

(2) 刀:切沥青用。

(3) 金属网:孔径为 0.3~0.5 mm。

(4) 加热介质:新煮沸过的蒸馏水和甘油。

(5) 隔离剂:以质量计,由两份甘油和一份滑石粉调制而成。

(6) 沥青试样。

四、实验步骤

1. 准备工作

(1) 若沥青预计软化点为 120~157 ℃,应将沥青软化点测定仪附件黄铜环与支撑板预热至 80~100 ℃,然后将铜环放到涂有隔离剂的支撑板上。防止出现沥青试样从铜环中完全脱落的现象。

(2) 向每个黄铜环中倒入略过量的沥青试样,让试件在室温下至少冷却 30 min。对于在室温下较软的试样,应将试件在低于预计软化点 10 ℃以上的环境中冷却 30 min。从开始倒试样至完成实验的时间不得超过 4 h。

(3) 当试样冷却后,用稍加热的小刀或刮刀刮干净多余的沥青,使得每一个圆片饱满且和黄铜环的顶部齐平。

(4) 加热介质的选择:

①新煮沸过的蒸馏水适用于软化点为 30~80 ℃的沥青,起始温度应为(5±1) ℃。

②甘油适用于软化点为 80~157 ℃的沥青,起始温度应为(30±1) ℃。

2. 测定

（1）将沥青软化点测定仪及其附件放在通风橱内,并将温度计插入合适的位置,将浴槽装满加热介质,使各附件处于适当位置。用镊子将钢球置于浴槽底部,使其同支架的其他部位达到相同的起始温度。

（2）用镊子将浴槽底部已恒温的钢球置于定位器中。

（3）从浴槽底部加热,使温度以 5 ℃/min 的恒定速度上升,不能忽快忽慢,3 min 后,升温速度控制在(5±0.5) ℃/min,若升温速度超过此限定范围,则此次实验作废。

（4）当包着沥青的钢球触及下支撑板时,记录温度计所显示的温度。取两个钢球的温度平均值作为沥青材料的软化点。当软化点在 30～157 ℃时,如果两个钢球的温度的差值超过 1 ℃,则重新实验。

3. 确定结果

（1）因为软化点的测定采用的是条件性的实验方法,对于给定的沥青试样,当加热介质不同时,软化点是有差异的。当软化点略高于 80 ℃时,水浴中测定的软化点低于甘油浴中测定的软化点。

（2）将甘油浴软化点转化为水浴软化点时,石油沥青的校正值为−4.5 ℃,煤焦油沥青的校正值为−2.0 ℃。

采用此校正值只能粗略地表示出软化点的高低,欲得到准确的软化点应在水浴中重复实验。

（3）将水浴中略高于 80 ℃的软化点转化成甘油浴中的软化点时,石油沥青的校正值为+4.5 ℃,煤焦油沥青的校正值为+2.0 ℃。

采用此校正值只能粗略地表示出软化点的高低,欲得到准确的软化点,应在甘油浴中重复实验。

（4）如果水浴中两次测定温度的平均值为 85.0 ℃或更高,则应在甘油浴中重复实验。

取两个结果的平均值作为实验结果,报告实验结果时同时报告浴槽中所使用加热介质的种类。

五、注意事项

（1）沥青试样熔化时,石油沥青试样加热至倾倒温度的时间不超过 2 h,其加热温度不高于 110 ℃;煤焦油沥青试样加热至倾倒温度的时间不超过 30 min,其加热温度不高于 55 ℃。加热温度过高,将使沥青中的油分蒸发并激烈进行氧化作用,改变沥青的性质,导致试样的软化点改变。

（2）升温速度过快会使测定结果偏高,过慢则会使测定结果偏低,因此要严格控制升温速度。

（3）黄铜环内沥青试样成型的状况对测定的结果也有影响。为此要求试样不含水及气泡;试样注入环中时,若预计软化点在 120 ℃以上,应将铜环与金属板预热至 80～100 ℃方可注入试样;黄铜环内表面不应涂隔离剂,以防试样滑落;试样达到空冷时间和温度后,用热刀片刮去高出环面的试样,使其与环面平齐,禁止用火烧平环面。

六、思考题

软化点测定的意义是什么？

实验 13　沥青延度的测定

延度是表示沥青在一定温度下断裂前扩展或伸长能力的指标。延度的大小表明沥青的黏性、流动性、开裂后的自愈能力以及受机械应力作用后变形而不被破坏的能力。

延度的测定按 GB/T 4508—2010《沥青延度测定法》进行，该标准等效采用 ASTM D 113—1999 标准方法，适用于测定石油沥青的延度，也适用于测定煤焦油沥青的延度。测定时将熔化的试样注入专用模具中，在一定的温度下，以一定的速度拉伸试样，直至拉断沥青，测量其距离(cm)即为沥青的延度。

一、实验目的

(1) 了解石油沥青延度的测定原理和测试方法。
(2) 掌握延度测定仪的基本结构、工作原理和操作方法。

二、方法要点

将熔化的试样注入专用模具中，先在室温下冷却，然后放入保持在实验温度下的水浴中冷却，用热刀削去高出模具的试样，把模具重新放回水浴，再经一定时间，然后移到延度测定仪中进行实验。记录沥青试件在一定温度下以一定速度拉伸至断裂时的长度。未经特殊说明，实验温度为(25±0.5) ℃，拉伸速度为(5±0.25) cm/min。

三、仪器设备及材料

(1) 沥青延度测定仪及其附件(图 8-2)。
(2) 温度计：0～50 ℃，最小分度为 0.1 ℃和 0.5 ℃各一支。
(3) 金属网：孔径为 0.3～0.5 mm。
(4) 电热板或电炉：温度可调。
(5) 直刀或者刮铲。
(6) 甘油-滑石粉隔离剂：甘油与滑石粉的质量比为 2∶1。
(7) 乙醇。
(8) 食盐。
(9) 沥青试样。

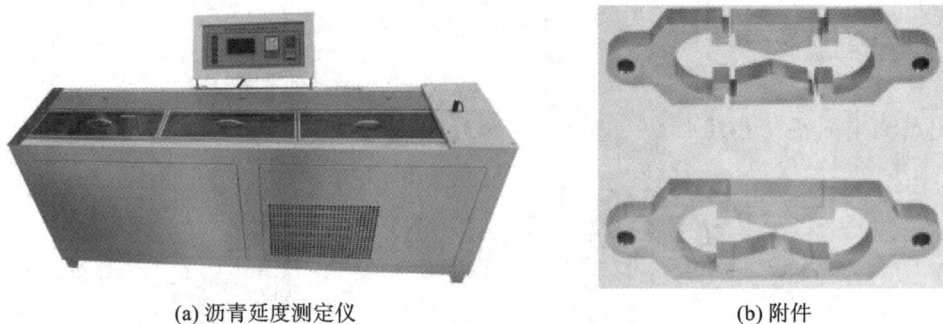

(a) 沥青延度测定仪　　　　　　　　　　(b) 附件

图 8-2　沥青延度测定装置

四、实验步骤

1. 准备工作

（1）将模具组装在支撑板上，将隔离剂涂于支撑板表面侧模的内表面，以防沥青粘在模具上。支撑板上的模具要水平放好，以便模具的底部能够充分与支撑板接触。

（2）小心加热试样，充分搅拌以防局部过热，直到试样容易倾倒。加热温度不高于预计软化点 90 ℃。试样的加热时间在不影响样品性质和保证样品充分流动的基础上尽量短。将熔化后的试样充分搅拌之后倒入模具中，在组装模具时要小心，不要弄乱了附件。在倾倒试样时使试样呈细流状，自模具的一端至另一端往返倒入，使试样略高出模具，将试样在空气中冷却 30～40 min，然后放在规定温度的水浴中保持 30 min，取出，用热的直刀或铲将高出模具的沥青刮出，使试样与模具齐平。

（3）将支撑板、模具和试样一起放入水浴中，并在实验温度下保持 85～95 min，然后从支撑板上取下试件，拆掉侧模，立即进行拉伸实验。

2. 测定

（1）将模具两端的孔分别套在实验仪器的柱上，然后以一定的速度拉伸，直到试件拉伸断裂。拉伸速度允许误差在 ±5％ 以内，测量试件从拉伸到断裂所经过的距离，以 cm 表示。实验时，试件距水面和水底的距离不小于 2.5 cm，并且要使温度保持在（25±0.5）℃ 范围内。

（2）如果沥青浮于水面或沉入槽底，则实验不正常。应使用乙醇或食盐调整水的密度，使沥青材料既不浮于水面，又不沉入槽底。

（3）正常的实验应将试件拉成锥形、线形或柱形，直至在断裂时实际横断面面积接近零或为均匀断面。如果 3 次实验得不到正常结果，则报告在该条件下延度无法测定。

若 3 个试件测定值在其平均值的 5％ 内，取平行测定 3 个测定值的平均值作为测定结果。若 3 个试件测定值不在其平均值的 5％ 以内，但其中两个较高值在平均值的 5％ 之内，则弃去最低测定值，取两个较高值的平均值作为测定结果，否则重新测定。

五、注意事项

试件应在冷却至（25±0.5）℃ 的条件下进行延伸实验。若冷却温度低于规定值，则测定结果偏低；反之，则偏高。因此试件应在恒温水槽中按规定的温度保持足够的时间。

六、思考题

在延伸度测定中,为什么要把模具重新放回水浴,再经一定时间,然后移到延度测定仪中进行测定?

实验 14　沥青针入度的测定

针入度是用于表明沥青黏稠程度或软硬程度的指标。沥青的针入度越大,沥青的黏稠度越小,沥青也就越软。针入度是划分沥青牌号的依据。对于道路沥青来说,根据针入度的大小可以判断沥青和石料混合搅拌的难易。

沥青针入度的测定按 GB/T 4509—2010《沥青针入度测定法》进行,本标准等效采用 ASTM D 5—2006 标准方法,适用于测定针入度小于 350 的固体和半固体沥青材料,也适用于测定针入度为 350～500 的沥青材料。

按规定加热试样并将试样倒入试样皿中,测定在(25.0±0.1)℃和 5 s 内,荷重(100.00±0.05) g 的标准针垂直穿入沥青试样的深度,以 0.1 mm 为 1 个单位。

一、实验目的

(1) 了解沥青针入度的测定原理和测试方法。
(2) 掌握针入度测定器的基本结构、工作原理和操作方法。

二、方法要点

沥青的针入度以标准针在一定的载荷、时间及温度条件下垂直穿入沥青试样的深度表示,以 0.1 mm 为 1 个单位。除非另行规定,标准针、针连杆与附加砝码的总质量为(100.00±0.05)g,温度为(25±0.1)℃,时间为 5 s。特定实验可采用的其他条件如表 8-2 所示。

表 8-2　沥青针入度测定条件

温度/℃	载荷/g	时间/s
0	200	60
4	200	60
46	50	5

三、仪器设备及材料

(1) 针入度仪(图 8-3):能使针连杆在无明显摩擦下垂直运动,并能指示穿入深度(精确到 0.1 mm)的仪器均可使用。针连杆的质量为(47.50±0.05) g。针和针连杆的总质量为(50.00±0.05) g,另外仪器附有(50.00±0.05) g 和(100.00±0.05) g 的砝码各一个,可以组成(100.00

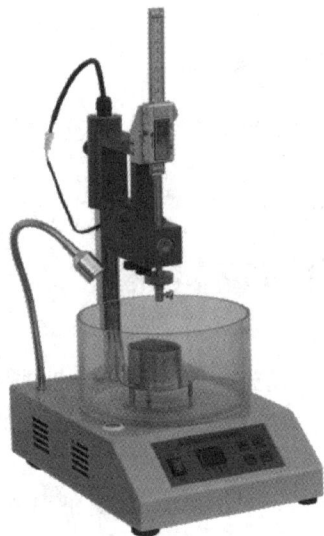

图 8-3 针入度仪

±0.05）g 和（200.00±0.05）g 的载荷以满足实验所需的载荷条件。仪器设有放置平底玻璃皿的平台，并有用于调水平的装置，针连杆应与平台垂直。仪器设有针连杆制动按钮，紧压按钮针连杆可以自由下落。针连杆要易于拆卸，以便定期检查其质量。

（2）标准针：标准针应由硬化回火的不锈钢制造，钢号为 440C 或同等材料，洛氏硬度为 54～60，针长约 50 mm；长针长约 60 mm，所有针的直径为 1.00～1.02 mm。针的一端应磨成 8.7°～9.7°的锥形。锥形应与针体同轴，圆锥表面和针体表面交界线的轴向偏差不大于 0.2 mm，切平的圆锥端直径应在 0.14～0.16 mm 范围内，与针轴所成角度不超过 2°。切平的圆锥面的周边应锋利无毛刺。圆锥表面粗糙度的算术平均值应为 0.2～0.3 μm，针应装在一个黄铜或不锈钢的金属箍中。金属箍的直径为（3.20±0.05）mm，长度为（38±1）mm，针应牢固地装在箍中。针尖及针的任何其余部分均不得偏离箍轴 1 mm 以上。针箍及其附件总质量为（2.50±0.05）g。可以在针箍的一端打孔或将其边缘磨平，以控制质量。每个针箍上打印单独的标志号码。

（3）试样皿：应使用符合表 8-3 要求的最小尺寸的金属或玻璃的圆柱形平底容器。

表 8-3 试样皿尺寸

针入度范围	直径/mm	深度/mm
<40	33～55	8～16
<200	55	35
200～350	55～75	45～70
350～500	55	70

（4）恒温水浴装置：容量不小于 10 L，能将温度控制在实验温度±0.1 ℃范围内。距水浴底部 50 mm 处有一个带孔的支架，这一支架离水面至少 100 mm。如果针入度测定在水浴中进行，支架应足够支撑针入度仪。在低温下测定针入度时，水浴中装入盐水。

（5）平底玻璃皿：容量不小于 350 mL，深度要没过最大的试样皿。内设一个不锈钢三脚支架，以保证试样皿稳定。

（6）计时器：最小分度为 0.1 s 或小于 0.1 s，60 s 内的精密度达到±0.1 s。直接连到针入度仪上的任何计时设备应进行精度校正。

（7）温度计：液体玻璃温度计或其他测温装置，刻度范围为-8～55 ℃，最小分度为 0.1 ℃。应定期按检验方法进行校正。

（8）电热板或电炉：温度可调。

（9）筛子：孔径 0.6 mm。

（10）有机溶剂：三氯乙烯或粗苯等。

（11）沥青试样。

四、实验步骤

1. 试样的制备

（1）小心加热试样。

①不断搅拌以防止局部过热,加热到试样能够易于流动。

②加热时间在保证试样充分流动的基础上尽量短。

③加热、搅拌过程中避免试样中进入气泡。

④石油沥青的加热温度不高于 90 ℃。

（2）将试样倒入预先选好的试样皿中。

①试样深度应至少是预计穿入深度的 120%。

②如果试样皿的直径小于 65 mm,而预计穿入深度大于 20 mm 时,每个实验条件都要倒 3 个试样。

③如果试样足够,浇注的试样要达到实验皿边缘。

（3）将试样皿轻轻地盖住以防灰尘落入,冷却试样。

在 15～30 ℃的室温下,小试样皿(直径 33 mm,高 16 mm)中的试样冷却 0.75～1.5 h,中等试样皿(直径 55 mm,高 35 mm)中的试样冷却 1～1.5 h,较大试样皿中的试样冷却 1.5～2 h。

（4）冷却结束后将试样皿和平底玻璃皿一起放入测试温度下的水浴中,水面应没过试样表面 10 mm 以上。

（5）在规定的实验温度下恒温,小试样皿恒温 0.75～1.5 h,中等试样皿恒温 1.5～2 h,较大试样皿恒温 1.5～2 h。

2. 针入度实验

（1）如果预计针入度超过 35 mm,应选择长针;否则,用标准针。

（2）将恒温水浴调到要求的温度,保持温度稳定。

（3）加热脱水。

①将试样放在有石棉垫的炉具上缓慢加热,时间不超过 30 min,用玻璃棒轻轻搅拌,防止局部过热。石油沥青加热脱水温度不高于 100 ℃。

②沥青脱水后通过 0.6 mm 筛过滤。

（4）将试样注入试样皿中,高度应超过预计穿入深度 10 mm。

（5）盖上试样皿盖,防止落入灰尘。

（6）冷却。小试样皿在 15～30 ℃冷却 1～1.5 h,特殊试样皿为 2～2.5 h。

（7）移入实验温度±0.1 ℃的水浴中恒温,小试样皿 1～1.5 h,较大试样皿 1.5～2 h,特殊试样皿 2～2.5 h。

（8）调整针入度仪使之水平。

（9）检查针连杆和导轨,以确认无水和其他外来物,无明显摩擦。

（10）用三氯乙烯或其他溶剂清洗标准针并擦干。

（11）将标准针插入针连杆,用螺丝固紧。

（12）按照实验条件,加上附加砝码。

（13）取出达到恒温的试样皿,并移入水温控制在实验温度±0.1 ℃(可用恒温水浴的水)

的平底玻璃皿中的三脚支架上,试样表面以上的水层深度不小于 10 mm。

（14）将盛有试样的平底玻璃皿置于针入度仪的平台上。

（15）慢慢放下针连杆,用适当位置的反光镜或灯光反射观察,使针尖恰好与试样表面接触。

（16）拉下刻度盘的拉杆,使其与针连杆顶端轻轻接触,调节刻度盘或深度指示器的指针,使指示值为零。

（17）当采用手动针入度测定时:

①开动计时器,在指针指向 5 s 的瞬间,用手紧压按钮,使标准针自动下落贯入试样,经规定时间,按压按钮,使针停止移动。

②拉下刻度盘拉杆,使其与针连杆顶端接触,读取刻度盘指针或深度指示器的读数,即针入度,准确至 0.05 mm。

（18）当采用自动针入度测定时,计时与标准针落下贯入试样同时开始,至 5 s 时自动停止。

（19）同一试样平行实验至少 3 次,各测试点之间及与试样皿边缘的距离不应小于 10 mm。

（20）每次实验后应将盛有试样的平底玻璃皿放入恒温水浴,使平底玻璃皿中水温保持实验温度。

（21）每次实验应换一根干净标准针,或将标准针取下,用蘸有三氯乙烯溶剂的棉花或布擦净,再用干棉花或布擦干。

（22）测定穿入深度大于 20 mm 的沥青试样时,至少用 3 支标准针,每次实验后将针留在试样中,直至 3 次平行实验完成后,才能将标准针取出。

五、实验结果

报告 3 次测定针入度的平均值,取至整数,作为实验结果。3 次测定的针入度最大差值不应大于表 8-4 中的数值。

表 8-4　3 次测定的针入度允许最大差值　　　　　　（单位:0.1 mm）

针入度	0～49	50～149	150～249	250～350	350～500
允许最大差值	2	4	6	8	20

六、注意事项

（1）应保证针入度仪的状况完好,因此实验前必须进行检查。测深机构应调整到使测深齿条能在无外力作用下不自行下滑,而在使其下滑时需所加外力又为最小的状态。针入度仪的水平调整螺丝应能自由调节,使针连杆保持垂直状态。刻度盘指针导轨中应无异物。针连杆与砝码的质量应符合标准规定的指标等。

（2）试样熔化时应防止过热和受热时间过长,否则会影响测定结果。加热石油沥青时不高于 90 ℃,加热时间不超过 30 min。加热搅拌时避免试样中进入气泡。

（3）试样的冷却时间和冷却温度是影响测定结果的主要因素之一。试样的冷却温度过低,测得的针入度偏小,反之则偏大,因此实验时应严格按照标准中的要求控制冷却时间和冷却温度。

（4）测定时手压制动按钮和启动计时器应同步进行,否则影响测定的结果。

（5）针尖与试样表面是否恰好接触,每次穿入点的距离是否合乎规定,也影响到测定的结果。

（6）倒入试样皿中的试样若有气泡也会影响测定的结果。

七、思考题

针入度的测定实验中有哪些影响因素？

第三部分

煤质分析及性能测试

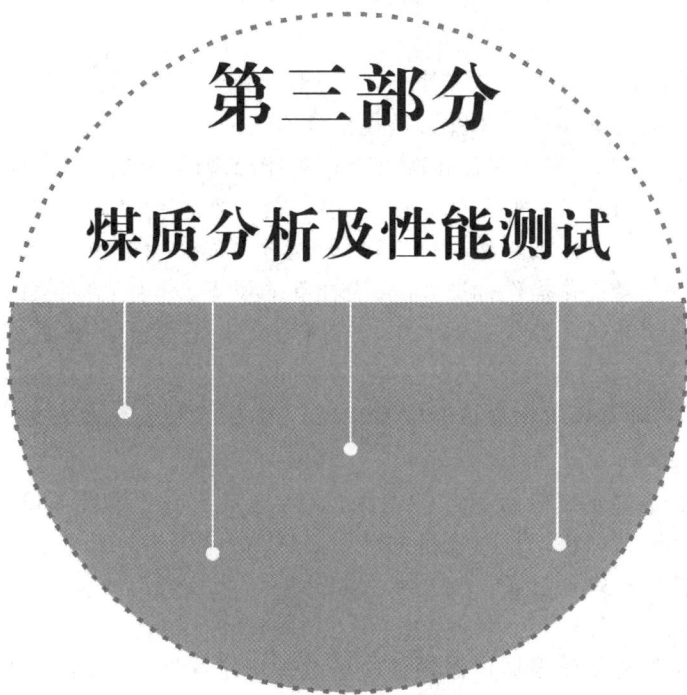

煤炭是指植物残体经受不同程度的腐解转变而成的一种黑色或褐黑色固体可燃矿物质，按照用途主要分为炼焦煤、动力煤。煤炭行业属于钢铁、建材、化工等多个行业的上游行业。煤炭具有能源和工业原料的双重属性，是钢铁、化工等产业的重要原材料，是支撑我国国民经济发展重要的基础能源。近年新能源的发展和技术进步带来下游煤耗下降，天然气、非化石能源在国内一次能源消费中的占比逐年提升，但中短期内煤炭作为能源支柱的地位不会动摇。

煤质化验指标的准确性对于煤炭分级具有重要意义，不仅有助于提高煤炭资源利用率，而且可以避免由于煤炭分级不合理导致的安全隐患。煤炭分级取决于煤质化验的技术指标。

现阶段，应进一步规范煤质化验操作流程，提高化验人员的专业素质，完善化验相关硬件设备，从根本上提升煤质化验结果的准确性。提升煤质化验结果的准确性的主要措施有以下几个方面。

1. 规范操作行为

煤质化验结果的准确性是以化验人员规范操作为前提的。化验人员首先需要根据煤质化验目标选择最佳测定方式，尽量降低化验过程中可能出现的偶然误差次数，以此提高煤炭样品化验结果的准确度。而对于一些其他非最佳化验方法，在进行煤质化验前应组织相关专业人员开展针对该方法的技术论证工作，确保所选化验方法能够达到煤质化验准确性的要求。在化验操作过程中应尽量优化操作标准，如煤炭样品的烘干，对于水含量较高、样品采集数量大的煤炭样品可放置于通风阴凉处自然风干。同时为减小环境温度、湿度等因素对化验结果的影响，降低不同样品化验结果的偶然误差，可尽量同时对不同样品进行批量测定，或缩短不同样品化验间隔时间，确保煤质化验指标检测口径一致，最大程度上减小化验结果误差。

2. 加强仪器管理

化验仪器设备是煤质化验所必需的硬件设备，也是煤质化验能够顺利开展的必要条件。化验结果的准确度直接取决于仪器设备的性能好坏，在煤质化验日常工作中必须重视对仪器设备的管理与维护。在仪器设备采购前期应充分做好设备采购的调研工作，全面了解相关仪器设备的质量、性能、价格等，选择采购性价比相对较高的仪器设备，并注意做好仪器设备验收工作。在煤质化验过程中应根据仪器设备使用说明操作仪器设备，防止由于违规操作而损坏仪器设备，或导致化验结果出现错误。在日常仪器设备维护过程中，必须保持仪器设备的洁净，并按照管理规范定期维护校准仪器设备，一旦发现仪器损坏或精密度下降，需及时维修。

3. 优化采样方法

在煤炭样品采集环节，为确保样品化验数据的准确性，需要针对性质差异较大的煤炭样品，适当增加煤炭样品数量，可通过掺和样品的方式实现样品均质化；而对于大粒度的煤炭样品，需要进行再缩分处理以得到最终样品。值得注意的是，样品破碎缩分前后都要及时清洗仪器，防止煤炭样品不纯影响化验结果的准确性。对于无法确保样品均匀性的大吨位煤炭，应多次采集不同位置的煤炭样品并汇总成总样，再进行煤质化验。

4. 提高化验人员素质

煤质化验需要依靠掌握专业技术的高素质人才，操作人员专业技能的高低直接影响煤质化验结果的准确性。在进行煤质化验前，应组织相关人员进行专业技术培训，强化其专业素质，从意识层面和技术层面提高化验人员的专业素质。通过培训，使化验人员认识到煤质化验指标对煤炭检测的重要性，而操作规范性将会直接影响煤质化验的最终结果。针对各化验环节的特点，强化操作人员的责任意识，使其严谨、客观地对待煤质化验工作，最大程度保证化验数据的正确性、客观性，以此提高煤质化验整体检测水平。专业培训能够使化验人员熟练掌握规范的煤质化验流程，以及化验仪器操作要点、化验数据分析方法和化验结果报告方法。化验人员在数据记录完毕后进行签字确认，规范落实煤质化验各环节责任，使煤质化验数据结果有据可查。

第9章

煤质分析常用术语和实验方法一般规定

一、煤质分析常用术语

1. 关于煤及其产品的术语

(1) 煤：又称煤炭，是指植物遗体在有水的环境下经过生物化学作用再沉降到地层深处，经覆盖层压力、地热温度等因素作用，转化而成的固体有机可燃沉积岩。

(2) 毛煤：从煤矿开采出来、未经任何加工处理的煤。

(3) 原煤：从毛煤中选出规定粒度的矿石(包括黄铁矿等杂物)以后的煤。

(4) 商品煤：作为商品出售的煤。

(5) 标准煤：又称煤当量，是一个能量单位，用于能源统计。1 kg 标准煤是指低位发热量为 7000 kcal(29288 kJ)的燃料。

(6) 动力煤：指通过燃烧方式提供能量用途的煤，如用于发电煤粉锅炉、工业锅炉和工业炉窑等燃烧的煤。

(7) 水煤浆：将煤、水和少量添加剂经过磨碎等物理加工制成的具有一定煤粉细度、能流动、稳定的含水浆体。

2. 煤质分析术语

(1) 煤样：为测定煤的某些特性或组成，按照一定程序从一批煤中抽取出来的、具有代表性的一小部分煤。

(2) 采样：从大量煤中采取有代表性的一部分煤的程序和过程。

(3) 批：需要进行整体性质测定的一个独立煤的全部。

(4) 采样单元：从一批煤中采取一个总样的煤量。一批煤可以作为一个采样单元或多个采样单元。

(5) 子样：利用采样器具操作一次或截取一次煤流全横截段所得到的煤。

(6) 总样：从一个采样单元取出的全部子样合并得到的煤样。

(7) 分样：由均匀分布于整个采样单元的若干个子样组成的煤样。

(8) 煤层煤样：按规定从煤和夹矸的每一自然分层中分别采取的煤样。

(9) 生产煤样：在正常采煤生产情况下，从一个整班的采煤过程中采出的、能代表生产煤的组成和性质的煤样。

(10) 商品煤样：代表商品煤平均性质和组成特性的煤样。

(11) 外在水分：在室温条件下，煤样与周围空气湿度达到平衡时所失去的水分占该煤样的质量分数。

（12）内在水分:在室温条件下,煤样与周围空气湿度达到平衡时失去了外在水分,仍然残留在煤样中的水分占该风干煤样的质量分数。

（13）全水分:煤样中全部水分(包括外在水分和内在水分)的质量总和占煤样的质量分数。

（14）全水分煤样:为测定煤的全水分而专门采取的煤样或从其他煤样中分取出来的煤样。

（15）标称最大粒度:与筛上物累计质量分数最接近(但不大于)5%的筛子相应的筛孔尺寸。

（16）空气干燥煤样:按规定条件使煤样中的水分与大气中水蒸气达到平衡状态的煤样。

（17）一般分析实验煤样:指破碎到粒度小于0.2 mm,并达到空气干燥状态,用于大多数物理和化学特性测定的煤样。

（18）风干煤样:在室温条件下,煤样与周围空气湿度达到平衡时失去外在水分,这时的煤样称为风干煤样。

（19）一般分析实验煤样水分:可称为空气干燥基水分,取代了"分析煤样水分"和"空气干燥煤样水分"的名称,是指一般分析实验煤样中水分的百分含量。

（20）化合水:与矿物质以化学态结合的水。

（21）矿物质:煤中的无机物,含化合水,但不包括吸附态的游离水。

（22）工业分析:用一般分析实验煤样针对水分、灰分、挥发分和固定碳四项指标的分析测定。

（23）灰分:煤样在规定条件下完全燃烧后得到的残渣占煤样的质量分数。

（24）外来灰分:旧称外在灰分,是指由煤生产过程中进入煤中的矿物质形成的灰分。

（25）内在灰分:由成煤原始植物中的矿物质和成煤过程中进入煤层的矿物质所形成的灰分。

（26）挥发分:煤样在规定条件下隔绝空气加热,扣除煤样中吸附水分后的质量减小值占煤样质量的百分数。

（27）固定碳:从挥发分焦渣中减去灰分后的质量占煤样质量的百分数。

（28）燃料比:煤的固定碳和挥发分的比值。

（29）胶质层指数:由萨波日尼柯夫提出的一种量度烟煤塑性的方法,以胶层最大厚度 Y 值和最终收缩度 X 值等表示。

（30）胶质层最大厚度:烟煤胶质层指数测定中利用探针测出的胶质体上、下部层面间距的最大值。

（31）罗加指数:由罗加提出的量度烟煤黏结力的指标,以待测煤样与标准无烟煤按比例混合后炭化得到的焦炭的机械强度来表征。

（32）黏结指数:又称 G 指数,由中国提出的类似于罗加指数量度烟煤黏结力的指标,以待测煤样与专用无烟煤按比例混合后炭化得到的焦炭的机械强度来表征。

（33）坩埚膨胀序数:取代自由膨胀指数,是指在规定条件下煤在专用坩埚中隔绝空气加热得到焦块,用焦块的外形膨胀程度序号表征。

（34）奥阿膨胀度:由奥迪贝尔和阿尼两人提出的量度煤膨胀性和塑性的方法,以膨胀度 b 和收缩度 a 等参数表征。

（35）吉氏流动度：由吉泽勒提出的烟煤塑性的量度方法，以最大流动度等表征。

（36）格-金干馏实验：由格雷和金两人提出的煤低温干馏实验方法，用以测定煤热解产物的产率和焦型。

（37）铝甑干馏实验：由费希尔和施拉德两人提出的低温干馏实验方法，用以测定煤干馏时焦油、半焦和热解水的产率。

（38）落下强度：取代了"机械强度"和"抗碎强度"的名称，是指一定粒度的块煤在规定高度跌落，以 25 mm 以上块煤质量占原煤质量的百分数表示。

（39）热稳定性：块煤受热后保持粒度的能力，以在规定条件下，一定粒度的煤受热后，大于 6 mm 粒级所占的百分数表征。

（40）煤对二氧化碳的反应性：煤对气化剂反应活性的量度，是指在规定条件下煤制成的焦与二氧化碳反应，以二氧化碳的还原率表示。

（41）结渣性：在煤气化或燃烧过程中，煤灰受热后软化、熔融而结渣的量度。以规定条件下煤燃烧后粒度大于 6 mm 的渣块质量占总渣量的百分数表示。

（42）灰熔融性：在规定条件下加热煤灰制成的成型物，根据成型物在高温下的变形特征得到一组特征温度值（变形温度、软化温度、半球温度和流动温度），以此来表征煤灰的熔融性。

（43）灰黏度：煤灰在熔融状态下，其温度与黏度之间的关系，是熔融煤灰流动性的量度。

（44）透光率：煤在规定条件下与硝酸溶液反应后所得溶液的透光率，一般用于量度低煤阶煤煤化程度。

（45）腐植酸（又称腐殖酸）：煤中能溶于苛性碱和焦磷酸钠溶液的一组高分子化合物的混合物。

（46）苯萃取物：褐煤中能溶于苯的部分，主要成分为蜡和树脂。

（47）相对氧化度：煤的相对氧化程度的量度，以规定条件下煤样碱提取液的透光率表示，可分为未氧化、可能氧化和已氧化三种。

（48）真相对密度：在 20 ℃时单位体积（不包括煤的各种孔隙）煤的质量与同体积的水的质量之比。

（49）视相对密度：在 20 ℃时单位体积（仅包括煤内部孔隙）煤的质量与同体积的水的质量之比。

（50）散密度：又称堆密度，是指 20 ℃时单位体积（包括煤的内外孔隙和煤粒间的空隙）煤的质量。

（51）哈氏可磨性指数：由哈德格罗夫提出的量度煤研磨成粉难易程度的指标。

3．煤质分析基准术语

（1）收到基：旧称应用基，是指进行某指标计算时，以实验室收到煤样为计算的基准。

（2）空气干燥基：旧称分析基，是指进行某指标计算时，以一般分析实验煤样为计算的基准。

（3）干燥基：是指进行某指标计算时，以假想的无水状态的煤样为计算的基准。

（4）干燥无灰基：旧称可燃基，是指进行某指标计算时，以假想的无水、无灰状态的煤样为计算的基准。

（5）干燥无矿物质基：旧称有机基，是指进行某指标计算时，以假想的无水、无矿物质状态的煤样为计算的基准。

（6）恒湿无灰基：是指进行某指标计算时，以假想的含有最高内在水分但无灰状态的煤样为计算的基准。

4．煤质分析中常用数理统计术语

（1）观测值：在实验中所测量或观测到的数值。

（2）总体：作为数理统计对象的全部观测值。

（3）个体：总体中的一个。

（4）总体平均值：总体中全部观测值的算术平均值。

（5）极差：一组观测值中，最高值和最低值的差值。

（6）误差：观测值与可接受的参比值间的差值。

（7）随机误差：统计上独立于系统误差的误差。

（8）偏倚：又称系统误差，指由于方法或仪器等因素导致的一系列结果的平均值总是低于或高于用参比方法得到的值。

（9）方差：观测值分散度的量度，以观测值与它们的平均值之差的平方和除以自由度（观测值个数减1）表示。

（10）标准差：方差的平方根。

（11）变异系数：又称标准偏差，是指标准差与算术平均值绝对值之比。

（12）准确度：观测值与真值或约定真值之间的接近程度。

（13）精密度：在规定条件下所得独立实验结果间的符合程度。

（14）重复性限：在重复实验条件下，即在同一实验室中、由同一操作者、用同一仪器、对同一试样、于短期内所作的重复测定，所得结果之间差值（在95％概率下）的临界值。

（15）再现性临界差：在再现条件下，即在不同实验室中，对从试样缩制最后阶段的同一试样中分取出来的、具有代表性的部分所作的重复测定，所得结果平均值间的差值（在特定概率下）的临界值。

二、煤质分析实验方法一般规定

1．测定次数

除特别要求者外，每项分析实验对同一煤样进行2次重复测定，若差值不超过重复性限T，则取其算术平均值作为测定结果；否则，需进行第3次测定，若3次测定值的极差小于或等于$1.2T$，则取3次测定的算术平均值作为测定结果；否则进行第4次测定，如4次测定值的极差小于或等于$1.3T$，则取4次测定值的算术平均值作为测定结果；如极差大于$1.3T$，而其中3个测定值的极差小于或等于$1.2T$，则可取此3个测定值的算术平均值作为测定结果。如上述条件均未达到，则应舍弃全部测定结果，并检查仪器和操作，然后重新测定。

2．水分测定期限

水分测定应在煤样制备后立即进行，否则应将其准确称量，装入不吸水、不透气的密闭容器中保存，并尽快测定。凡需根据水分测定结果进行校正或换算的分析实验，应同时测定煤样水分，如不能同时进行，两者也应在尽量短、煤样水分未发生显著变化的期限内进行测定，最长不得超过5天。

3．数据修约规则

凡末位有效数字后面的第一位数字大于5，则在其前一位上增加1，小于5则弃去；凡末位有效数字后面的第一位数字等于5,而5后面的数字并非全为0,则在5的前一位上增加1;5后面的数字全部为0时,如5前面一位为奇数,则在5的前一位上增加1,如前面一位为偶数(包括0),则将5弃去。所拟舍弃的数字,若为两位以上时,不得连续进行多次修约,应根据所拟舍弃数字中左边第一个数字的大小,按上述规则进行一次修约。

第10章

煤样的采制

煤的采样、制样和化验是鉴定煤品质,指导煤生产、加工和综合利用的依据。煤的粒度组成和化学组成都是不一致的,为使煤的化验结果总误差不超过一定的限度,必须正确地进行采样、制样和化验分析。

一、采样基础知识

1. 采样的必要性

煤性质的化验分析过程有的是破坏性的,如煤的灰分测定,将煤完全燃烧成灰,煤就不复存在了;有的虽不是破坏性的,如筛分实验,但不可能将成千上万吨煤进行实验,只能从大量的煤中按规定位置分别抽取一小部分煤,然后集合成一个煤样,供实验用,这种抽样过程称为采样。采样是制样、化验的基础。采样的目的是从大量不均匀的煤中采取少量有代表性的、尽可能接近全部煤平均品质的煤样。如果采样的代表性不好,无论制样、化验多么准确,也是毫无意义的。

2. 采样的基本原理

采样的方法是基于煤质的不均匀性而制定的。采样的基本原理就是在一批煤的各规定位置上分别采取一定量的少量煤样(通称子样),由若干个子样汇集成一个总样。子样的质量取决于被采煤样的最大粒度。子样质量达到一定限度之后,若再增加质量则不能显著提高采样精密度。子样的份数是由煤的不均匀程度和采样的精密度决定的。

煤是极不均匀的混合物,因此,要采到品质同该批煤绝对相同的煤样是不可能的。只能是所采取的煤样性质与整批煤的性质相比无系统偏差,但仍有高低之差,其偏差在一定限度内,这样的煤样就是具有代表性的煤样。这个偏差的限度就是采样的精密度。一般采用灰分作为采样精密度的参比指标,如灰分精确到±1%,就是指经过采样、制样、化验,多次测定灰分总体平均值(真值)与各次灰分之间的差值不超过±1%。

煤的灰分也可用来表示煤的不均匀程度,但这并不是很确切的,因为有些煤的灰分相近,其均匀程度可能差别很大,如一个含矸石极少而内在灰分较高的煤与一个含大量矸石而内在灰分很低的煤进行比较,虽然两者的总灰分可能相近,但这两种煤的均匀程度相差很大。确定煤的不均匀程度的方法:由一批煤的不同部位采取多份(几十份甚至上百份)子样,分别制样、化验灰分(灰分为精密度参比指标),每个子样得出灰分测定结果,再计算单次结果的标准差 S,因多份子样的平均结果比单次结果误差小,用 S_z 代表 n 份子样平均结果的标准差,则有:

$$S_z = \frac{S}{\sqrt{n}}$$

在制样和测定灰分的误差极小的情况下，S_z（或 S）的大小可反映煤的不均匀程度。不均匀程度大，应采取的子样数目就多；反之，应采取的子样数目就少。为了保证采样的精密度，需采取的最少子样数目为：

$$\alpha = 1.96 S_z$$

式中：α——需采取的最少子样数目；

S_z——n 份子样平均结果的标准差；

1.96——常数（由置信度为 95%，查数理统计 t 分布表得出，$t_{0.05} = 1.96$）。

由以上两式得：

$$\alpha = 1.96 \frac{S}{\sqrt{n}}$$

解上式得：

$$n = \left(1.96 \frac{S}{\alpha}\right)^2$$

二、商品煤样的采取

（一）商品煤样的定义

商品煤样是代表供给用户的商品煤平均品质的煤样。

（二）采取商品煤样的目的

采取商品煤样是为了根据化验结果确定商品煤的品质，了解发给用户的煤是否符合煤品质等级标准，并以此作为商品煤计价的依据。同时，也可从商品煤中缩分出部分煤样作为局、矿、井的月、季、年综合煤样，代表企业商品煤的平均品质。

（三）采取商品煤样的工具

采样工具的大小、规格、型号关系到采样的品质。各国采样工具的尺寸皆以煤的粒度倍数来确定。GB 475—2008 规定，采样工具的宽度不小于煤最大粒度的 3 倍。

（1）在煤流的落煤处采样时，所使用的机械化采样器开口孔径是所采煤中最大粒度的 3 倍。采样器应能采出煤流全断面的煤样，并充分容纳所采煤样。采样器的运行速度以不丢弃煤样为准。

在横截胶带输送机煤流采样时，所使用的机械化采样器应能采出煤流全断面的煤样。

（2）在运输工具顶部采样时，所使用的机械化采样器按商品煤样采样方法规定的采样点采取煤样。

采用人工在运输工具顶部采取商品煤样，其最大粒度不超过 150 mm 时，所使用的尖铲宽度约 250 mm，长度约 300 mm。

（四）采样精密度

原煤、筛选煤、精煤和其他选煤（包括中煤）产品的采样精密度根据表 10-1（A_d 为灰分）的规定来确定。

表 10-1　采样精密度

煤　品　种	原煤、筛选煤		精　　煤	其他选煤产品（包括中煤）
	$A_d \leqslant 20\%$	$A_d > 20\%$		
精密度要求	灰分的$\pm 1/10$，但不小于$\pm 1\%$（绝对值）	$\pm 2\%$（绝对值）	$\pm 1\%$（绝对值）	$\pm 1.5\%$（绝对值）

（五）商品煤样采样方法

商品煤样应在煤进入煤仓和矿车的输送机（胶带机、链板机）煤流中或在输送机机头的卸载煤流中采取最为合适。若不具备煤流中采样的条件，也可在运输工具顶部和煤堆中采取。本方法根据 GB 475—2008 制定。

1. 煤流中煤样的采取

1）煤流中采取商品煤样的子样数目

（1）对于 1000 t 原煤、筛选煤、精煤和其他选煤（包括中煤）产品，采取的最少子样数目根据产品预计灰分分别按表 10-2 的规定加以确定，并均匀地分布于煤的有效流过时间内。

表 10-2　子样数目

煤　品　种	原煤、筛选煤		精　　煤	其他选煤产品（包括中煤）
	$A_d \leqslant 20\%$	$A_d > 20\%$		
子样数目	30	60	15	20

（2）煤量超过 1000 t 时的子样数目，则由采样单元的煤量根据下式计算确定：

$$N = n\sqrt{\frac{M}{1000}}$$

式中：N——实际应采子样数目，个；

n——表 10-2 规定的子样数目，个；

M——被采样煤批量，t。

（3）煤量不足 1000 t 时，子样数目按实际发运量根据表 10-2 所规定数目按比例递减，但不得低于如下规定：对原煤和筛选煤，$A_d > 20\%$ 时为 18，$A_d \leqslant 20\%$ 时为 10；对精煤和其他选煤产品均不低于 10。

2）试样质量

（1）子样最小质量。

子样最小质量为 $0.06d$（d 为被采样煤最大标称粒度，mm），但最少为 0.5 kg。

（2）总样最小质量。

为了保证采样的精密度要求，总样最小质量要符合表 10-3 的要求。若低于表 10-3 的规定值，应按比例增大子样最小质量，使总样最小质量符合要求。

表 10-3　一般煤样总样、全水分煤样总样最小质量

标称最大粒度/mm	一般煤样总样最小质量/kg	全水分煤样总样最小质量/kg
150	2600	500

标称最大粒度/mm	一般煤样总样最小质量/kg	全水分煤样总样最小质量/kg
100	1025	190
80	565	105
50	170	35
25	40	8
13	15	3
6	3.75	1.25
3	0.7	0.65
1	0.1	—

3）采样方法（初级子样）

（1）系统采样。

国标推荐在煤流落流中采样，不推荐在胶带上的煤流中采样。

初级子样应均匀分布于整个采样单元中。子样按预先设定的时间间隔或质量间隔采取。在整个采样过程中，采样器横过煤流的速度应一致，为 0.6 m/s，采样器的容量应足够大，子样不会充满采样器。如果预先计算的子样数目已完成，但该采样单元煤尚未流完，则应以相同的采样间隔继续采样，直至煤流结束。

（2）分层随机采样。

采样过程中煤的品质可能发生周期性变化，为避免与采样周期重合，可采用分层随机采样方法。

子样在预先设定的每一个时间间隔或质量间隔内随机采取。

2．静止煤样的采取

静止煤是指在火车、汽车、船等载煤工具和煤堆上的煤。

直接从静止煤中采样时，应采取全深度试样或不同深度（上、中、下或上、下）的试样；在能够保证运载工具中的煤的品质均匀且无不同品质的煤分层装载时，也可从运载工具顶部采样。在运载工具顶部采样时，完成装煤后应立即采样；在经过运输后采样时，应挖坑至 0.4～0.5 m采样，取样前应将滚落在坑底的煤块和矸石清除干净，子样应尽可能均匀布置在采样面上。

采样子样数目、子样最小质量及总样最小质量同煤流中采样的规定。

1）在火车上采样

（1）车厢的选择。

当要求的子样数目少于或等于一采样单元的车厢数时，每车厢应采取一个子样；当要求的子样数目多于一采样单元的车厢数时，每车厢应采取的子样数目等于总子样数目除以车厢数，若有余数，则余数子样应分布于整个采样单元。

（2）子样位置的选择。

子样位置应逐个车厢不同，以使车厢各部位的煤都有相同机会被采出。常用的方法如下：

①系统采样法：本法仅适用于每车采取的子样数目相等的情况。将车厢分为若干边长为1～2 m 的小块并编号，如图 10-1 所示，在每车子样数目多于 2 时，还要将相继的、数量与欲采子样数目相等的号编成一组并编号。如每车采 3 个子样，则将 1、2、3 号编为第一组，4、5、6 号

编为第二组,以此类推,再用随机方法决定第一个车厢采样点位置或组位置,然后顺着与其相继的点或组的数字顺序,从后继的车厢中依次轮流采取子样。

1	4	7	10	13	16
2	5	8	11	14	17
3	6	9	12	15	18

图 10-1　火车采样子样分布示意图

②随机采样法:将车厢分成若干边长为 1～2 m 的小块(一般为 15 块或 18 块)并编号,然后随机依次选择各车厢采样点的位置。

2)在汽车和其他小型运输工具上采样

(1)车厢的选择。

①载重 20 t 以上(含 20 t)的汽车按火车采样法选择车厢。

②载重 20 t 以下的汽车按下述方法选择车厢:当要求的子样数目等于一个采样单元的车厢数时,每车厢采取一个子样;当要求的子样数目多于车厢数时,每车厢的子样数目等于子样数目除以车厢数,余数子样应分布于整个采样单元;当要求的子样数目少于车厢数时,应将整个采样单元均匀分成若干段,然后用系统采样或分层随机采样方法,从每一段采取一个或数个子样。

(2)子样位置的选择。

子样位置的选择原则与火车采样相同。

3)驳船上采样

驳船上采样的子样分布原则与火车采样相同。

4)轮船上采样

GB 475—2008 不推荐在轮船上采样,应在装船或卸船时在其煤流中或小型运输工具上采样。

5)煤堆上采样

煤堆上采样时应在堆堆或卸堆的过程中,或在迁移煤堆的过程中,以下列方式采样:在胶带输送煤流上、小型运输工具上、堆堆或卸堆过程中的各层新工作面上、斗式装载机卸下的煤上以及刚卸下并未与主堆合并的小煤堆上采取子样。不要直接在静止的、高度超过 2 m 的大煤堆上采样。当必须从大煤堆上采样时,参照 GB 475—2008 的规定。

3. 全水分煤样的采取

用于全水分测定的煤样可单独采取,也可从共用试样中分取。在从共用试样中分取时,采取的初级子样数目应为灰分或水分测定所需要的子样数目中较大的那个。

在必要情况下(如煤非常湿),可单独采取全水分煤样。但应注意以下几点:

(1)煤在储存中由于泄水而逐渐失去水分。

(2)如果批煤中存在游离水,它将沉到底部,因此,随深度增加而水分增大。

(3)如在长时间内从若干批中采取水分试样,则有必要限制试样放置时间。

因此,最好的方法是在限制时间内从不同水分水平的各个采样单元中采取子样。

三、煤样的制备

(一)煤样制备的目的及意义

为了解煤的组成和性质,必须采取有代表性的煤样进行分析化验,化验所需煤样量较小,一般仅需几克。但采样时,由于煤的均匀性差,为保证其代表性,所取的煤样数量除岩芯煤样因客观条件的限制较少外,其他煤样的质量均较大,可达几十千克,甚至几百千克或数吨。因此,采取的煤样必须经过一定的制样程序(破碎、混合、缩分、干燥等),以减小煤样的粒度和减少煤样数量,使煤样既符合各种化验项目的要求,又保持与原煤质量一致,即煤样具有代表性。

煤样按规定程序降低粒度和数量的过程就是煤样的制备。煤样的制备是煤质分析实验的重要环节。如煤样制备不当,就会使煤样失去代表性,使分析化验结果失去意义。

(二) 煤样制备的工序及设备

煤样制备工序包括破碎、筛分、混合、缩分和空气干燥。

1. 破碎

煤样的粒度越大,煤样的均匀性和代表性就越差。因此,对于大粒度煤样,为保持煤样的代表性,所需的质量就越大。根据数理统计原理,为保证煤样代表性,煤样标称最大粒度与缩分后总样最小质量的关系如表 10-4 所示。

表 10-4　煤样标称最大粒度与缩分后总样最小质量的关系

标称最大粒度/mm	一般和共用煤样最小质量/kg	全水分煤样最小质量/kg	粒度分析煤样最小质量/kg	
			精密度为 1% 时	精密度为 2% 时
150	2600	500	6750	1700
100	1025	190	2215	570
80	565	105	1070	275
50	170	35	280	70
25	40	8	36	9
13	15	3	5	1.25
6	3.75	1.25	0.65	0.25
3	0.7	0.65	0.25	0.25
1	0.1	—	—	—

破碎的目的是减小煤的粒度,增加不均质的分散程度,是保持煤样代表性并减小其质量的准备工作。破碎的设备如下:

(1) 粗碎时,使用颚式破碎机和锤式破碎机。颚式破碎机的规格不同,破碎的粒度也不同。有的用于较大粒度的中碎(破碎到 25 mm 以下);有的也用于将 13 mm 块煤一次破碎到 3 mm(或 1 mm)以下。锤式破碎机是将煤样一次性破碎到 3 mm 以下的设备。

(2) 中碎时,采用光面对辊破碎机,一般可将 10～20 mm 的煤样一次性破碎到 1 mm 以下。

(3) 细碎时,采用振动磨样机(密封式粉碎机)、球磨机、棒磨机、圆盘粉碎机等,可将煤样磨至 0.2 mm 以下。

(4) EPS 型破碎缩分机和 HQ-I 型圆锤式破碎缩分机,适用于水分不大的煤样。

2. 筛分

煤样破碎后还要进行筛分。筛分的目的是将未破碎至规定粒度的煤粒分离出来再破碎,使煤样全部通过相应的筛子,达到所要求的粒度,增加分散度以降低制样误差。

制样常用筛子的规格如表 10-5 所示。

表 10-5　制样常用筛子的规格

筛的类型	圆 孔 筛			金属网方孔筛					
筛孔尺寸 /mm （或 mm²）	150	100	50	25×25	13×13	6×6	3×3	1×1	0.2×0.2
筛面特征	正三角形排列，孔中心距为 1.25d+5 mm			波形筛					

注:d 为筛子孔径,单位为 mm。

除表 10-5 所列筛子规格外,制样室还需备有 25 mm、13 mm、3 mm、1.5 mm 圆孔筛以及 1.25 mm、0.63 mm、0.071 mm 制备可磨性煤样的专用筛。

3. 混合

煤样的混合是根据规定将煤样混合均匀的过程。混合是人工堆锥四分法和九点法缩分煤样的需要。若用机械缩分则不需混合工序。

煤样混合方法的规定:混合煤样时普遍采用堆锥四分法。堆掺时必须围着煤堆一铲一铲地将煤从堆底铲起,每铲所铲起的煤样不宜过多,然后分 2～3 次从锥顶上向下撒落,使每铲煤都能沿煤堆顶部均匀地向四周滑落。每铲一铲,要移动一铲的距离。堆掺工作重复 3 次,即可认为粒度分布均匀,可以进行缩分。

4. 缩分

煤样的缩分是粒度不变、按规定减少煤样数量的过程。

煤样缩分方法的规定:煤样缩分可分为人工缩分法(包括堆锥四分法和九点法)和机械缩分法(包括使用二分器、EPS 型破碎缩分机、HQ-I 型圆锤式破碎缩分机等)。

1)堆锥四分法

缩分误差的大小关键在于混合。堆锥四分法是兼有混合和缩分的操作。其主要步骤是按混合方法的规定将煤堆成一个圆锥体。堆锥时,应将试样一小份、一小份地从样锥顶部撒下,使之从顶到底、从中心到外缘形成有规律的粒度分布,并至少倒堆 3 次。然后将圆锥体由中心向四周摊成厚度均匀的圆饼,再用十字分样板将圆饼分成 4 个相等的扇形,取其中相对的两个扇形作为试样。另两个扇形煤样可弃掉。

2)九点法

九点法只适用于全水分煤样的缩分。用堆锥法将试样掺和一次后,摊开成厚度不大于标称最大粒度 3 倍的圆饼状,按图 10-2 分布 9 点并取样。

3)二分器法

二分器如图 10-3 所示。二分器的格槽宽度为煤样中最大粒度的 3 倍,但不小于 5 mm。

格槽数目两侧对等,每侧至少 8 个。各格槽宽度相等,其坡度不小于 60°。

利用二分器缩分时,必须使用格槽宽度与粒度相适应的二分器,使用得法,缩分精度高。GB 475—2008 还规定了棋盘法和条带截取法。

5. 空气干燥

煤样在缩制过程中进行干燥,其目的是使煤样畅通地经过破碎机、筛子、缩分机或二分器

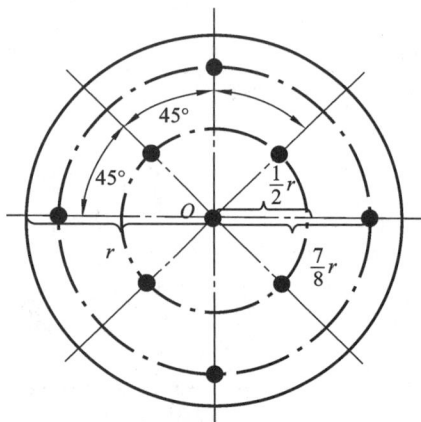

图 10-2　九点法取样布点示意图

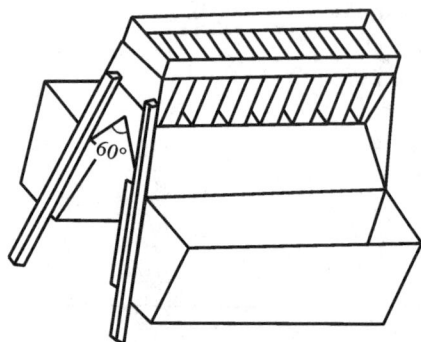

图 10-3　二分器

等设备。一般经自然干燥达到空气干燥状态,也可以用干燥箱加热,即将煤样倒在镀锌铁盘或搪瓷浅盘中,然后放入 40～50 ℃ 的干燥箱中进行干燥。烟煤和无烟煤干燥 2 h,褐煤干燥 3 h。然后取出,在室温下存放 4～24 h,使之与空气湿度达到平衡。

(三) 煤样的减灰

1. 减灰的概念

在规定的密度重液(国标规定采用氯化锌水溶液)中脱除原煤样中矿物质的过程,称为减灰。减灰后的煤样称为浮煤样。当原煤灰分大于 10%,需要进行分析实验时(如测定煤的胶质层指数、元素分析),为了避免煤中矿物质对实验结果的影响,应将小于 3 mm 的原煤样放入重液中减灰。

一般商品煤不作减灰处理。

2. 减灰重液的密度

减灰重液的密度大小取决于煤样的煤种牌号。

(1) 烟煤、褐煤一般用密度为 1.4 g/cm^3 的氯化锌水溶液减灰。如采用 1.4 g/cm^3 重液减灰后,其灰分仍大于 10%,可用 1.35 g/cm^3 的重液再减灰一次。如灰分仍大于 10%,则不再减灰。

(2) 无烟煤用减灰重液密度,可按原煤样的干燥基真相对密度 TRD_d、纯煤真相对密度 TRD_{dmf} 和干燥基灰分 A_d 的关系计算。

$$TRD_d = TRD_{dmf} + 0.01A_d$$

减灰重液密度的计算步骤:

①先测定原煤水分、灰分和真相对密度,再用原煤干燥基灰分和干燥基真相对密度按上式计算纯煤真相对密度。

②根据纯煤真相对密度计算出灰分为 8% 的浮煤干燥基真相对密度 $TRD_{f,d}$:

$$TRD_{f,d} = TRD_{dmf} + 0.01 \times 8$$

将计算出的 $TRD_{f,d}$ 值的小数第二位四舍五入修约为 0 或 5(0.04 以下均取为 0.00,0.05～0.09 均取为 0.05),即为减灰重液密度。

减灰重液(氯化锌水溶液)的配制如表 10-6 所示。

表 10-6　减灰重液密度与氯化锌的质量分数的关系

密度 /(g/cm³)	氯化锌在水溶液中的质量分数 /(%)	密度 /(g/cm³)	氯化锌在水溶液中的质量分数 /(%)
1.30	30.4	1.65	55.0
1.35	34.6	1.70	57.8
1.40	38.5	1.75	60.5
1.45	42.2	1.80	62.9
1.50	45.7	1.85	65.4
1.55	49.0	1.90	67.8
1.60	52.1		

3. 减灰操作步骤

（1）根据表 10-6 配制减灰用重液。减灰前,先用密度计测量重液密度,使其达到所要求值。

（2）在小于 3 mm 的煤样中加入少量重液,搅拌至全部润湿后,再加入足够的重液,充分搅拌,然后放置至少 5 min。捞出重液中的浮煤,并放入布兜或抽滤机中。用水淋,洗净煤粒上的氯化锌。对变质程度低的煤(如褐煤、长焰煤)先用冷水冲洗煤表面上的氯化锌,然后用 50～60 ℃的热水浸洗 1～2 次,每次至少 5 min,再用冷水淋洗净。

（3）减灰后的浮煤倒入镀锌铁盘(或搪瓷盘),煤样厚度不超过 5 mm,在 45～50 ℃的恒温箱中干燥。经干燥的浮煤根据化验要求按原煤制样的有关规定制备煤样。

（四）煤样的缩制方法

1. 煤样缩制的房间、设备和工具

（1）制样室:制样室(包括制样、储样、干燥、减灰等房间)要求宽敞、避风雨、有防尘设施。制样室需采用水泥地面,破碎房间在水泥地上铺厚度为 6 mm 以上的钢板。储存煤样的房间不应有热源。

（2）煤样缩制的设备和工具:

①适用于制样的各种破碎机,如颚式破碎机、锤式破碎机、对辊破碎机、球磨机或棒磨机以及破碎缩分机等。

②手工磨样的钢板和钢辊。

③不同规格的二分器。

④十字分样板、铁铲、镀锌铁盘或搪瓷盘、毛刷、台秤、工业天平、磁铁等。

⑤振筛机,配有孔径为 25 mm、13 mm、3 mm、1 mm、0.2 mm 的方孔筛和孔径为 3 mm 的圆孔筛。

⑥可调节温度(45～50 ℃)的鼓风干燥箱。

⑦减灰用布兜式抽滤机和尼龙滤布。

⑧捞取煤样的捞勺,采用网孔为 0.5 mm×0.5 mm 的铜丝网或由网孔相近的尼龙布制成。捞勺直径小于减灰桶直径的 1/2。

⑨液体密度计一套,测量范围为 1.00～2.00 g/cm³,最小分度为 0.01 g/cm³。

2. 煤样的缩制步骤

（1）收到煤样后应对来样标签进行核对，并将煤种、粒度、采样地点、包装情况、煤样质量、收样和制样时间等进行详细登记和编号。如为商品煤样，还应登记车号和发运数量。

（2）煤样应根据图 10-4 所示的缩制程序及时制成一般分析实验煤样，或先制成适当粒级的煤样。如果水分大，影响进一步破碎、缩分时，须先进行干燥。

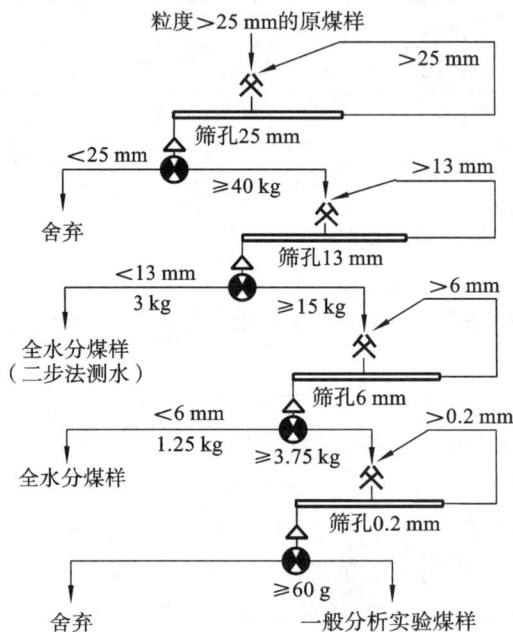

图 10-4　煤样缩制程序

⚒破碎；▬▬过筛；△掺和；⚫缩分；＞大于；＜小于；≥不小于

（3）除使用破碎缩分机外，煤样应破碎至全部通过相应的筛子，再进行缩分。大于 25 mm 的煤样未经破碎不允许缩分。

（4）煤样的制备既可以一次完成，也可以分几部分处理。若分几部分，则每一部分都应按同一比例缩分出煤样，再将其合并为一个煤样。

（5）每次破碎、缩分前后，机器和用具均应清扫干净。制样人员在制备煤样过程中应穿专用鞋，以免污染煤样。

对不易清扫的密封式破碎机（如锤式破碎机）或破碎缩分机，只用于处理单一品种的大量煤样时，在处理每个煤样之前，可取该煤样的煤通过机械予以"冲洗"，弃去"冲洗"煤后再处理煤样。处理结束后，反复开机、停机几次，以排净滞留煤样。

（6）煤样的缩分，除水分大，无法使用机械破碎机外，应尽可能使用二分器和缩分机械，以减小缩分误差。缩分后留样质量与粒度的关系如图 10-4 所示。

①缩分机必须经过检验方可使用。检验缩分机的煤样的进一步缩分，必须使用二分器。

②使用二分器缩分的煤样，缩分前不需要混合。入料时，簸箕需向一侧倾斜，并沿二分器长度方向往返摆动，使煤样比较均匀地通过二分器。缩分后可任取一边的煤样。

③堆锥四分法缩分煤样，是将已破碎、过筛的煤样用平板铁锹铲起堆成圆锥体，再交互地从煤样堆两边对角贴底逐锹铲起堆成另一个圆锥，每锹铲起的煤样不应过多，并分 2～3 次撒落在新锥顶部，使其均匀地落在新锥的四周。如此反复 3 次，使煤样的粒度分布均匀。由煤样

锥顶从中心向周围均匀地将煤样摊平(煤样较多时)或压平(煤样较少时),将十字分样板放在扁平体的正中,向下压至下面的钢板,煤样被分成4个相等的扇形体。将任意两个相对的扇形体抛去,留下的两个扇形体按图10-4所示的粒度和质量限度,制成分析煤样或适当粒度的煤样。

(7) 一般分析实验煤样的缩制。

① 如图10-4所示,从小于6 mm的煤样中,缩分出不少于3.75 kg,经过空气干燥后,直接破碎到0.2 mm以下,并缩分出不少于60 g作为一般分析实验煤样。

② 对于较为干燥的煤样,从小于13 mm的煤样中缩分出15 kg,经过空气干燥后,直接破碎到3 mm以下,再缩分出不少于700 g,直接破碎到0.2 mm以下,缩分出不少于60 g作为一般分析实验煤样,用磁铁吸出混入的铁屑,装入磨口瓶(不应超过瓶子容量的3/4,以便于混合)。装瓶前一般分析实验煤样必须达到空气干燥状态,即煤样中水分与空气湿度达到平衡状态。

(8) 全水分煤样的缩制。

① 全水分煤样既可由水分专用煤样制备,也可在制备煤样过程中分取。

② 除使用一次就能缩分出测定全水分所需数量煤样的缩分机外,煤样应破碎到规定粒度,稍加混合后摊平,用九点法缩分(图10-2)。全水分煤样的制备要迅速。

③ 对水分不大的煤样,可用破碎机一次破碎至6 mm以下,缩分出1.25 kg,装入煤样瓶封严(装样量不得超过煤样瓶容量的3/4),贴好标签,称出质量,速送化验室测定全水分。

④ 水分过大不能顺利通过破碎机和缩分机的煤样,应破碎至13 mm以下,用九点法缩分出3 kg,装入严密的容器,封严后速送化验室测定全水分。

(9) 存查煤样,一般用粒度小于3 mm的煤样700 g作为存查煤样。除必须在容器上贴好标签外,还应在容器内放入煤样标签,封好。标签格式可参考表10-7。

表 10-7　存查煤样标签格式

分析煤样编号	
原煤编号	
煤矿名称	
煤样种类	
送样单位	
送样日期	年　　月　　日
制样日期	年　　月　　日
分析实验项目	
备注	

注:商品煤的存查煤样,从报出结果之日起,一般应保存2个月,以备仲裁和复查用;而生产煤样和其他煤样,根据需要由有关煤质检查人员自定。

(五) 煤样的包装及保存

1. 煤样的包装

煤样在空气中被氧化后,煤的性质会发生变化,如水分和灰分增加,机械强度和黏结性变差,发热量和焦油产率降低等,尤其是褐煤和低煤阶烟煤变化更为显著。因此,必须使用未经氧化的煤样进行各种分析实验。这就要求从采样、包装煤样开始,到分析实验,必须设法防止煤样的氧化变质。

根据煤的性质、实验要求和运输距离等因素决定煤样的包装方法。

(1) 运输距离较近,仅进行一般简单煤质分析的煤样,可用麻袋、帆布袋或人造革口袋包装,但从采样到送交化验室的时间间隔不应超过 2 天。

(2) 运输距离较大且短期不能进行化验的煤样,必须用铁桶包装,并用锡或蜡将盖口封严。

(3) 全水分煤样,不论运输距离大小,均须用铁桶包装。

(4) 无烟煤和贫煤因不易被氧化,其煤样可用木箱包装运至较远距离,但在装样时须在木箱内衬一层牛皮纸、油毡、防水布或塑料薄膜,装好后,应在接缝处用铁皮或牛皮封好,且煤样存放时间不宜太久。

(5) 块煤样的运输距离如果较大,用铁桶或木箱包装时,铁桶或木箱内应衬一些防震的废纸、木屑,并在外面注明“小心轻放”字样,避免在运输中破碎。

2. 煤样的保存

妥善保存煤样,对保证煤质分析结果具有代表性是十分重要的。分析煤样的保存时间一般是 3～6 个月,过期即销毁。但有的可能过很长时间还需要进行复查或仲裁分析,为防止煤样氧化变质,可采用以下方法保存煤样:

(1) 将煤样装入白铁皮桶,并充入高纯度的氮气再用焊锡密封,将经处理的煤样桶放入遮光的房间保存。这种煤样可保存几年不变质。

(2) 把煤样装入塑料袋或软质人造革袋中,并充氮气。袋口用丙酮或其他有机溶剂黏合起来。如不能充氮气,最好使袋的容积恰好容纳全部煤样,然后封口。袋大煤样少时,可在煤样上面铺一层厚纸,封口后再把塑料袋(或人造革袋)折转垫压在煤样下面。保存这种包装的煤样的房间,其温度不低于 0 ℃,以免塑料袋因冷破裂。

(3) 将煤样用油布或厚纸包严后放入严密无缝的木箱中。如箱子有缝隙,可用破布、碎纸、木屑等填满,然后加盖钉好保存。

(4) 对大块煤样,可在外面涂一薄层石蜡保存。用煤样时,在接近沸腾的水中浸泡,使石蜡熔化,用刀刨去最外面的一层煤。

(5) 少量煤样可装入带磨口塞的广口瓶中,如瓶内未装满,可充填废纸条,然后用石蜡封口,置于避光处。

(6) 需要长期保存的少量细粒煤样,可放入煮沸过的冷蒸馏水容器中(煤样没入水中 4～5 mm),并加盖。或将煤样低温保存。

第11章

煤化学组成分析

实验 15　煤中全水分的测定

一、实验目的

学习和掌握煤中全水分的测定方法,了解全水分指标的使用场合。

二、方法要点

本实验方法根据 GB/T 211—2017 制定,分为 A 法和 B 法,其中 A 法称为两步法,B 法称为一步法。A 法和 B 法又分为在氮气流中干燥和在空气流中干燥,分别标记为 A_1、B_1 以及 A_2、B_2。在氮气流中干燥时适用于所有煤种,在空气流中干燥时适用于烟煤(易氧化的煤除外)和无烟煤。以方法 A_1 作为仲裁方法。

1. 方法 A(两步法)

(1)方法 A_1:在氮气流中干燥。

称取一定量的粒度小于 13 mm 的全水分煤样,在温度不高于 40 ℃的环境下干燥到质量恒定,再将煤样破碎到粒度小于 3 mm,于 105～110 ℃下,在氮气流中干燥到质量恒定。根据煤样两步干燥后的质量减小值计算出全水分。

(2)方法 A_2:在空气流中干燥。

称取一定量的粒度小于 13 mm 的全水分煤样,在温度不高于 40 ℃的环境下干燥到质量恒定,再将煤样破碎到粒度小于 3 mm,于 105～110 ℃下,在空气流中干燥到质量恒定。根据煤样两步干燥后的质量减小值计算出全水分。

2. 方法 B(一步法)

(1)方法 B_1:在氮气流中干燥。

称取一定量的 13 mm(或 6 mm)的煤样,于 105～110 ℃下,在氮气流中干燥到质量恒定。根据煤样干燥后的质量减小值计算出全水分。

(2)方法 B_2:在空气流中干燥。

称取一定量的 13 mm(或 6 mm)的煤样,于 105～110 ℃下,在空气流中干燥到质量恒定。根据煤样干燥后的质量减小值计算出全水分。

三、仪器设备及材料

（1）干燥箱：能在室温～150 ℃范围内自动恒温，并带有鼓风装置。

（2）通氮干燥箱：带自动控温装置，能保持温度在105～110 ℃范围内，可容纳适量的称量瓶，且具有较小的自由空间，有氮气进、出口，每小时可换气15次以上。

（3）浅盘：由镀锌铁板或铝板等耐热、耐腐蚀材料制成，其规格应能容纳500 g煤样，且单位面积负荷不超过1 g/cm³。

（4）玻璃称量瓶：直径70 mm，高35～40 mm，并带有严密的磨口盖。

（5）电子天平：最小分度为0.001 g。

（6）工业天平：最小分度为0.1 g。

（7）干燥器：内装干燥剂（变色硅胶或无水氯化钙）。

（8）流量计：量程100～1000 mL/min。

（9）干燥塔：容量250 mL，内装变色硅胶或粒状无水氯化钙。

（10）氮气：纯度99.9%，氧含量小于0.01%。

（11）无水氯化钙：化学纯，粒状。

（12）变色硅胶：工业用品。

四、样品处理

（1）采样：粒度13 mm的全水分煤样不少于3 kg，粒度6 mm的全水分煤样不少于1.25 kg。

（2）煤样的制备：

①粒度13 mm的全水分煤样按照GB 474—2008或GB/T 19494.2—2004的规定制备。

②粒度6 mm的全水分煤样，用破碎过程中水分无明显损失的破碎机将其一次性破碎到粒度小于6 mm，用二分器迅速缩分出多于1.25 kg的煤样，装入密封容器中。

（3）在测定全水分之前，应首先检查煤样容器的密封情况，然后将其表面擦拭干净，用工业天平称准到总质量的0.1%，并与容器标签所注明的总质量进行核对。如果称出的总质量小于标签上所注明的总质量（不超过1%），并且能确定煤样在运送过程中没有损失，应将质量减小值作为煤样在运送过程中的水分损失量。

（4）称取煤样之前，应将密封容器中的煤样充分混合至少1 min。

五、实验步骤

（一）方法 A（两步法）

1. 外在水分（方法 A₁ 和 A₂，空气干燥）

在预先干燥和已称量过的浅盘内迅速称取13 mm的煤样（500±10）g（称准至0.1 g），平摊在浅盘中，于环境温度或40 ℃以下的空气干燥箱中干燥到质量恒定（连续干燥1 h，质量变化不超过 0.5 g),记录恒定后的质量(称准至 0.1 g)。对于使用空气干燥箱干燥的情况,称量前需使煤样在实验室环境中重新达到湿度平衡。

按下式计算外在水分:

$$M_f = \frac{m_1}{m} \times 100\%$$

式中:M_f——煤样的外在水分;

m——称取的粒度小于 13 mm 的煤样质量,g;

m_1——煤样干燥后的质量减小值,g。

2. 内在水分(方法 A_1,通氮干燥)

(1) 立即将测定外在水分后的煤样破碎到粒度小于 3 mm,在预先干燥并已称量过的称量瓶内迅速称取 (10 ± 1)g 煤样(称准至 0.001 g),平摊在称量瓶中。

(2) 打开称量瓶盖,放入预先通入干燥氮气并已加热到 105～110 ℃的通氮干燥箱中,每小时换氮气 15 次以上。烟煤干燥 1.5 h,褐煤和无烟煤干燥 2 h。

(3) 从通氮干燥箱中取出称量瓶,立即盖上盖,在空气中放置约 5 min,然后放入干燥器,冷却到室温(约 20 min),称量(称准至 0.001 g)。

(4) 进行检查性干燥,每次 30 min,直到连续两次干燥煤样的质量减小值不超过 0.01 g 或质量增加。在后一种情况下,采用质量增加前一次的质量作为计算依据。内在水分在 2% 以下时,不必进行检查性干燥。

(5) 按下式计算内在水分:

$$M_{inh} = \frac{m_3}{m_2} \times 100\%$$

式中:M_{inh}——煤样的内在水分;

m_2——称取的煤样质量,g;

m_3——煤样干燥后的质量减小值,g。

3. 内在水分(方法 A_2,空气干燥)

除将通氮干燥箱改为空气干燥箱外,其他操作步骤同方法 A_1。

4. 结果计算

按下式计算煤中全水分:

$$M_t = M_f + \frac{100\% - M_f}{100\%} \times M_{inh}$$

式中:M_t——煤样的全水分;

M_f——煤样的外在水分;

M_{inh}——煤样的内在水分。

(二) 方法 B(一步法)

1. 方法 B_1(通氮干燥)

(1) 在预先干燥并已称量过的称量瓶内迅速称取粒度 6 mm 的煤样 10～12 g(称准至 0.001 g),平摊在称量瓶中。

(2) 打开称量瓶盖,放入预先通入干燥氮气并已加热到 105～110 ℃的通氮干燥箱中,烟煤干燥 2 h,褐煤和无烟煤干燥 3 h。

（3）从通氮干燥箱中取出称量瓶,立即盖上盖,在空气中放置约 5 min,然后放入干燥器中,冷却到室温（约 20 min）,称量（称准至 0.001 g）。

（4）进行检查性干燥,每次 30 min,直到连续两次干燥煤样的质量减小值不超过 0.01 g 或质量增加。在后一种情况下,采用质量增加前一次的质量作为计算依据。

2. 方法 B$_2$（空气干燥）

（1）粒度 13 mm 煤样的全水分测定。

①在预先干燥并已称量过的浅盘内迅速称取粒度 13 mm 的煤样（500±10）g（称准至 0.1 g）,平摊在浅盘中。

②将浅盘放入预先加热到 105～110 ℃的空气干燥箱中,在鼓风条件下,烟煤干燥 2 h,无烟煤干燥 3 h。

③将浅盘取出,趁热称量（称准至 0.1 g）。

④进行检查性干燥,每次 30 min,直到连续两次干燥煤样的质量减小值不超过 0.5 g 或质量增加。在后一种情况下,采用质量增加前一次的质量作为计算依据。

（2）粒度 6 mm 煤样的全水分测定。

除将通氮干燥箱改为空气干燥箱外,其他操作步骤同 B$_1$ 法。

3. 结果计算

按下式计算煤中全水分:

$$M_t = \frac{m_1}{m} \times 100\%$$

式中:M_t——煤样的全水分;

m——称取的煤样质量,g;

m_1——煤样干燥后的质量减小值,g。

（三）水分损失补正

如果在运输过程中煤样的水分有损失,则按下式求出补正后的全水分值:

$$M_t' = M_1 + \frac{100\% - M_t}{100\%} \times M_t$$

式中:M_t'——补正后的煤中全水分;

M_1——煤样在运送过程中的水分损失;

M_t——不考虑煤样在运送过程中的水分损失时测得的全水分。

六、重复性

取重复测定的两个结果的算术平均值,作为煤样的全水分测定结果:

当全水分含量<10%时,同一操作者重复测定两个结果的差值不应超过 0.4%;

当全水分含量≥10%时,同一操作者重复测定两个结果的差值不应超过 0.5%。

实验 16　煤的工业分析

煤的工业分析也称煤的技术分析或实用分析,它包括煤的水分、灰分、挥发分的测定和固定碳的计算。工业分析的结果作为煤加工利用和煤科学研究的基础技术参数,具有十分重要的意义。

一、一般分析实验煤样水分的测定

(一) 实验目的

学习和掌握一般分析实验煤样水分测定的各种方法及原理。

(二) 方法要点

称量瓶中称取一定量的一般分析实验煤样,在 105～110 ℃的温度下,置于干燥气流中干燥至质量恒定。以煤样质量减小值占煤样质量的百分数作为一般分析实验煤样水分。

GB/T 212—2008 规定了煤中水分的测定方法有三种,即 A 法、B 法和 C 法。其中 A 法适用于所有煤种,B 法适用于烟煤和无烟煤,C 法适用于褐煤和烟煤水分的快速测定。仲裁分析中需要对水分进行基准换算时,应以 A 法测值为准。本教材只介绍 A 法和 B 法。

(三) 仪器设备及材料

(1) 通氮干燥箱:带自动控温装置,能保持温度在 105～110 ℃范围内,可容纳适量的称量瓶,且具有较小的自由空间,有氮气进、出口,每小时可换气 15 次以上。

(2) 干燥箱:带有自动恒温装置,内附鼓风机并能保持 105～110 ℃。

(3) 称量瓶:由玻璃制成并带有磨口盖,如图 11-1 所示。

(4) 电子天平:最小分度为 0.1 mg。

(5) 干燥器:内装干燥剂(变色硅胶或无水氯化钙)。

(6) 干燥塔:装有变色硅胶或无水氯化钙,用以干燥氮气。

(7) 气体流量计:其量程为 100～1000 mL/min。

(8) 氮气:其纯度为 99.9%,氧含量小于 0.01%。

(9) 一般分析实验煤样。

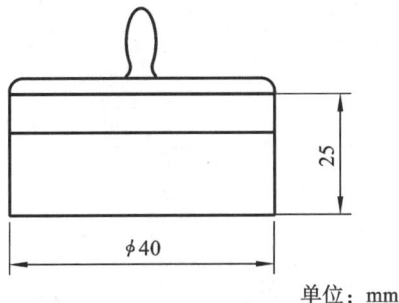

单位:mm

图 11-1　玻璃称量瓶

（四）测定步骤

1. A法（通氮干燥法）

称量瓶中称取一定量的一般分析实验煤样，在105～110 ℃的温度下，置于干燥的氮气流中干燥至质量恒定。以煤样质量减小值占煤样质量的百分数作为一般分析实验煤样水分。

（1）在预先干燥并称出质量（称准至0.0002 g）的称量瓶中，称取粒度小于0.2 mm的混合均匀的一般分析实验煤样（1±0.1）g（称准至0.0002 g），摇动称量瓶，使煤样摊平。

（2）预热干燥箱至105～110 ℃，通入干燥的氮气吹扫10 min，将称量瓶开盖后放入干燥箱恒温区。调整氮气流量为每小时15V（约50 L/h，V为干燥箱的有效容积）。烟煤干燥1.5 h，褐煤和无烟煤干燥2 h。

（3）取出称量瓶并立即盖严，放入干燥器中冷至室温（约需20 min）后称量。

（4）进行检查性干燥，每次30 min，直至连续两次煤样质量减小值不超过0.0010 g或质量有所增加。在后一种情况下，以增加前的一次质量为计算依据。若煤样水分小于2%，则不进行检查性干燥。

2. B法（空气干燥法）

称量瓶中称取一定量的一般分析实验煤样，放入105～110 ℃的干燥箱中，在空气流中干燥到质量恒定。以煤样质量减小值计算水分的百分含量。

（1）用预先干燥并称出质量（称准至0.0002 g）的玻璃称量瓶，称取粒度小于0.2 mm的一般分析实验煤样（1±0.1）g（称准至0.0002 g），轻摇称量瓶使煤样摊平。

（2）打开称量瓶盖，将称量瓶放入预先鼓风并加热到105～110 ℃的干燥箱。在不断鼓风的条件下，烟煤干燥1 h，无烟煤干燥1.5 h。

（3）取出称量瓶并立即加盖，放入干燥器冷至室温，称量。

（4）进行检查性干燥，每次30 min，直到连续两次质量减小值小于0.0010 g或质量有所增加，在后一种情况下，用前一次的质量进行计算。水分小于2%时不进行检查性干燥。

（五）实验结果

1. 实验记录表

记录有关实验数据（表11-1，供参考）。

表11-1 空气干燥煤样水分的测定

年　　月　　日

煤样名称		
重复测定	第一次	第二次
称量瓶编号		
称量瓶质量/g		
煤样和称量瓶质量/g		
煤样质量/g		
干燥后煤样和称量瓶质量/g		
煤样质量减小值/g		

	第一次		
检查性干燥后煤样和称量瓶质量/g	第二次		
	第三次		
M_{ad}/(%)			
M_{ad} 平均值/(%)			

测定人：　　　　　审定人：

2. 结果计算

$$M_{ad} = \frac{m_1}{m} \times 100\%$$

式中：M_{ad}——一般分析实验煤样水分；

m——一般分析实验煤样的质量，g；

m_1——煤样干燥后质量减小值，g。

3. 重复性

取重复测定的两个结果的算术平均值，作为一般分析实验煤样的水分测定结果：

当水含量<5%时，同一操作者重复测定两个结果的差值不应超过0.20%；

当水含量在5%～10%时，同一操作者重复测定两个结果的差值不应超过0.30%；

当水含量>10%时，同一操作者重复测定两个结果的差值不应超过0.40%。

（六）注意事项

（1）称取试样前，应将试样充分混合。

（2）在试样放入干燥箱前10 min开始通入氮气，根据干燥箱容积V，调整氮气流量为每小时15V。

（七）思考题

A法中通入氮气的主要作用是什么？

二、煤灰分产率的测定

（一）实验目的

（1）学习和掌握煤灰分产率的测定方法和原理。

（2）了解煤灰分与煤中矿物质的关系。

（二）方法要点

称取一定量一般分析实验煤样，放入灰皿内，在规定条件下加热到（815±10）℃，并在此温度下灼烧到质量恒定。以残渣质量占原来煤样质量的百分数作为空气干燥基灰分产率。

(三) 仪器设备及材料

(1) 马弗炉:能保持(815±10) ℃的温度并带有自动恒温器。炉子后壁的上部带有直径为 25～33 mm 的烟囱,炉门上装有直径为 20 mm 的通气孔。

(2) 灰分快速测定仪:由马蹄形管式电炉、链式自动传送带和控制仪组成,传送带速度可在 15～50 mm/min 范围内进行调节。

(3) 灰皿(图 11-2)。

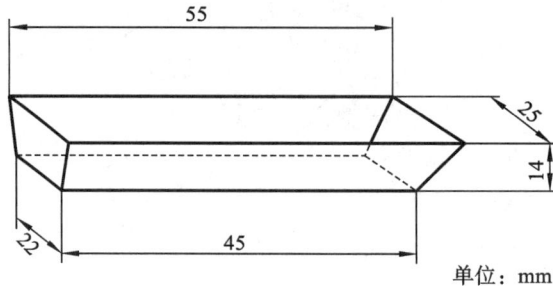

图 11-2　灰皿

(4) 干燥器:内装干燥剂(变色硅胶或无水氯化钙)。

(5) 瓷板、石棉板或灰皿架:其长宽略小于炉膛。

(6) 电子天平:最小分度为 0.1 mg。

(7) 一般分析实验煤样。

(四) 实验步骤

1. 缓慢灰化法

称取一定量的一般分析实验煤样,放入马弗炉中,控制一定的升温速度,加热到(815±10) ℃,灰化并灼烧到质量恒定。以灼烧后残渣质量占煤样质量的百分数作为煤样的灰分产率。

(1) 在已灼烧至质量恒定的灰皿内称取粒度小于 0.2 mm 的一般分析实验煤样(1±0.1) g(称准至 0.0002 g),轻摇灰皿使煤样摊平,然后移入温度不超过 100 ℃的马弗炉的恒温区。

(2) 炉门留出约 15 mm 的缝隙,在 30 min 以上时间内使炉温升到 500 ℃,并在此温度下保持 30 min。继续升温到(815±10) ℃,并在此温度下保持 1 h。

(3) 取出灰皿,放在石棉板上,在空气中冷却 5 min 后移入干燥器,冷却到室温后称量。

(4) 每次进行 20 min 的检查性灼烧,直至质量变化小于 0.0010 g,以最后一次质量作为计算的依据。灰分小于 15%时不进行检查性灼烧。

2. 快速灰化法

1) A 法

将盛有一定量煤样的灰皿置于预先加热至(815±10) ℃的灰分快速测定仪的传送带上,煤样自动进入炉内灰化,然后又自动送出。以灼烧后残渣质量占煤样质量的百分数作为空气干燥基灰分产率。

将灰分快速测定仪预热至(815±10) ℃,开动传送带,调节传送速度为 17 mm/min 左右或其他合适的速度。在已知质量(称准至 0.0002 g)的灰皿中,称取粒度小于 0.2 mm 的一般分析实验煤样(0.5±0.01) g(称准至 0.0002 g)并摊匀。将盛有煤样的灰皿放在灰分快速测定仪的传送带上,灰皿自动入炉使煤样灰化。当灰皿从炉内送出时,取下灰皿放在耐热瓷板或石棉板上,在空气中冷却 5 min 后移入干燥器冷却至室温(约 20 min),称量(称准至 0.0002 g)。

2) B 法

将一定量的煤样放入灰皿中,由炉口逐渐送入预热至 850 ℃的马弗炉中进行灰化,并灼烧至质量恒定。以灼烧后残渣质量占煤样质量的百分数作为空气干燥基灰分产率。

按照缓慢灰化法的步骤称取煤样,将装有煤样的灰皿分 3～4 排置于耐热瓷板或石棉板上,缓缓推入已预热至 850 ℃的马弗炉中。先使第一排灰皿中的煤样灰化,等 5～10 min 煤样不再冒烟时,以不大于 2 cm/min 的速度将其余几排灰皿依次灰化,并推至炉内恒温带(如果煤样爆燃,则试样作废)。关闭炉门,在(815±10) ℃的温度下灼烧 40 min。

其余操作同缓慢灰化法。若检查性灼烧结果不稳定,应改用缓慢灰化法。灰分小于 15%时不进行检查性灼烧。

(五) 实验结果

1. 实验记录表

记录有关实验数据(表 11-2,供参考)。

表 11-2　空气干燥基灰分产率的测定

年　　月　　日

煤样名称			
重复测定		第一次	第二次
灰皿编号			
灰皿质量/g			
煤样和灰皿质量/g			
煤样质量/g			
灼烧后残渣和灰皿质量/g			
残渣质量/g			
检查性灼烧残渣和灰皿质量/g	第一次		
	第二次		
	第三次		
A_{ad}/(%)			
A_{ad} 平均值/(%)			

测定人:　　　　　　审定人:

2. 结果计算

$$A_{ad} = \frac{m_1}{m} \times 100\%$$

式中:A_{ad}——空气干燥基灰分产率;

m——空气干燥煤样的质量,g;

m_1——灼烧残渣的质量,g。

3. 重复性

取重复测定的两个结果的算术平均值,作为一般分析实验煤样的空气干燥基灰分产率测定结果:

当空气干燥基灰分产率≤15%时,同一操作者重复测定两个结果的差值不应超过0.20%;

当空气干燥基灰分产率在15%～30%时,同一操作者重复测定两个结果的差值不应超过0.30%;

当空气干燥基灰分产率＞30%时,同一操作者重复测定两个结果的差值不应超过0.50%。

(六) 注意事项

(1) 采用快速灰化法中的 B 法时,应适当控制煤样进炉速度,防止速度过快而使煤样爆燃。灼烧时,打开马弗炉的通气孔,使空气对流,充分燃尽试样。

(2) 对某一地区的煤,经缓慢灰化法反复核对符合误差要求时,方可采用快速灰化法。

(七) 思考题

(1) 缓慢灰化法为什么要进行分段升温?

(2) 为什么测定灰分的马弗炉须带有烟囱?

三、煤挥发分产率的测定及固定碳的计算

(一) 实验目的

(1) 掌握煤的挥发分产率测定及固定碳计算的方法。

(2) 学会运用挥发分产率和焦渣特征判断煤化程度,初步确定煤的加工利用途径。

(二) 方法要点

将一定量一般分析实验煤样放入坩埚中,在(900±10) ℃的温度下隔绝空气加热一定时间,以煤样质量减小值占煤样原来质量的百分数,减去该煤样的水分 M_{ad},就得到该煤样的挥发分产率。

(三) 仪器设备及材料

(1) 挥发分坩埚(图 11-3):坩埚总质量为 15～20 g。

(2) 马弗炉:带有调温装置,并能保持(900±10) ℃的温度,炉子的后壁留有排气孔及热电偶插孔。

(3) 坩埚架:由耐热金属丝制成,其大小应与所用马弗炉恒温区尺寸一致,并要求放在坩埚架上的坩埚底部距炉底 20～30 mm,且使坩埚底部紧邻热电偶热接点上方。

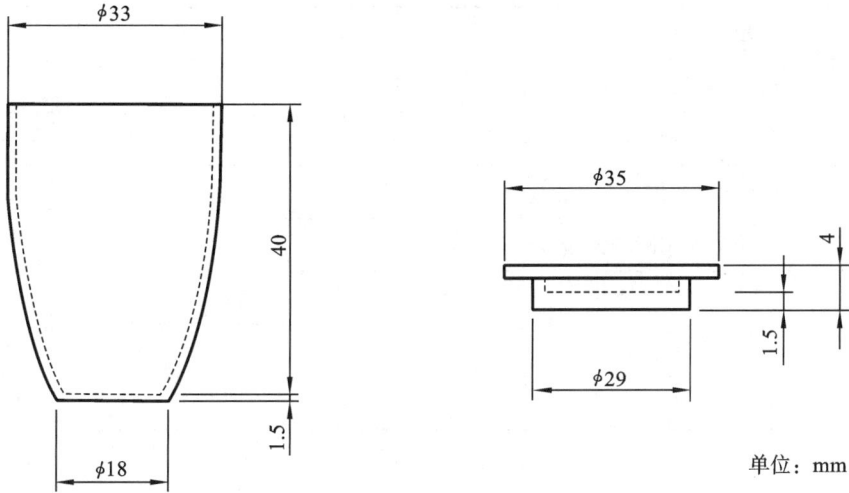

单位：mm

图 11-3 挥发分坩埚

（4）坩埚架夹。

（5）电子天平：最小分度为 0.1 mg。

（6）干燥器：内装干燥剂（变色硅胶或无水氯化钙）。

（7）计时器：精确到 1 s。

（8）压饼机：能压制直径为 10 mm 的煤饼。

（9）一般分析实验煤样。

（四）实验步骤

预先在 900 ℃下灼烧至质量恒定且已知质量的挥发分坩埚内称取粒度小于 0.2 mm 的一般分析实验煤样（1±0.01）g（称准至 0.0002 g），轻振坩埚使煤样摊平，加盖后置于坩埚架上。将放有坩埚的坩埚架迅速推入预热至 920 ℃的马弗炉的恒温区，立即开启计时器并关闭炉门。要求炉温在 3 min 内恢复至（900±10）℃，并保持此温度至实验结束，否则实验重做。7 min 时，迅速由炉中取出坩埚，在空气中冷却 5 min，移入干燥器中冷却至室温（约 20 min），称量。

褐煤和长焰煤应预先压饼，并切成宽 3 mm 左右的条。

（五）实验结果

1. 实验记录表

记录有关实验数据（表 11-3，供参考）。

表 11-3 空气干燥基挥发分产率的测定

年　　　月　　　日

煤样名称		
重复测定	第一次	第二次
坩埚编号		

续表

坩埚质量/g		
煤样和坩埚质量/g		
煤样质量/g		
焦渣和坩埚质量/g		
煤样加热后质量减小值/g		
煤样水分 M_{ad}/(%)		
V_{ad}/(%)		
V_{ad} 平均值/(%)		

测定人：　　　　　审定人：

2. 结果计算

$$V_{ad} = \frac{m_1}{m} \times 100\% - M_{ad}$$

式中：V_{ad}——空气干燥基挥发分产率；

m——空气干燥基煤样的质量，g；

m_1——煤样加热后质量减小值，g；

M_{ad}——一般分析实验煤样水分。

3. 重复性

取重复测定的两个结果的算术平均值，作为一般分析实验煤样的空气干燥基挥发分产率测定结果：

当空气干燥基挥发分产率≤20%时，同一操作者重复测定两个结果的差值不应超过0.30%；

当空气干燥基挥发分产率在20%~40%时，同一操作者重复测定两个结果的差值不应超过0.50%；

当空气干燥基挥发分产率>40%时，同一操作者重复测定两个结果的差值不应超过0.80%。

4. 固定碳的计算

煤的固定碳是根据测定的灰分、水分、挥发分用差减法求得的，即

$$FC_{ad} = 100\% - (M_{ad} + A_{ad} + V_{ad})$$

式中：FC_{ad}——空气干燥基固定碳；

M_{ad}——空气干燥基水分；

A_{ad}——空气干燥基灰分产率；

V_{ad}——空气干燥基挥发分产率。

（六）焦渣特征的鉴定

测定挥发分时所得的焦渣根据特征可分为以下几类。

（1）粉状（1型）：全部为粉末，没有相互黏着的颗粒。

（2）黏着（2型）：用手指轻触即成粉末，或基本是粉末。其中较大的团块或颗粒，轻碰即成粉状。

（3）弱黏结（3型）：用手指轻压，碎成小块。

（4）不熔融黏结（4型）：以手指用力压才裂成小块，焦渣上表面无光泽，下表面稍有银白色光泽。

（5）不膨胀熔融黏结（5型）：焦渣形成扁平的饼状，煤粒的界限不易分清，表面有明显银白色光泽，焦渣下表面银白色光泽更加明显。

（6）微膨胀熔融黏结（6型）：用手指压不碎，焦渣上、下表面均有白色金属光泽，并且焦渣表面具有较小的膨胀泡（或小气泡）。

（7）膨胀熔融黏结（7型）：焦渣上、下表面有银白色金属光泽，明显膨胀，但高度不超过15 mm。

（8）强膨胀熔融黏结（8型）：焦渣上、下表面有银白色金属光泽，焦渣高度大于15 mm。

为了简便起见，可用上述序号作为各种焦渣特征的代号。

（七）注意事项

（1）测定褐煤和长焰煤的挥发分产率时，应预先将煤样压成饼，并切成约3 mm见方的小块使用。

（2）挥发分产率的测定是一项规范性很强的实验，其测定结果受测定条件的影响很大，故必须按要求严格控制，特别是炉温必须在3 min内恢复到（900±10）℃，可适当调整预热温度以满足这一要求。

（八）思考题

固定碳与煤中碳元素含量有何区别？

实验17　煤中碳氢元素含量的测定

碳氢元素是构成煤有机质的主要元素。碳氢元素含量可作为表征煤化程度的指标。碳氢元素含量是煤加工利用的重要依据，如液化用煤要求氢的含量高些，而气化用煤又要求碳的含量高些。碳氢元素含量也可用于燃烧和气化过程的热量平衡、物料平衡及燃烧热、理论燃烧温度等的计算。所以碳氢元素含量是煤加工利用和煤科学研究必不可少的指标。

一、实验目的

掌握煤和水煤浆中碳氢分析的三节炉法、二节炉法，以及用电量法测定煤及水煤浆干燥煤样中的氢、用重量法测定碳的方法原理，并学会实验操作。

二、三节炉法和二节炉法

（一）方法要点

一定量的煤样或水煤浆干燥煤样在氧气流中燃烧，生成的水和二氧化碳分别用吸水剂和二氧化碳吸收剂吸收，由吸收剂的增量计算煤中碳和氢的质量分数。煤样中硫和氯对碳测定的干扰在三节炉中用铬酸铅和银丝卷消除，在二节炉中用高锰酸银热解产物消除。氮对碳测定的干扰用粒状二氧化锰消除。

（二）仪器设备及材料

（1）碳氢测定仪：包括净化系统、燃烧装置和吸收系统三个主要部分，其结构如图 11-4 所示。

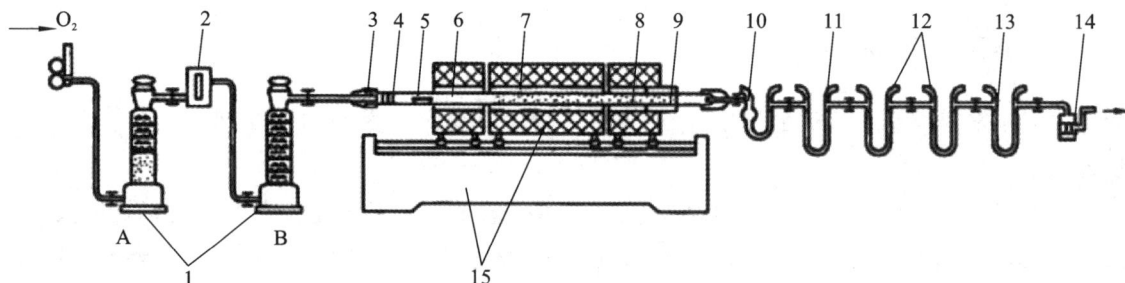

图 11-4　三节炉和二节炉碳氢测定仪示意图

1—气体干燥塔；2—流量计；3—橡皮塞；4—铜丝卷；5—燃烧舟；6—燃烧管；
7—氧化铜；8—铬酸铅；9—银丝卷；10—吸水 U 形管；11—除氮 U 形管；
12—吸收二氧化碳 U 形管；13—空 U 形管；14—气泡计；15—电炉及控温装置

①净化系统，包括以下部件。

a. 气体干燥塔：容量 500 mL，2 个，一个（A）上部（约 2/3）装无水氯化钙（或无水高氯酸镁），下部（约 1/3）装碱石棉（或碱石灰）；另一个（B）装无水氯化钙（或无水高氯酸镁）。

b. 流量计：测量范围 0～150 mL/min。

②燃烧装置：由一个三节（或二节）管式炉及其控温系统构成，主要包括以下部件。

a. 电炉：三节炉或二节炉（双管炉或单管炉），炉膛直径约 35 mm。三节炉：第一节长约230 mm，可加热到（850±10）℃，并可沿水平方向移动；第二节长 330～350 mm，可加热到（800±10）℃；第三节长 130～150 mm，可加热到（600±10）℃。二节炉：第一节长约 230 mm，可加热到（850±10）℃，并可沿水平方向移动；第二节长 130～150 mm，可加热到（500±10）℃。每节炉装有测温和控温装置。

b. 燃烧舟：长 70～77 mm 的瓷舟。新舟使用前应在约 850 ℃下灼烧 2 h。

c. 燃烧管：用素瓷、石英、刚玉或不锈钢制成，长 1100～1200 mm（使用二节炉时，长约800 mm），内径 20～22 mm，壁厚约 2 mm。

d. 橡皮塞、橡皮帽（最好用耐热硅橡胶）或铜接头。

e. 镍铬丝钩：直径约 2 mm，长约 700 mm，一端弯成钩。

③吸收系统,包括以下部件。

a. 吸水 U 形管(图 11-5):装药部分高 100～120 mm,直径约 15 mm,入口端有一球形扩大部分,内装无水氯化钙或无水高氯酸镁。

b. 吸收二氧化碳 U 形管(图 11-6):2 个,装药部分高 100～120 mm,直径约 15 mm,前 2/3 装碱石棉或碱石灰,后 1/3 装无水氯化钙或无水高氯酸镁。

c. 除氮 U 形管(图 11-6):装药部分高 100～120 mm,直径约 15 mm,前 2/3 装粒状二氧化锰,后 1/3 装无水氯化钙或无水高氯酸镁。

d. 气泡计:容量约 10 mL,内装浓硫酸。

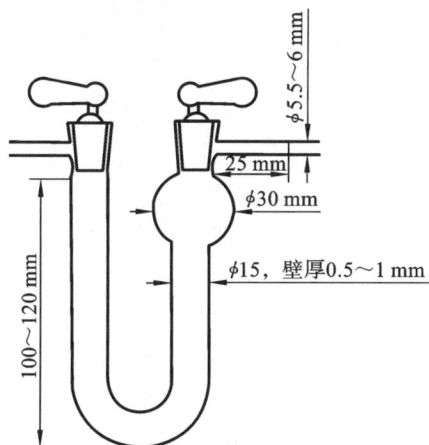

图 11-5　吸水 U 形管

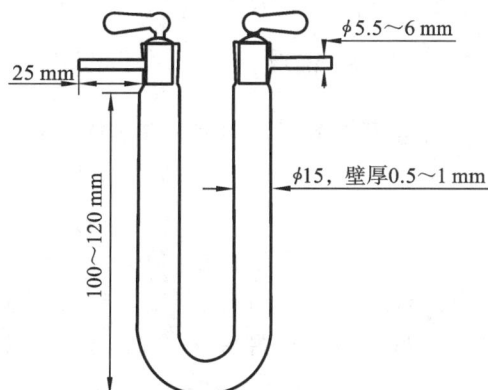

图 11-6　吸收二氧化碳 U 形管(除氮 U 形管)

(2) 电子天平:最小分度为 0.1 mg。

(3) 无水高氯酸镁:分析纯,粒度 1～3 mm。或无水氯化钙:分析纯,粒度 2～5 mm。

(4) 粒状二氧化锰:化学纯,市售或用硫酸锰和高锰酸钾制备。

制法:称取 25 g 硫酸锰,溶于 500 mL 蒸馏水中,另称取 16.4 g 高锰酸钾,溶于 300 mL 蒸馏水中。将两溶液分别加热到 50～60 ℃。在不断搅拌下将高锰酸钾溶液慢慢注入硫酸锰溶液中,并剧烈搅拌。然后加入 10 mL 硫酸(1∶1)。将溶液加热到 70～80 ℃并继续搅拌 5 min,停止加热,静置 2～3 h。用热蒸馏水以倾泻法洗至中性。将沉淀移至漏斗过滤,除去水分,然后放入干燥箱中,在 150 ℃左右干燥 2～3 h,得到褐色、疏松状二氧化锰,小心破碎并过筛,取粒度 0.5～2 mm 部分备用。

(5) 铜丝卷:丝直径约 0.5 mm。铜丝网:0.15 mm(100 目)。

(6) 氧化铜:化学纯,线状(长约 5 mm)。

(7) 铬酸铅:分析纯,制备成粒度 1～4 mm。

制法:将市售的铬酸铅用蒸馏水调成糊状,挤压成型。放入马弗炉中,在 850 ℃下灼烧 2 h,取出冷却后备用。

(8) 银丝卷:丝直径约 0.25 mm。

(9) 氧气:99.9%,不含氮。氧气钢瓶需配有可调节流量的带减压阀的压力表(可使用医用氧气吸入器)。

(10) 三氧化钨:分析纯。

(11) 碱石棉:化学纯,粒度 1～2 mm。或碱石灰:化学纯,粒度 0.5～2 mm。

（12）真空硅脂。

（13）高锰酸银热解产物：使用二节炉时，需制备高锰酸银热解产物。

制法：将 100 g 化学纯高锰酸钾溶于 2 L 蒸馏水中，煮沸。另取 107.5 g 化学纯硝酸银，溶于约 50 mL 蒸馏水中，在不断搅拌下，缓缓注入沸腾的高锰酸钾溶液中，搅拌均匀后逐渐冷却并静置过夜。将生成的深紫色晶体用蒸馏水洗涤数次，在 60～80 ℃下干燥 1 h，然后将晶体一小部分一小部分地放在瓷皿中，在电炉上缓缓加热至骤然分解，成银灰色疏松状产物，装入磨口瓶中备用。

（14）硫酸：化学纯。

（15）带磨口塞的玻璃管或小型干燥器（不放干燥剂）。

（16）一般分析实验煤样。

（三）实验准备

1. 净化系统各容器的填充和连接

按规定在净化系统各容器中装入相应的净化剂，然后按图 11-4 所示顺序将各容器连接好。

氧气可由氧气钢瓶通过可调节流量的减压阀供给。

净化剂经 70～100 次测定后，应进行检查或更换。

2. 吸收系统各容器的填充和连接

按规定在吸收系统各容器中装入相应的吸收剂。为保证系统气密性，每个 U 形管磨口塞处涂少许真空硅脂，然后按图 11-4 所示顺序将各容器连接好。

吸收系统的末端可连接一个空 U 形管（防止硫酸倒吸）和一个装有硫酸的气泡计。

3. 燃烧管的填充

使用三节炉时，按图 11-7 所示填充。

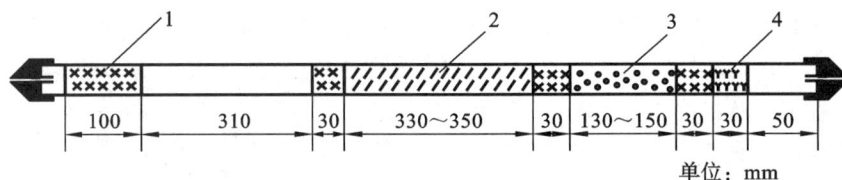

图 11-7 燃烧管填充示意图
1—铜丝卷；2—氧化铜；3—铬酸铅；4—银丝卷

用直径约 0.5 mm 的铜丝制作三个长约 30 mm 和一个长约 100 mm、直径稍小于燃烧管使之既能自由插入管内又与管壁密切接触的铜丝卷。

从燃烧管出气端起，留 50 mm 空间，依次填充 30 mm 直径约 0.25 mm 的银丝卷、30 mm 铜丝卷、130～150 mm（与第三节电炉长度相等）铬酸铅（使用石英管时，应用铜片把铬酸铅与石英管隔开）、30 mm 铜丝卷、330～350 mm（与第二节电炉长度相等）线状氧化铜、30 mm 铜丝卷、310 mm 空间和 100 mm 铜丝卷，燃烧管两端通过橡皮塞或铜接头分别与净化系统和吸收系统连接。橡皮塞使用前应在 105～110 ℃下干燥 8 h 左右。

4. 炉温的校正

将工作热电偶插入三节电炉的热电偶孔中，使热端稍进入炉膛。将热电偶与高温表连接，炉温升到规定温度后,保温 1 h。然后将标准热电偶相继置于空燃烧管中对应于第一、第二和第三节电炉的中心处(注意:勿使热电偶与燃烧管壁接触)。

热电偶处于第一个位置时,都要调节炉温,使标准热电偶所指示的炉温恰好符合实验要求的温度,并恒温 5 min,同时记下工作热电偶的温度读数。在实际测定中,即以此标定的温度进行控制。

5．气密性检查

将仪器按图 11-4 连接好,开启所有 U 形管旋塞,接通氧气;调节氧气流量为 120 mL/min,然后关闭靠近气泡计处 U 形管旋塞,此时若氧气流量降至 20 mL/min,表明系统气密性好;否则,应仔细检查漏气处并解决,确保系统气密性。

(四) 测定

1．空白值的测定

通电升温并接通氧气,流量为 120 mL/min。升温过程中将第一节电炉往返移动数次。系统通气 20 min 左右,取下吸收管,并关闭吸收管旋塞,用绒布擦净,在天平旁放置 10 min 后称量。当第一节电炉温度达到并保持在(850±10) ℃,第二节电炉温度达到并保持在(800±10) ℃,第三节电炉温度达到并保持在(600±10) ℃时,将第一节电炉紧靠第二节电炉,接上已称量的吸收管。在燃烧舟中加入三氧化钨。打开燃烧管进气端的橡皮帽,取出铜丝卷,将装有三氧化钨的燃烧舟推到第一节电炉的入口处,把铜丝卷放回燃烧管,套上橡皮帽,接通氧气,调节氧气流量为 120 mL/min。移动第一节电炉,使燃烧舟处于炉的中心。通气 23 min,将第一节电炉移回原位,经 2 min 后,停止通氧气并取下吸收管,用绒布擦净,在天平旁放置 10 min 后称量。水分吸收管的增量就是空白值。重复上述实验操作,直至连续两次所得空白值相差不超过 0.0010 g,除氮 U 形管和吸收二氧化碳 U 形管最后一次质量变化不超过 0.0005 g。取两次结果的平均值作为当天计算氢含量时的空白值。

做空白实验前,先确定保温套管的位置,使出口端温度尽可能高而又不使橡皮帽受热分解。若空白值不易达到稳定,可适当调整保温管的位置。

2．三节炉法测定

(1) 将第一节电炉温度控制在(850±10) ℃,第二节电炉温度控制在(800±10) ℃,第三节电炉温度控制在(600±10) ℃,并使第一节电炉紧靠第二节电炉。

(2) 在预先灼烧过的燃烧舟中称取粒度小于 0.2 mm 的一般分析实验煤样 0.2 g(称准至 0.0002 g),摊匀并摇平,在煤样上铺撒一层三氧化钨(与空白值测定时用量一致),然后将燃烧舟暂存入无干燥剂的干燥器中备用。

(3) 将已经恒重并称出质量的吸水 U 形管和吸收二氧化碳 U 形管连接好,以 120 mL/min 的流速通入氧气。关闭吸水 U 形管,打开燃烧管进口,取出铜丝卷,迅速放入燃烧舟,使其前端恰好在第一节电炉口处。再将铜丝卷放回燃烧管,套上橡皮帽,立即开启 U 形管并通入氧气,使流量为 120 mL/min,过 1 min 向净化系统移动第一节电炉,使燃烧舟的一半进入炉子;再过 2 min 后移动炉子,使燃烧舟刚好全部进入炉子;再经 2 min 使燃烧舟位于第一节电炉的中心。保温 18 min 后,将第一节电炉移回原处。2 min 后停止通气。关闭和拆下吸收管,用绒布擦净,在天平旁放置 10 min 后称量(除氮 U 形管不称量)。

3．二节炉法测定

用二节炉进行碳氢含量测定时,第一节电炉控温在(850±10) ℃,第二节电炉控温在(500

±10）℃,并使第一节电炉紧靠第二节电炉,每次空白实验时间为 20 min,燃烧舟移至第一节电炉中心后,保温 18 min,其他操作同上。

进行煤样实验时,燃烧舟移至第一节电炉中心后,保温 13 min,其他操作同上。

（五）实验结果

1. 实验记录

记录有关实验数据（表 11-4,供参考）。

表 11-4　煤中碳氢元素含量的测定

年　　月　　日

煤样名称				水分空白值/g	
燃烧舟编号	燃烧舟质量/g	燃烧舟和煤样质量/g	煤样质量/g		
				煤样水分 M_{ad}/（%）	
U 形管	吸收前质量/g	吸收后质量/g	增量值/g	重复测值/（%）	平均值/（%）
吸水 U 形管				$H_{ad}=$ $H_{ad}=$	H_{ad} 平均值=
吸收二氧化碳 U 形管				$C_{ad}=$ $C_{ad}=$	C_{ad} 平均值=

测定人:　　　　　审定人:

2. 结果计算

测定结果按下式计算:

$$C_{ad} = \frac{\frac{m_1}{44} \times 12}{m} \times 100\%$$

$$H_{ad} = \frac{\frac{m_2 - m_3}{18} \times 2}{m} \times 100\% - \frac{2}{18} \times M_{ad}$$

式中:C_{ad}——空气干燥基碳元素含量（质量分数）;

H_{ad}——空气干燥基氢元素含量（质量分数）;

m——一般分析实验煤样质量,g;

m_1——吸收二氧化碳 U 形管增量,g;

m_2——吸水 U 形管增量,g;

m_3——水分空白值,g;

12——C 相对原子质量;

44——CO_2 相对分子质量;

18——H_2O 相对分子质量;

M_{ad}——一般分析实验煤样水分。

3. 重复性

取重复测定的两个结果的算术平均值,作为一般分析实验煤样碳氢元素含量的测定结果:

同一操作者重复测定的两个空气干燥基氢含量结果的差值不应超过 0.15%;

同一操作者重复测定的两个空气干燥基碳含量结果的差值不应超过 0.50%。

(六) 注意事项

(1) 在整个测定过程中,应随时注意各节电炉温度不得超过规定温度,尤其是第三节电炉温度不能超过 600 ℃。如炉温过高,铬酸铅将会熔化,使实验无法继续进行,甚至损坏燃烧管,而且硫酸铅在较高温度下可能发生分解而影响实验结果。

(2) 燃烧管出口端自始至终应严格保温,在冬天或测定水含量较大的褐煤和长焰煤时更应注意。为了防止水分冷凝,可以在出口玻璃管上绕几圈电热丝,通 6 V 交流电,或用电吹风器加热。

(3) 燃烧管中的充填物(氧化铜、铬酸铅和银丝卷),测定 70～100 次后应检查或更换。如经适当处理仍可使用,其处理方法如下:

①用 1 mm 筛子筛去粉末,筛上的氧化铜仍可继续使用。

②铬酸铅用热的稀碱液(约 5%氢氧化钠溶液)浸取后,再用水洗净碱液,烘干,并在 500～600 ℃炉中灼烧 0.5 h 以上,仍可使用。

③银丝卷经浓氨水浸泡 5 min,放在热蒸馏水中煮沸 5 min,再用热蒸馏水冲洗干净,烘干后再使用。

(4) 吸收系统拆下后,须在天平旁放置 10 min 后再称量。

(5) 除氮 U 形管中的二氧化锰在测定 50 次后应予更换。

(6) 为了检查测定装置和操作技术是否可靠,称取 0.2 g 标准煤,进行碳氢元素含量测定。

若实测的碳氢元素含量值与标准值的差值不超过标准煤样的不确定度,表明测定装置可用,操作正常;否则,需查明原因,彻底纠正后方能正式测定。

(七) 思考题

(1) 测定碳氢元素含量的原理是什么?

(2) 怎样进行气密性检查?

三、电量-重量法

(一) 方法要点

一定量煤样在氧气流中燃烧,生成的水与五氧化二磷反应生成偏磷酸,电解偏磷酸,根据电解所消耗的电量计算煤中氢元素含量;生成的二氧化碳用二氧化碳吸收剂吸收,由吸收剂的增量计算煤中碳元素含量。煤样燃烧后生成的硫氧化物和氯用高锰酸银热解产物除去,氮氧化物用粒状二氧化锰除去,以消除它们对碳测定的干扰。

（二）仪器设备及材料

（1）电量-重量法碳氢测定仪：主要由氧气净化系统、燃烧装置、电解池、电量积分器和吸收系统等构成，其结构如图 11-8 所示。

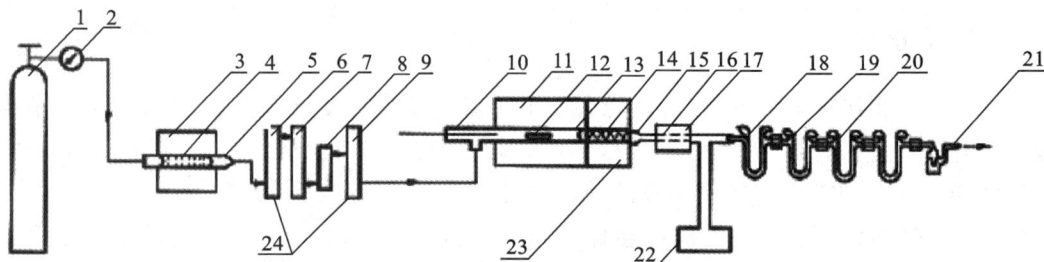

图 11-8　电量-重量法碳氢测定仪示意图

1—氧气钢瓶；2—氧气压力表；3—净化炉；4—线状氧化铜；5—净化管；6—变色硅胶；7—碱石棉；
8—氧气流量计；9—无水高氯酸镁；10—带推棒的橡皮塞；11—燃烧炉；12—燃烧舟；13—燃烧管；
14—高锰酸银热解产物；15—硅酸铝棉；16—Pt-P₂O₅ 电解池；17—冷却水套；18—除氮 U 形管；19—吸水 U 形管；
20—吸收二氧化碳 U 形管；21—气泡计；22—电量积分器；23—催化炉；24—气体干燥管

①氧气净化系统。

a. 净化炉：长约 300 mm、炉外径约 100 mm、炉膛直径约 25 mm 的管式电炉，可控温在（800±10）℃。

b. 净化管：长约 500 mm、外径约 22 mm 的石英管或素瓷管。

c. 气体干燥管：3 个，容量约 150 mL 的玻璃管。

d. 氧气流量计：测量范围为 0～150 mL/min。

②燃烧装置。

a. 燃烧炉和催化炉：长约 450 mm、炉外径约 100 mm、炉膛直径约 25 mm、连成一体的二节管式炉，其中催化段长约 150 mm，可控温在（300±10）℃；燃烧段长约 300 mm，可控温在（850±10）℃。

b. 燃烧管（图 11-9）：异径石英管，总长约 650 mm，一端外径约 22 mm，内径约 19 mm，长约 610 mm，距管口约 100 mm 处接有外径约 8 mm、内径约 6 mm、长约 50 mm 的支管；另一端外径约 7 mm，内径约 3 mm，长约 40 mm。

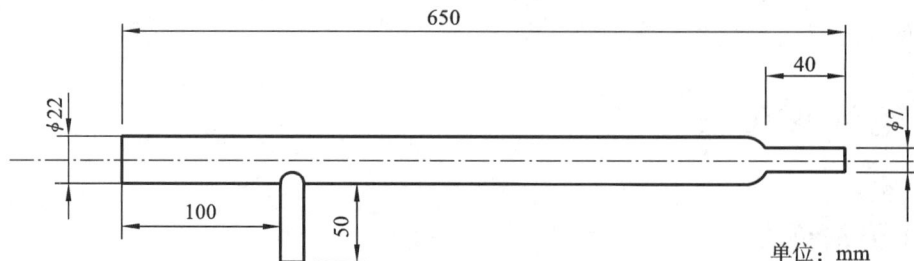

图 11-9　燃烧管示意图

c. 燃烧舟：长 70～77 mm 的瓷舟。新舟使用前应在约 850 ℃下灼烧 2 h。

d. 带推棒的橡皮塞：镍铬丝推棒直径约 2 mm，长约 700 mm，一端卷成直径约 10 mm 的圆环。

e. 镍铬丝钩:直径约 2 mm,长约 700 mm,一端弯成小钩。

f. 硅橡胶管:内径约 5 mm,外径约 9 mm。

g. 聚氯乙烯软管或聚四氟乙烯管:内径约 6 mm,外径约 8 mm。

③电解池。

长约 100 mm、外径约 8 mm、内径约 5 mm 的专用电解池(图 11-10),铂(Pt)丝间距约 0.3 mm,池内表面涂有五氧化二磷(P_2O_5)。电解池外有外径约 50 mm、内径 9~10 mm、长约 80 mm 的冷却水套。

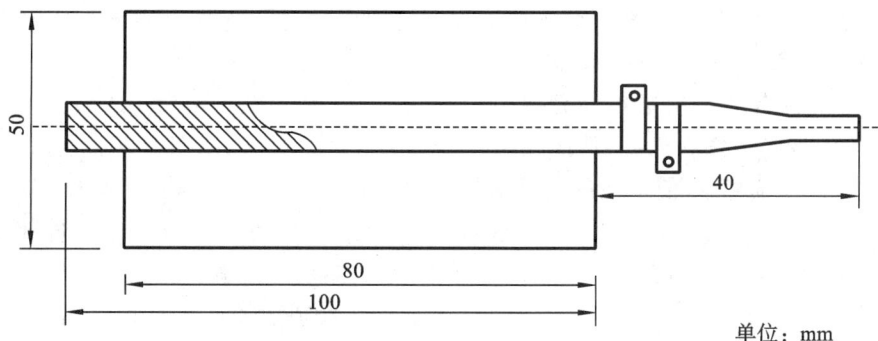

单位: mm

图 11-10　Pt-P_2O_5 电解池示意图

④电量积分器。

电解电流 50~700 mA 范围内积分线性误差小于±0.1%,配有四位数字显示器,数字显示精确到 0.001 mg。

⑤吸收系统:包括除氮 U 形管、吸水 U 形管、吸收二氧化碳 U 形管、气泡计等。

(2) 电子天平:最小分度为 0.1 mg。

(3) 涂液:磷酸与丙酮以 3:7 的体积比混合。

(4) 无水乙醇。

(5) 氧气:99.9%,不含氨。氧气钢瓶需配有可调节流量的带减压阀的压力表。

(6) 三氧化钨:分析纯。

(7) 变色硅胶:化学纯。

(8) 硅酸铝棉:工业品。

(9) 一般分析实验煤样。

(三) 实验准备

1. 净化系统各容器的填充和连接

净化管内填充线状氧化铜,装药部分长约 280 mm,两端堵以硅酸铝棉。3 个气体干燥管内按氧气流入方向依次填充变色硅胶、碱石棉和无水高氯酸镁。按顺序将净化系统各容器连接好。

2. 燃烧管的填充和安装

在燃烧管细颈端先填充约 10 mm 硅酸铝棉,然后填入约 100 mm 高锰酸银热解产物,最后再填充约 10 mm 硅酸铝棉,如图 11-11 所示。将带推棒的橡皮塞塞住燃烧管入口并将燃烧管放入燃烧炉内,使装药部分的位置在催化段。

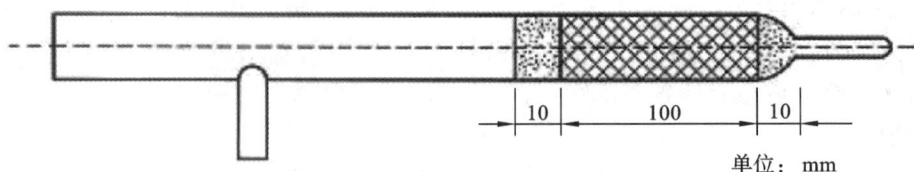

单位：mm

图 11-11　燃烧管填充示意图

3. 电解池涂液及五氧化二磷膜的生成

先用外径约 5 mm 的软毛刷和洗涤剂清洗电解池内壁，然后依次用自来水、蒸馏水冲洗，最后用无水乙醇清洗并用热风吹干。

此时，电解池两铂极间电阻应为无穷大。

将电解池前端向上倾斜竖起，从前端缓慢滴入涂液，涂液沿池内壁流下。当涂液流到池体 1/3 处时，立即倒转电解池，使多余的涂液流出，并用滤纸拭净池口。边转动电解池，边用冷风吹至无丙酮气味。以同样方法涂液 3 次，但第 2 次使涂液流到池体的 2/3 处时，倒出多余涂液，第 3 次使涂液流到距池体尾端约 10 mm 处时，倒出多余的涂液。

接通氧气，调节氧气流量至约为 80 mL/min。用硅橡胶管将涂液后的电解池与燃烧管细颈端口对口连接，装好电解池冷却水套，通入冷却水，将电解池两电极与电解电源引线相接。选择 10 V 电压，启动电解，每隔 3 min 改变电解电源极性一次，直至电解终点。选择 24 V 电压，启动电解，直至电解终点，改变电解电源极性，启动电解，至电解终点。如此改变电压，启动电源至电解终点，重复 4~5 次，五氧化二磷膜形成完毕。

4. 吸收系统各容器的填充和连接

把准备的吸收系统各容器按顺序连接好，氧气净化系统与燃烧管间以聚氯乙烯软管或聚四氟乙烯管连接，电解池与 U 形管以及 U 形管与 U 形管间均以硅橡胶管连接。

5. 测定系统的气密性检查

调节氧气流量至 80 mL/min，然后关闭靠近气泡计处 U 形管旋塞，此时若氧气流量降至 20 mL/min，表明系统气密性良好；否则，应仔细检查漏气处并解决，确保系统气密性。

6. 实验装置的可靠性检验

称取 0.070~0.075 g 标准煤样，称准至 0.0002 g，进行碳氢含量测定。如果实测的碳氢值与标准值的差值不超过标准煤样规定的不确定度，表明测定仪可用。否则，需查明原因并纠正后才能进行正式测定。

（四）测定

（1）选定电解电源极性，通入氧气并将流量调节至约 80 mL/min，接通冷却水，通电升温。

（2）升温同时，接上吸收二氧化碳 U 形管（应先将 U 形管磨口塞开启）和气泡计，使氧气流量保持约 80 mL/min，按下电解键（或预处理键），直至电解终点。然后，每隔 2~3 min 按一次电解键（或预处理键）。10 min 后取下吸收二氧化碳 U 形管，关闭所有 U 形管磨口塞，在天平旁放置 10 min 左右，称重。然后与系统相连，重复上述实验，直到两个吸收二氧化碳 U 形管质量变化不超过 0.0005 g。

（3）将燃烧炉、净化炉和催化炉温度控制在指定温度。将煤样混合均匀，在预先灼烧过的燃烧舟中称取粒度小于 0.2 mm 的一般分析实验煤样 0.070~0.075 g，称准至 0.0002 g，并均匀铺平,在煤样上盖一层三氧化钨。如不立即测定,可把燃烧舟暂存入不带干燥剂的密闭容器中。

(4) 接上质量恒定的吸收二氧化碳 U 形管,保持氧气流量约 80 mL/min,启动电解,直至电解终点。

将氢积分值和时间计数器清零。打开带有镍铬丝推棒的橡皮塞,迅速将燃烧舟放入燃烧管入口,塞上带推棒的橡皮塞,用推棒推动燃烧舟,使其一半进入燃烧炉口。煤样燃烧后(一般 30 s),按电解键(或测定键)。当煤样燃烧平稳时,将燃烧舟全部推入炉口,停留 2 min 左右,再将燃烧舟推入高温带,并立即拉回推棒(不要让推棒红热部分拉到近橡皮塞处,以免使橡皮塞过热分解)。

(5) 约 10 min 后(电解达到终点,否则需适当延长时间),取下吸收二氧化碳 U 形管,关闭其磨口塞,在天平旁放置约 10 min 后称量。第 2 个吸收二氧化碳 U 形管质量变化小于 0.0005 g,计算时可忽略。记录电量积分器显示的氢的质量(mg)。打开带推棒的橡皮塞,用镍铬丝钩出燃烧舟,塞上带推棒的橡皮塞。

(6) 空白值的测定。

氢空白值的测定可与吸收二氧化碳 U 形管的质量恒定实验同时进行,也可在碳氢含量测定之后进行。

在燃烧炉、净化炉和催化炉达到指定温度后,保持氧气流量约为 80 mL/min,启动电解,直到电解终点。在一个预先灼烧过的燃烧舟中加入三氧化钨(数量与煤样分析时相当),将氢积分值和时间计数器清零,打开带推棒的橡皮塞,放入燃烧舟,塞紧橡皮塞,用推棒直接将燃烧舟推到高温带,立即拉回推棒。按空白键或 9 min 后按下电解键。到达电解终点后,记录电量积分器显示的氢质量(mg)。重复上述操作,直至相邻两次空白测定值相差不超过 0.050 mg,取这两次空白测定值的平均值作为当天氢的空白值。

(7) 对于用计算机控制的测定仪,可按照说明书规定的方法操作。

(五) 结果计算

一般分析实验煤样(或水煤浆干燥试样)的氢质量分数(H_{ad})按下式计算:

$$H_{ad} = \frac{m_2 - m_3}{m \times 1000} \times 100\% - 0.1119 \times M_{ad}$$

式中:m_2——电量积分器显示的氢值,mg;

m_3——电量积分器显示的氢空白值,mg;

m——一般分析实验煤样(或水煤浆干燥试样)的质量,g;

M_{ad}——一般分析实验煤样水分。

(六) 思考题

电量-重量法测氢含量的原理是什么?

实验 18　煤中氮元素含量的测定

煤中氮元素含量较低,一般不超过 2%。煤中的氮在煤热解时生成氨、氰化氢等气体,会腐蚀煤气管道和设备。但它们也可被回收,生产化工产品,如硫酸铵、黄血盐等。煤燃烧时,煤中的部分氮生成氮氧化物(如 NO_2),污染大气。因此煤的加工利用及环保方面都需要测定煤中氮的含量。本实验的测定方法根据 GB/T 19227—2008 中半微量开氏法制定,适用于煤和水煤浆中氮元素含量的测定。

一、实验目的

(1) 掌握半微量开氏法测定煤中氮元素含量的基本原理和操作。
(2) 学会实验所需各种试剂的配制方法。

二、方法要点

称取一定量的空气干燥煤样或水煤浆干燥试样,加入混合催化剂和浓硫酸,加热分解,氮转化为硫酸氢铵。加入过量的氢氧化钠溶液,把氨蒸出并用硼酸溶液吸收。用硫酸标准溶液滴定,根据硫酸的用量,计算样品中氮元素含量。此过程的主要化学反应表示如下:

(1) 消化反应:

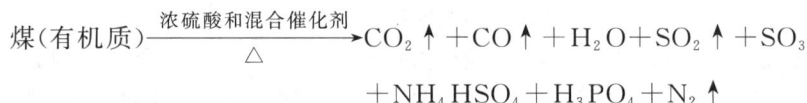

$$煤(有机质) \xrightarrow[\triangle]{浓硫酸和混合催化剂} CO_2\uparrow + CO\uparrow + H_2O + SO_2\uparrow + SO_3$$
$$+ NH_4HSO_4 + H_3PO_4 + N_2\uparrow$$

(2) 蒸馏分解反应:

$$NH_4HSO_4 + H_2SO_4 + NaOH(过量) \xrightarrow{\triangle} NH_3\uparrow + Na_2SO_4 + H_2O$$

(3) 吸收反应:

$$H_3BO_3 + xNH_3 \longrightarrow H_3BO_3 \cdot xNH_3$$

(4) 滴定反应:

$$2H_3BO_3 \cdot xNH_3 + xH_2SO_4 \longrightarrow 2H_3BO_3 + x(NH_4)_2SO_4$$

三、仪器设备及材料

(1) 圆盘电炉:带有调温装置,能控温在 350 ℃。
(2) 铝加热体:使用时四周用绝热材料(石棉绳、保温棉)包严。
(3) 热电偶:铁-铜热电偶。
(4) 圆底烧瓶:容量为 1000 mL。
(5) 开氏瓶:容量为 250 mL 和 50 mL。
(6) 开氏球。
(7) 直形玻璃冷凝管:长约 300 mm。
(8) 微量滴定管:A 级,容量为 10 mL,最小分度为 0.05 mL。
(9) 混合催化剂:取 32 g 分析纯无水硫酸钠、5 g 分析纯硫酸汞和 0.5 g 化学纯硒粉,研细并混合均匀,备用。
(10) 3% 硼酸水溶液:将 30 g 分析纯硼酸配制成 1000 mL 水溶液。配制时,加热溶解并滤去不溶物。

（11）混合碱溶液：将 37 g 化学纯氢氧化钠和 3 g 化学纯硫化钠配制成 100 mL 水溶液。

（12）混合指示剂：称取 0.125 g 甲基红与 0.083 g 亚甲基蓝，分别溶于 50 mL 95% 中性乙醇中，储于棕色瓶内。使用前按等体积混合。混合溶液有效期为 7 天。

（13）甲基橙指示剂（1 g/L）：取 0.1 g 甲基橙，溶于 100 mL 蒸馏水中。

（14）无水碳酸钠：优级纯。

（15）浓硫酸：分析纯，密度为 1.84 g/mL。

（16）硫酸标准溶液（$c\left(\dfrac{1}{2}H_2SO_4\right)=0.025$ mol/L）：在 1000 mL 容量瓶中加入 40 mL 蒸馏水，用移液管吸取 0.7 mL 浓硫酸注入容量瓶，并用蒸馏水稀释至刻度，摇匀。按下述方法标定。

称取 0.02 g（称准至 0.0002 g）预先在 130 ℃ 干燥到质量恒定的优级纯碳酸钠，放入锥形瓶，加入 50～60 mL 蒸馏水使之溶解，然后加入 2～3 滴甲基橙指示剂。用上述配制的硫酸溶液滴定到溶液由黄色变为橙色，煮沸，除去二氧化碳。冷却后继续滴定直至溶液变为橙色。

硫酸标准溶液的浓度按下式计算：

$$c\left(\frac{1}{2}H_2SO_4\right)=\frac{m}{V\times0.053}$$

式中：$c\left(\dfrac{1}{2}H_2SO_4\right)$——$\dfrac{1}{2}H_2SO_4$ 的浓度，mol/L；

m——碳酸钠的质量，g；

V——滴定消耗硫酸标准溶液的体积，mL；

0.053——$\dfrac{1}{2}Na_2CO_3$ 的毫摩尔质量，g/mmol。

（17）擦镜纸。

（18）蔗糖：分析纯。

（19）电子天平：最小分度为 0.1 mg。

（20）一般分析实验煤样。

四、实验步骤

（1）在擦镜纸上称取 0.2 g（称准至 0.0002 g）一般分析实验煤样，小心包好，放入 50 mL 开氏瓶中，加入 2 g 混合催化剂和 5 mL 浓硫酸。

（2）将 50 mL 开氏瓶放入铝加热体的孔中，并在瓶口放一短颈玻璃漏斗，用电炉加热。在铝加热体的中心小孔处插入热电偶，约经 15 min 使溶液温度达到 350 ℃。保持此温度，直到 50 mL 开氏瓶中溶液清澈透明、无黑色颗粒时停止加热。

（3）取下 50 mL 开氏瓶，等溶液冷却后用少量蒸馏水稀释，将溶液倾入 250 mL 开氏瓶中，洗净 50 mL 开氏瓶，溶液倒入 250 mL 开氏瓶，使瓶中溶液总体积约为 100 mL。将盛有溶液的开氏瓶（250 mL，下同）移装在蒸馏装置上，如图 11-12 所示。

（4）将开氏球连接在直形玻璃冷凝管上端，冷凝管下端用胶皮管与一根玻璃管相连，并插

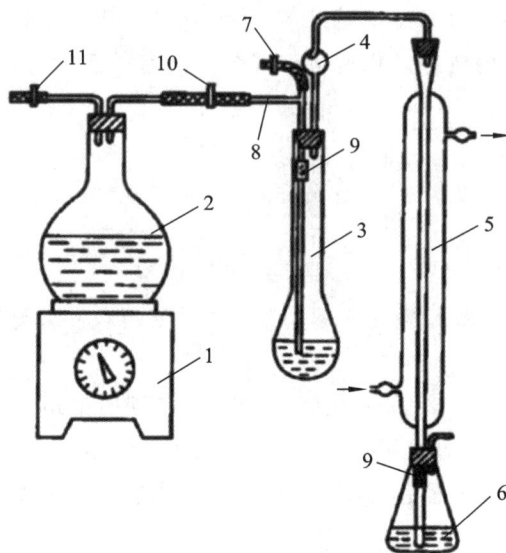

图 11-12　氮元素测定装置

1—电炉；2—圆底烧瓶；3—开氏瓶(250 mL)；4—开氏球；5—冷凝管；

6—锥形瓶；7—胶皮管夹；8—T形管；9—胶皮管；10,11—弹簧夹

入一个盛有 20 mL3‰硼酸溶液和 1～2 滴混合指示剂的锥形瓶中。玻璃管下端应浸入硼酸溶液液面以下。开氏球上的另一根玻璃管通过橡皮塞的一个孔与开氏瓶连接。橡皮塞的另一个孔插入 T 形玻璃管，其下端通过胶皮管连上一根玻璃管并插入开氏瓶的溶液中；T 形玻璃管上端用胶皮管连接一个小玻璃漏斗和胶皮管夹，供注入混合碱溶液用；T 形玻璃管的侧支管用胶皮管与圆底烧瓶的蒸汽导管相连。

（5）将测定装置部分如图 11-12 所示连接好，检查系统的气密性，使各连接部分均无漏气现象。

（6）在圆底烧瓶内注入约 2/3 容量的蒸馏水，塞紧橡皮塞，放开弹簧夹 11，关闭弹簧夹 10，开启电炉加热使水沸腾。开放胶皮管夹 7，向开氏瓶中注入 25 mL 混合碱溶液。混合碱溶液加注完毕，立即关闭胶皮管夹 7。

（7）开放弹簧夹 10，慢慢关闭弹簧夹 11，使蒸汽通入开氏瓶，将瓶中溶液加热沸腾。继续蒸馏，直到锥形瓶里溶液总体积达 80 mL。蒸馏结束，拆下开氏瓶，停止供蒸汽。

（8）用蒸馏水仔细冲洗插入硼酸溶液的玻璃管内、外表面，洗液收入锥形瓶中，总体积约为 110 mL，然后用 0.025 mol/L 硫酸标准溶液滴定硼酸溶液中的氮，直至溶液由绿色变为钢灰色即为终点。根据硫酸的用量并校正空白值，即可计算出氮的含量。

空白值测定时采用 0.2 g 蔗糖代替煤样，实验方法步骤同上。

五、实验结果

1. 实验记录表

记录有关实验数据（表 11-5，供参考）。

表 11-5　煤中氮元素含量的测定

年　　月　　日

煤样名称		
重复测定	第一次	第二次
$c\left(\dfrac{1}{2}H_2SO_4\right)/(mol/L)$		
煤样质量/g		
硫酸标准溶液消耗量/mL		
空白实验硫酸标准溶液消耗量/mL		
氮元素含量 N_{ad}/(%)		
N_{ad} 平均值/(%)		

测定人：　　　　　　审定人：

2. 结果计算

$$N_{ad} = \frac{c(V_1 - V_2) \times 14}{1000 \times m} \times 100\%$$

式中：N_{ad}——空气干燥基氮元素含量（质量分数）；

c——硫酸标准溶液的浓度，mol/L；

V_1——煤样测定时硫酸标准溶液的消耗量，mL；

V_2——空白实验硫酸标准溶液的消耗量，mL；

14——N 相对原子质量；

m——一般分析实验煤样的质量，g。

六、注意事项

（1）每次正式测定之前，需将蒸馏系统进行空蒸处理，并使馏出物体积达 $100\sim200$ mL。

（2）蒸馏之前，应一次性加足蒸馏水（但不得超过烧瓶容量的 2/3），不得中途补加。

（3）每换一批试剂，应重新测定空白值。

七、思考题

（1）半微量开氏法测定煤中氮元素含量的基本原理是什么？有哪些主要反应？

（2）混合催化剂、混合碱溶液中各成分分别起什么作用？

实验 19　煤中全硫含量的测定

　　硫是煤中的有害元素之一，它给煤加工利用和环境带来极大危害。如煤中的硫燃烧后产生的二氧化硫，不仅严重腐蚀锅炉的管道和附件，而且严重污染大气，是造成酸雨的主要原因；煤气化时，煤中的硫转化为硫化氢，腐蚀设备和管道，如果煤气作为合成原料，硫化氢还会毒化催化剂;炼焦时,煤中的硫大部分转入焦炭,从而直接影响钢铁品质。因此,为更好地利用煤资源,必须了解煤中全硫含量。

本实验的测定方法根据 GB/T 214—2007 制定,适用于褐煤、烟煤、无烟煤、焦炭和水煤浆。

一、实验目的

(1) 掌握高温燃烧中和法、艾氏法、库仑滴定法测定煤中全硫的基本原理、方法和步骤。

(2) 加深对分析化学、仪器分析等基础理论知识的理解。

二、高温燃烧中和法测定煤中全硫含量

(一) 方法要点

煤样置于催化剂作用下,在充足的氧气流中燃烧,使煤中各形态硫全部转化为二氧化硫和三氧化硫,并由过氧化氢溶液吸收,生成硫酸溶液。用氢氧化钠标准溶液中和滴定,根据氢氧化钠标准溶液的消耗量,即可计算出煤中全硫含量。

在燃烧过程中,煤中的氯生成氯气,在过氧化氢溶液中生成盐酸。在用氢氧化钠标准溶液滴定时,盐酸与氢氧化钠生成氯化钠,使氢氧化钠标准溶液消耗量增加。因而在计算全硫含量时,应扣除生成氯化钠而消耗的氢氧化钠标准溶液的量。这部分多消耗的氢氧化钠标准溶液的量可通过下述方法测定:向已滴定到终点的溶液中加入羟基氰化汞,与氯化钠反应,生成氢氧化钠,再用硫酸标准溶液滴定,即可计算出氢氧化钠的量。

有关反应表示如下:

(1) 煤的高温燃烧过程:

$$煤 + O_2 \longrightarrow SO_2\uparrow + SO_3 + CO_2\uparrow + H_2O\uparrow + Cl_2\uparrow + \cdots\cdots$$

(2) 硫氧化物的吸收过程:

$$SO_2 + H_2O_2 \longrightarrow H_2SO_4$$

$$SO_3 + H_2O \longrightarrow H_2SO_4$$

(3) 中和滴定过程:

$$H_2SO_4 + 2NaOH \longrightarrow Na_2SO_4 + 2H_2O$$

(4) 扣除氯的反应过程:

① 氯气的吸收:

$$Cl_2 + H_2O_2 \longrightarrow 2HCl + O_2$$

② 氯化氢与氢氧化钠的反应:

$$HCl + NaOH \longrightarrow NaCl + H_2O$$

③ 氯化钠的转化:

$$NaCl + Hg(OH)CN \longrightarrow HgCl(CN) + NaOH$$

④ 回滴反应:

$$2NaOH + H_2SO_4 \longrightarrow Na_2SO_4 + 2H_2O$$

（二）仪器设备及试剂

（1）燃烧炉：通常使用的燃烧炉有两种，一种以硅碳棒为加热元件，另一种以硅碳管为加热元件。要求炉温保持在(1200±5)℃，高温带长度为 80～100 mm。

（2）燃烧管：由刚玉或石英制成，耐温在 1300 ℃ 以上，管总长为 750 mm，一端外径 22 mm，内径 19 mm，长约 690 mm；另一端外径约 10 mm，内径约 7 mm，长约 60 mm。

（3）燃烧舟：用高温瓷或刚玉制成，长 77 mm，上宽 12 mm，高 8 mm。

（4）热电偶：铂锗-铂热电偶。

（5）镍铬丝推棒：直径约 2 mm，长约 650 mm。将一端卷成螺旋状，使其成为直径为 10 mm 的圆垫，用于推进燃烧舟。

（6）镍铬丝钩：直径约为 2 mm、长约 650 mm 的镍铬丝一端弯成小钩，用于取出燃烧舟。

（7）硅橡胶管：外径 11 mm，内径 8 mm，长约 30 mm，接在燃烧管细径一端，用于连接吸收系统。

（8）T 形玻璃管：水平方向的一端装上一个 3 号橡皮塞，用以密闭燃烧管；而水平方向的另一端装一个翻胶帽，在翻胶帽上穿一小孔，使镍铬丝推棒可穿过小孔而由 T 形玻璃管的水平方向穿出。T 形玻璃管的垂直方向上接乳胶管，用于氧气的通入。

（9）流量计：其流量上限不得小于 350 mL/min。

（10）带调压装置的温度控制器：控制 1 h 升温 1300 ℃，并能自动恒温。

（11）吸收瓶：250 mL 或 300 mL 锥形瓶 4 个。

（12）气体过滤器：由玻璃砂烧结而成的玻璃熔板，型号为 G1～G3，接在吸收瓶的出气口一端。

（13）干燥塔：250 mL，内装 2/3 碱石棉、1/3 无水氯化钙。

（14）洗气瓶：250 mL，内装少量浓硫酸。

（15）储气桶：容量 20～50 L。用氧气钢瓶供气时可不配储气桶。

（16）移液管：10 mL，带有刻度。

（17）电子天平：最小分度为 0.1 mg。

（18）水力泵。

（19）酸式滴定管：25 mL。

（20）碱式滴定管：50 mL、25 mL。

（21）氧气：99.5％，不含氨。氧气钢瓶需配有可调节流量的带减压阀的压力表。

（22）混合指示剂：称取 0.125 g 甲基红和 0.083 g 亚甲基蓝，分别溶于 100 mL95％乙醇中，储于棕色瓶中，使用前按等体积混合。混合溶液放置时间不得超过 7 天。

（23）3％过氧化氢溶液：取分析纯 30％过氧化氢溶液 30 mL，用蒸馏水稀释到 1000 mL，加两滴混合指示剂。根据溶液的酸碱性，加入稀硫酸或稀氢氧化钠溶液中和到溶液呈钢灰色。中和后的过氧化氢溶液应当天使用，过夜后则需重新中和。

（24）碱石灰：粒状。

（25）三氧化钨：化学纯。

（26）0.05 mol/L 氢氧化钠标准溶液：以 2.0 g 优级纯或分析纯固体氢氧化钠配成 1000 mL 水溶液，再用优级纯的邻苯二甲酸氢钾标定其浓度。标定时，称取在 120 ℃ 下烘烤 1 h 并冷却的邻苯二甲酸氢钾 0.2～0.3 g（称准至 0.0002 g）两份，放入 250 mL 锥形瓶，各加入 30～40

mL 蒸馏水溶解,加酚酞指示剂 1～2 滴。用已配制的氢氧化钠标准溶液滴定至呈微红色。氢氧化钠标准溶液的浓度由下式计算:

$$c(\text{NaOH}) = \frac{m}{0.2042 \times V}$$

式中:$c(\text{NaOH})$——氢氧化钠标准溶液的浓度,mol/L;

m——邻苯二甲酸氢钾的质量,g;

V——消耗氢氧化钠标准溶液的体积,mL。

(27)硫酸标准溶液$\left(c\left(\frac{1}{2}\text{H}_2\text{SO}_4\right) = 0.05 \text{ mol/L}\right)$:取密度为 1.84 g/mL 的分析纯浓硫酸 1.4 mL,用蒸馏水配成 1000 mL 溶液。其浓度可用上述已标定过的氢氧化钠标准溶液进行标定。

(28)羟基氰化汞溶液:称取约 6.5 g 分析纯羟基氰化汞,溶于 500 mL 去离子水中,并过滤,在滤液中加数滴混合指示剂,用 0.05 mol/L 硫酸中和,在棕色瓶中储存,不得超过一周。

(29)一般分析实验煤样。

(三) 实验准备

(1)仪器装置如图 11-13 所示,包括氧气净化系统、燃烧系统和吸收系统三个主要部分。

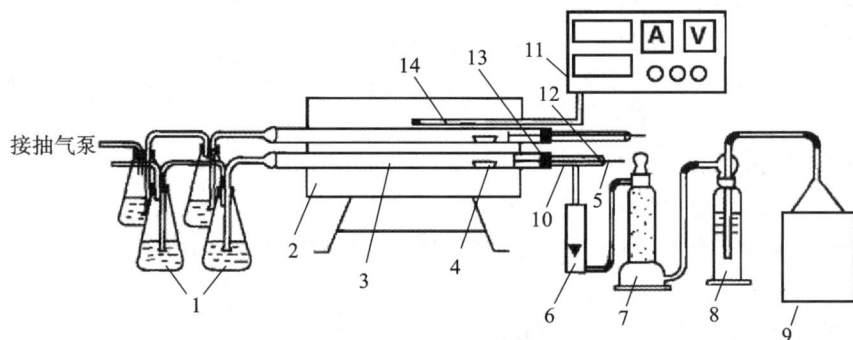

图 11-13 高温燃烧中和法测定全硫含量装置示意图

1—吸收瓶;2—燃烧炉;3—燃烧管;4—燃烧舟;5—推棒;6—流量计;7—干燥塔;8—洗气瓶;
9—储气桶;10—T 形玻璃管;11—温度控制器;12—翻胶帽;13—橡皮塞;14—热电偶

(2)将两根燃烧管横向插入燃烧炉,使细径管端伸出炉口 100 mm,并接上一段长约 30 mm 的硅橡胶管,与其他系统连接。

(3)检查气密性,使系统不漏气。

(4)测定燃烧炉的温度分布。

接通电源,使炉膛温度升至(1200±5)℃,将一组已校准的铂铑-铂热电偶插入燃烧管,以每 2 min 推进 2 cm 的速度,测量并记录各点的温度,确定燃烧舟在燃烧管内 500 ℃下预热位置以及高温带位置。

(5)在推棒上做两个记号,一是燃烧舟前端推到 500 ℃处的距离,另一个是燃烧舟推入高温带的距离。

（四）测定

（1）称取 0.2 g 左右（称准至 0.0002 g）的一般分析实验煤样，置于燃烧舟中，再铺上一薄层三氧化钨。

（2）调节炉温，使其保持在（1200±5）℃，打开燃烧管进气端的橡皮塞，先将燃烧舟放入管口，塞上橡皮塞，通入氧气，气流速度为 350 mL/min。用推棒将盛有煤样的燃烧舟前端推到预先已测好温度为 500 ℃的位置，保持 5 min，然后将燃烧舟推到炉子中心温度最高处。拔出推棒。燃烧舟继续在高温处保温 10 min。停止通氧气，取下吸收瓶，关闭抽气泵。

（3）打开吸收瓶的橡皮塞，用蒸馏水洗涤玻璃熔板 2～3 次。洗涤时采用洗耳球加压，否则洗涤液不易流出。在各吸收瓶中加入 3～4 滴混合指示剂，用 0.05 mol/L 氢氧化钠标准溶液滴定，直至溶液由桃红色变为钢灰色，记下氢氧化钠标准溶液的用量。

（4）在燃烧舟中装入一薄层三氧化钨（不加煤样），按上述步骤测定空白值。

（五）实验结果

1. 实验记录表

记录有关实验数据（表 11-6）。

表 11-6　煤中全硫含量的测定（高温燃烧中和法）

年　　　月　　　日

煤样名称	
煤样来源编号	
氢氧化钠标准溶液浓度/(mol/L)	
氢氧化钠标准溶液消耗量/mL	
空白测定时氢氧化钠标准溶液消耗量/mL	
煤样质量 m/g	
空气干燥基全硫含量 $S_{t,ad}$/(%)	
$\overline{S}_{t,ad}$ 平均值/(%)	

测定人：　　　　　　　审定人：

2. 结果计算

测定结果按下式计算：

$$S_{t,ad} = \frac{c_1(V_1 - V_0) \times 32 \times f}{1000 \times 2 \times m} \times 100\%$$

式中：$S_{t,ad}$——空气干燥基全硫含量（质量分数）；

V_1——煤样测定时氢氧化钠标准溶液消耗量，mL；

V_0——空白测定时氢氧化钠标准溶液消耗量，mL；

c_1——氢氧化钠标准溶液的浓度，mol/L；

32——S 相对原子质量；

f——校正系数，当 $S_{t,ad} < 1\%$ 时，$f = 0.95$，$S_{t,ad}$ 为 $1\% \sim 4\%$ 时，$f = 1.00$，$S_{t,ad} > 4\%$ 时，$f = 1.05$；

m——煤样质量,g。

原煤中的氯含量很少时,可不作校正。对于氯含量高于 0.02% 的原煤以及用氯化锌减灰的精煤,应按下述方法进行氯的校正。

用氢氧化钠标准溶液滴定至终点的溶液中,加入 10 mL 羟基氰化汞溶液,使氯离子与羟基氰化汞发生置换反应,溶液呈碱性,变为绿色。用硫酸标准溶液回滴至溶液呈浅灰色。全硫含量按下式计算:

$$S_{t,ad} = \frac{[c_1(V_1 - V_0) - c_2 V_2] \times 32}{1000 \times 2 \times m} \times 100\%$$

式中:c_1——氢氧化钠标准溶液的浓度,mol/L;

c_2——硫酸标准溶液的浓度,mol/L;

V_2——硫酸标准溶液的用量,mL;

其他符号意义同前。

(六) 重复性

取重复测定的两个结果的算术平均值,作为一般分析实验煤样的空气干燥基全硫含量测定结果:

当空气干燥基全硫含量 ≤1.5% 时,同一操作者重复测定两个结果的差值不应超过 0.05%;

当空气干燥基全硫含量在 1.5%～4.0% 时,同一操作者重复测定两个结果的差值不应超过 0.10%;

当空气干燥基全硫含量 >4.0% 时,同一操作者重复测定两个结果的差值不应超过 0.20%。

(七) 注意事项

(1) 必须在 500 ℃ 下将煤样预热。预热有两个作用:一是使可燃硫尽可能在此温度下转化为二氧化硫,温度高则碳酸钙分解成氧化钙,可吸收二氧化硫;二是使高挥发分的低煤阶煤不致爆燃。

(2) 使用橡皮塞塞紧盛放氢氧化钠溶液的瓶子,以免因吸收空气中的二氧化碳而改变其浓度。

(3) 过氧化氢溶液中和后需当天使用,过夜则溶液略显微弱酸性,因此,使用前必须重新中和。

(4) 氧气流量控制在 350 mL/min,若过大,则二氧化硫吸收不完全。

(5) 整个系统必须保持气密性,否则影响测定结果。

三、艾氏法测定煤中全硫含量

(一) 方法要点

艾氏试剂(由碳酸钠和氧化镁混合而成)与煤样混合,在 850 ℃ 下灼烧,使煤中各种形态的硫全部转化为可溶性硫酸盐。加热水溶解,并滤出残渣。在一定酸度下向滤液中加入氯化钡溶液,使可溶性硫酸盐全部转化为硫酸钡沉淀,根据硫酸钡的质量即可计算出煤中全硫含量。艾氏法测定全硫的主要反应如下:

(1) 煤样的氧化:

$$煤 \xrightarrow{\triangle} CO_2 \uparrow + H_2O \uparrow + N_2 \uparrow + SO_2 \uparrow + SO_3 + \cdots\cdots$$

(2) 氧化硫的固定:

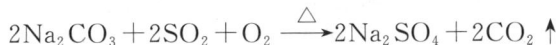

$$2Na_2CO_3 + 2SO_2 + O_2 \xrightarrow{\triangle} 2Na_2SO_4 + 2CO_2 \uparrow$$

$$Na_2CO_3 + SO_3 \xrightarrow{\triangle} Na_2SO_4 + CO_2 \uparrow$$

$$2MgO + 2SO_2 + O_2 \xrightarrow{\triangle} 2MgSO_4$$

(3) 难溶硫酸盐的转化:

$$CaSO_4 + Na_2CO_3 \xrightarrow{\triangle} Na_2SO_4 + CaCO_3$$

(4) 硫酸盐的沉淀:

$$MgSO_4 + Na_2SO_4 + 2BaCl_2 \longrightarrow BaSO_4 \downarrow + 2NaCl + MgCl_2$$

(二) 仪器设备及材料

(1) 马弗炉:附有热电偶,可升温至 900 ℃,可调节温度,且通风良好。

(2) 坩埚:瓷质,30 mL(灼烧试样用)、10~20 mL(灼烧硫酸钡用)。

(3) 电子天平:最小分度为 0.1 mg。

(4) 干燥器:内装干燥剂(变色硅胶或无水氯化钙)。

(5) 10%氯化钡溶液:分析纯氯化钡 10 g 加蒸馏水配成 100 mL 溶液并滤去不溶物。

(6) 艾氏试剂:将 2 份质量的化学纯轻质氧化镁和 1 份质量的化学纯无水碳酸钠研至小于 0.2 mm 后,混合均匀,保存在密闭容器中。

(7) 1%硝酸银溶液:用分析纯硝酸银配成 1%的水溶液,储于深色瓶中并加几滴硝酸。

(8) 0.2%甲基橙指示剂。

(9) 盐酸:将密度为 1.19 g/mL 的化学纯盐酸配成 1:1 的水溶液。

(10) 滤纸:中速定性滤纸和致密无灰定量滤纸。

(11) 一般分析实验煤样。

(三) 测定

(1) 称取(1.00±0.01) g(称准至 0.0002 g)一般分析实验煤样,置于 30 mL 坩埚(瓷质)中,加 2 g(称准至 0.1 g)艾氏试剂,用玻璃棒仔细拌匀,再将 1 g(称准至 0.1 g)艾氏试剂均匀覆盖在混合物上。

(2) 将装有试样的坩埚移入通风良好的冷马弗炉中。为了避免挥发物很快逸出,必须在 1~2 h 内将马弗炉温度升到 800~850 ℃。然后在此温度下灼烧 1~2 h,取出坩埚并冷却。

冷却后,用玻璃棒搅碎坩埚中的灼烧物,若发现未烧尽的黑色颗粒,则应继续灼烧 0.5 h。

(3) 将坩埚中灼烧物移入 400 mL 烧杯中,用热蒸馏水仔细吹洗坩埚内壁,并将洗液倒入烧杯。然后加入刚煮沸的蒸馏水 100~150 mL,充分搅拌。若发现尚未燃烧完全的颗粒漂浮在液面上,则本次实验作废。

(4)将烧杯中的混合物用倾泻法以中速定性滤纸过滤。以热蒸馏水仔细洗涤滤纸上的滤渣不少于 10 次,直至滤液体积为 250~300 mL。

(5)向滤液中加入 2~3 滴甲基橙指示剂,然后加入盐酸(1∶1)使滤液呈中性后再过量 2 mL。将滤液移至电炉上加热到沸腾,在不断搅拌下慢慢滴加 10 mL 10%氯化钡热溶液。保持近沸状态 2 h,并使溶液体积约为 200 mL。

(6)溶液冷却后或静置过夜后,用致密的无灰定量滤纸过滤,并采用热蒸馏水洗涤沉淀,直至没有氯离子(用 1%硝酸银溶液检验,若无白色沉淀,说明无氯离子)。

(7)将沉淀物连同滤纸一并移入已知质量的 10~20 mL 坩埚(瓷质)中,在马弗炉内,先用低温(200~250 ℃)灰化滤纸(切勿使之着火燃烧),然后将炉温升至 800~850 ℃,灼烧 20~40 min,取出坩埚,在空气中稍稍冷却,放入干燥器,使之冷却至室温后称量。

(四)实验结果

1. 实验记录表

记录有关实验数据(表 11-7)。

表 11-7 煤中全硫含量的测定(艾氏法)

年　　月　　日

	煤样名称		
	重复测定	第一次	第二次
灼烧煤样	坩埚编号		
	坩埚质量/g		
	坩埚和煤样质量/g		
	煤样质量 m/g		
灼烧硫酸钡	坩埚编号		
	坩埚质量/g		
	坩埚和硫酸钡质量/g		
	硫酸钡质量 m_1/g		
	空白实验硫酸钡质量 m_2/g		
	空气干燥基全硫含量 $S_{t,ad}$/(%)		
	$\overline{S}_{t,ad}$ 平均值/(%)		

测定人：　　　　审定人：

2. 结果计算

$$S_{t,ad} = \frac{(m_1 - m_2) \times \dfrac{32}{233}}{m} \times 100\%$$

式中:$S_{t,ad}$——空气干燥基全硫含量(质量分数);

m_1——硫酸钡质量,g;

m_2——空白实验硫酸钡质量,g;

32——S 的相对原子质量；

233——BaSO$_4$ 的相对分子质量；

m——煤样的质量，g。

（五）注意事项

（1）为避免硫酸钡形成细晶，切勿将 10 mL 氯化钡溶液一次性加入，而应分多次边搅拌边加入。

（2）洗涤硫酸钡沉淀时，宜采用少量水多次洗涤，不宜一次性用水过多，否则可能产生部分溶解。

（3）在煮沸时，切勿使溶液溅出，以免造成误差。

（4）灼烧硫酸钡沉淀时，滤纸不能着火。灼烧温度不得超过 850 ℃，以免硫酸钡分解。

四、库仑滴定法测定煤中全硫含量

（一）方法要点

在催化剂的作用下，煤样置于 1150 ℃净化的空气流中燃烧，使煤中各形态硫转化为二氧化硫和少量三氧化硫。二氧化硫和少量三氧化硫随空气流进入电解池，与水化合生成亚硫酸和少量硫酸。

$$SO_2 + H_2O \longrightarrow H_2SO_3$$
$$SO_3 + H_2O \longrightarrow H_2SO_4$$

电解液中的碘立即将亚硫酸氧化为硫酸，碘则变为碘离子（I$^-$），从而使碘-碘化钾电对的电位平衡遭到破坏，仪器自动启动电解，使碘离子生成碘，以恢复原来的平衡，直至亚硫酸全部氧化为硫酸（由双铂电极指示终点）。电极反应表示如下：

$$阳极：2I^- - 2e \longrightarrow I_2$$
$$阴极：2H^+ + 2e \longrightarrow H_2$$

碘氧化亚硫酸的反应：

$$I_2 + H_2SO_3 + H_2O \longrightarrow 2I^- + H_2SO_4 + 2H^+$$

根据电解碘离子生成碘所消耗的电量，由法拉第定律可计算出硫的质量，即

$$m = \frac{Q \times 16 \times 1000 \times f}{96500}$$

式中：m——煤样中硫的质量，mg；

Q——电量，C；

f——校正系数，$f = 1.04$。

根据煤样的质量即可计算出煤中全硫含量。

（二）仪器设备及材料

（1）管式高温炉：能加热到 1200 ℃以上，并有至少 70 mm 长的（1150±10）℃高温恒温带，带有铂佬-铂热电偶测温及控温装置，炉内装有耐温 1300 ℃以上的异径燃烧管。

（2）电解池和电磁搅拌器：电解池高 120～180 mm，容量不小于 400 mL，内有面积约 150 mm^2 的铂电解电极对和面积约 15 mm^2 的铂指示电极对。指示电极响应时间应短于 1 s，电磁搅拌器转速约 500 r/min 且连续可调。

（3）库仑积分器：电解电流 0～350 mA 范围内积分线性误差应小于 0.1%，配有 4～6 位数字显示器或打印机。

（4）送样程序控制器：可按规定的程序灵活前进、后退。

（5）空气供应及净化装置：由电磁泵和净化管组成。供气量约 1500 mL/min，抽气量约 1000 mL/min，净化管内装氢氧化钠及变色硅胶。

（6）电子天平：最小分度为 0.1 mg。

（7）燃烧舟：长 70～77 mm 的瓷舟。新舟使用前应在约 850 ℃下灼烧 2 h。

（8）碘化钾：分析纯。

（9）溴化钾：分析纯。

（10）冰乙酸：分析纯。

（11）三氧化钨：分析纯，粉状。

（12）变色硅胶：工业品。

（13）氢氧化钠：化学纯，粒状。

（14）电解液的配制：称取碘化钾、溴化钾各 5 g，溶于 250 mL 蒸馏水中，加入 10 mL 冰乙酸即可。

（15）一般分析实验煤样。

（三）实验准备

（1）接上电源，使高温炉温度达到 1150 ℃。

（2）调节温度控制器，使预分解和高温分解的位置分别位于高温炉的 600 ℃以及 1150 ℃处。

（3）在燃烧管高温带后端填充厚度为 3 mm 的硅酸铝棉，在燃烧管出口处填充经洗净、干燥的玻璃纤维棉。

（4）将温度控制器、燃烧炉（内装燃烧管）、库仑积分器、搅拌器和电解池及空气净化系统连接好。燃烧管、旋塞及电解池之间需用硅橡胶管连接。

（5）开动净化系统的电磁泵进行抽气、送气，调节抽风量为 1000 mL/min，关闭电解池与燃烧管间的旋塞，如抽速可降至 500 mL/min 以下，表明电解池、干燥管等部件气密性好；否则，应查明原因并进行调节，使系统不漏气，方可进行实验。

（四）测定

（1）将炉温控制在（1150±5）℃，抽气量调节至 1000 mL/min，电解选择钮置于零位。

（2）在抽气和供气条件下，将已配好的 250 mL 电解液注入电解池，使漏斗中留有少量电解液。开动搅拌器，将电解选择钮转至自动电解挡。

（3）在燃烧舟中称取粒度小于 0.2 mm 的一般分析实验煤样 0.05 g 左右（称准至 0.0002 g），并在煤样上撒一薄层三氧化钨。将装试样的燃烧舟置于石英托盘上，开启送样程序控制器，石英托盘即自动进炉，库仑滴定随即开始（一般在正式测定前，应先送入几个不称量的试样进行电解，电解达终点后再进行正式测定）。库仑滴定到达终点时，由积分仪显示出硫的质量（mg）

或用打印机打印出全硫含量。

（4）实验结束，首先关闭燃烧管与电解池间的旋塞，然后打开电解池上的漏斗活塞，放出电解液，并用蒸馏水清洗电解池，关闭漏斗活塞。开启燃烧管与电解池间旋塞，抽出进入烧结玻璃熔板的水珠。关闭电源开关。

（五）结果计算

$$S_{t,ad} = \frac{积分仪上显示数（mg）}{煤样质量（mg）} \times 100\%$$

（六）注意事项

（1）实验结束前，应首先关闭电解池与燃烧管间的旋塞，以防电解液流入燃烧管而使燃烧管炸裂。

（2）必须在抽气泵开启且燃烧管和电解池间的旋塞关闭时，方可将电解液加入电解池。

（3）称量试样前，应尽可能将试样混合均匀。

（4）电解液可以重复使用，重复使用的次数视电解液 pH 而定，pH<1 时需要更换。

（5）试样最好连续分析，如中间间隔时间较长，在测定前应加烧一个废样（50 mg 左右，不称量，不计值），将电解液电极电位调整到仪器所需数值，然后进行测定。

五、思考题

（1）氧气流量、煤样推进速度及最终燃烧时间等条件的变化对测定有何影响？

（2）艾氏法测定煤中全硫含量的原理是什么？

（3）库仑滴定法正式测定前为什么要加烧废样？

实验 20　煤中形态硫的测定

煤中的硫以硫化物、硫酸盐和有机硫等形态存在，测定煤中形态硫的含量有助于指导煤的加工利用。本实验的测定方法依据 GB/T 215—2003 制定。

一、实验目的

（1）掌握煤中形态硫的测定方法。

（2）学会分析形态硫与全硫的关系。

二、硫酸盐硫的测定

（一）方法要点

煤中的硫酸盐硫主要以硫酸钙和硫酸亚铁等形式存在。用稀盐酸浸取煤样，硫酸盐溶解。

过滤,向滤液中加入氯化钡溶液,生成硫酸钡沉淀,过滤并灼烧硫酸钡。通过硫酸钡的质量可计算煤中的硫酸盐硫的含量。

(二) 仪器设备及材料

(1) 马弗炉:带有自动恒温装置,并能升温至 900 ℃。

(2) 电热板或电炉:温度可调。

(3) 电子天平:最小分度为 0.1 mg。

(4) 坩埚:瓷质,容量 10~20 mL。

(5) 艾氏试剂:将 2 份质量的化学纯轻质氧化镁和 1 份质量的化学纯无水碳酸钠研细至粒度小于 0.2 mm 后,混合均匀,保存在密闭容器中。

(6) 盐酸:分析纯,配成 3% 的水溶液和 $c(HCl)=5$ mol/L 两种。

(7) 氨水:分析纯,1:1 的水溶液。

(8) 氯化钡:分析纯,配成 10% 的水溶液。

(9) 过氧化氢溶液:分析纯,含量 30% 以上。

(10) 硫氰酸钾:分析纯,配成 2% 的水溶液。

(11) 硝酸银:分析纯,配成 1% 的水溶液并加几滴硝酸,储于棕色瓶中。

(12) 95% 乙醇。

(13) 甲基橙:0.2% 的水溶液。

(14) 铝粉:分析纯。

(15) 锌粉:分析纯。

(16) 一般分析实验煤样。

(三) 实验步骤

(1) 在 250 mL 锥形瓶中称取 1 g(称准至 0.0002 g)粒度小于 0.2 mm 的一般分析实验煤样,加入 0.5~1 mL 乙醇润湿煤样,再加入 50 mL 浓度为 5 mol/L 的盐酸。在锥形瓶口放一短颈小漏斗,摇匀煤样后在调温电炉上加热至微沸并保持 30 min。

(2) 取下锥形瓶,稍冷后,采用倾泻法以致密的慢速定性滤纸过滤,并用热蒸馏水洗涤滤渣,直至无铁离子(用过氧化氢和硫氰酸钾溶液检验,如溶液无色,说明无铁离子)。如滤液中有黑色煤粉出现,则须重新过滤。若滤液呈黄色,需加 0.1 g 铝粉或锌粉,微热使黄色消失后再过滤,用蒸馏水洗至无氯离子(用硝酸银溶液检查)。过滤完毕,将滤纸连同煤样一起放入原锥形瓶,以便测定硫化物硫。

(3) 向滤液中加入 2~3 滴甲基橙指示剂,用 1:1 氨水中和,使溶液呈黄色,采用浓度为 5 mol/L 的盐酸调节溶液,使溶液变为红色,并过量 2 mL。再用蒸馏水调整溶液体积至约 200 mL。

(4) 加热使溶液沸腾,在不断搅拌下滴加 10% 氯化钡溶液 10 mL。在电热板或沙浴上微沸 2 h 或放置过夜。

(5) 溶液冷却后或静置过夜后,用致密的无灰定量滤纸过滤,并采用热蒸馏水洗涤沉淀,直至无氯离子(用 1% 硝酸银溶液检验,若无白色沉淀,说明无氯离子)。

(6) 将沉淀物连同滤纸一并移入已知质量的 10~20 mL 坩埚(瓷质)中,在马弗炉内,先用低温(200~250 ℃)灰化滤纸(切勿使之着火燃烧),然后将炉温升至800~850 ℃,灼烧20~40 min。取出坩埚,在空气中稍稍冷却,放入干燥器,使之冷却至室温后称量。

(7) 空白值测定,取3 g艾氏试剂(不加煤样),其余操作同上。同时测定2个以上,硫酸钡质量极差不得大于0.0010 g,取算术平均值作为空白值。每配一批艾氏试剂均需测定空白值。

(四) 结果计算

计算公式:

$$S_{s,ad} = \frac{(m_1 - m_2) \times \frac{32}{233}}{m} \times 100\%$$

式中:$S_{s,ad}$——空气干燥基煤样中硫酸盐硫含量(质量分数);

m_1——煤样测定的硫酸钡质量,g;

m_2——空白值测定的硫酸钡质量,g;

m——煤样的质量,g;

32——S相对原子质量;

233——$BaSO_4$相对分子质量。

三、硫化铁硫的测定

(一) 方法要点

用稀盐酸浸出硫酸盐后,将残煤用稀硝酸处理,使硫化铁中的铁氧化为Fe^{3+}。加入二氯化锡还原剂将Fe^{3+}还原为Fe^{2+},用重铬酸钾标准溶液滴定Fe^{2+}。通过铁的含量计算硫化铁硫的含量。其反应表示如下:

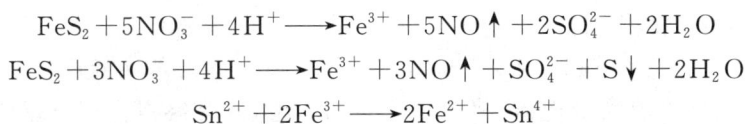

$$FeS_2 + 5NO_3^- + 4H^+ \longrightarrow Fe^{3+} + 5NO\uparrow + 2SO_4^{2-} + 2H_2O$$
$$FeS_2 + 3NO_3^- + 4H^+ \longrightarrow Fe^{3+} + 3NO\uparrow + SO_4^{2-} + S\downarrow + 2H_2O$$
$$Sn^{2+} + 2Fe^{3+} \longrightarrow 2Fe^{2+} + Sn^{4+}$$

在还原Fe^{3+}时,Sn^{2+}往往是过量的,因而须将过量的Sn^{2+}用氯化汞氧化为Sn^{4+},氯化汞则变为白色丝状氯化亚汞沉淀。

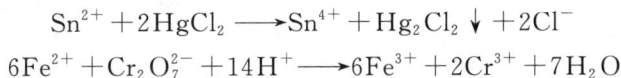

$$Sn^{2+} + 2HgCl_2 \longrightarrow Sn^{4+} + Hg_2Cl_2\downarrow + 2Cl^-$$
$$6Fe^{2+} + Cr_2O_7^{2-} + 14H^+ \longrightarrow 6Fe^{3+} + 2Cr^{3+} + 7H_2O$$

(二) 仪器设备及材料

(1) 干燥箱:能在室温至200 ℃范围内自动恒温。

(2) 电热板或电炉:温度可调。

(3) 硫氰酸钾:分析纯,配成2%的水溶液。

(4) 硝酸:分析纯,配成1:7的水溶液。

(5) 氨水:分析纯,配成1:1的水溶液。

(6) 过氧化氢溶液:分析纯,含量为30%。

（7）盐酸：分析纯，配成 5 mol/L 的水溶液。

（8）混合酸：将 150 mL 分析纯浓硫酸（$\rho=1.84$ g/mL）和 150 mL 分析纯磷酸（$\rho=1.75$ g/mL）小心混合后，注入 700 mL 水中，混匀备用。

（9）氯化亚锡溶液：浓度为 10%，取 10 g 分析纯氯化亚锡，溶于 50 mL 浓盐酸中，加水稀释到 100 mL（使用前配制）。

（10）氯化汞饱和溶液：取 80 g 氯化汞，溶于 1000 mL 水中。

（11）重铬酸钾标准溶液（$c\left(\dfrac{1}{6}K_2Cr_2O_7\right)=0.050$ mol/L）：准确称取预先在 130 ℃ 烘至恒重的优级纯重铬酸钾 2.4518 g，溶于水中，移入 1000 mL 容量瓶，用水稀释到刻度。

（12）二苯胺硫酸钠指示剂：配成 0.2% 的水溶液，储于深色瓶中。

（13）一般分析实验煤样。

（三）实验步骤

（1）向盛有残煤的锥形瓶加入 50 mL 硝酸（1∶7），在瓶口放一小漏斗，煮沸 30 min。用水冲洗小漏斗，洗液倒入锥形瓶。用致密的慢速定性滤纸过滤，并用热水洗至无铁离子（用硫氰酸钾溶液检验）。

（2）向滤液中加入 2 mL 过氧化氢溶液，并煮沸约 5 min，以消除由于煤分解产生的颜色（对于低煤阶煤可多加过氧化氢溶液，直至棕色消失）。

（3）向煮沸的溶液中加入氨水（1∶1）使其出现铁的沉淀，待沉淀完全时再多加 2 mL。将溶液煮沸，用快速定性滤纸过滤，采用热水洗涤沉淀和原烧杯 1～2 次。穿破滤纸，热水将沉淀洗入烧杯，并以 10 mL 5 mol/L 盐酸冲洗滤纸四周，以除去滤纸上痕量的铁，再用热水洗涤滤纸数次至无铁离子（用硫氰酸钾溶液检验）。

（4）盖上表面皿，将溶液在电炉上加热至沸腾（溶液体积为 20～30 mL），在不断搅拌下，滴加氯化亚锡溶液，直到黄色消失，多加 2 滴。迅速冷却，用水冲洗表面皿与杯壁。加入 10 mL 氯化汞饱和溶液，放置片刻。

（5）用水稀释到约 100 mL，加入 15 mL 混合酸和 5 滴二苯胺硫酸钠指示剂，用 0.050 mol/L 重铬酸钾标准溶液滴定，直至溶液呈稳定的紫色，即为终点。记下重铬酸钾标准溶液的消耗量（mL）。

（6）对每一批试剂按上述方法不加煤样进行测定，取 2 次测定值的平均值作为空白值。

（四）结果计算

计算公式：

$$S_{p,ad}=\dfrac{c(V_1-V_0)\times 2\times 32}{1000\times m}\times 100\%$$

式中：$S_{p,ad}$——空气干燥基煤样中硫化铁硫含量（质量分数）；

V_1——测定煤样时重铬酸钾标准溶液消耗量，mL；

V_0——测定空白值时重铬酸钾标准溶液消耗量，mL；

c——重铬酸钾标准溶液的浓度，mol/L；

32——S 相对原子质量；

m——煤样质量,g。

四、有机硫的计算

计算公式:

$$S_{o,ad}=S_{t,ad}-(S_{s,ad}+S_{p,ad})$$

式中:$S_{o,ad}$——空气干燥基煤样中有机硫含量;

$S_{t,ad}$——空气干燥基煤样中全硫含量;

$S_{s,ad}$——空气干燥基煤样中硫酸盐硫含量;

$S_{p,ad}$——空气干燥基煤样中硫化铁硫含量。

实验 21　煤中腐植酸产率的测定

腐植酸是存在于低煤阶煤和风化煤中的一组高相对分子质量的复杂有机无定形化合物。测定时分为总腐植酸(用焦磷酸钠碱溶液抽提出的腐植酸)和游离腐植酸(用氢氧化钠溶液抽提出的腐植酸)。

测定腐植酸产率的方法有容量法、重量法和残渣法等,其中容量法具有简便、快速、重复性好等优点而得到广泛应用,并作为仲裁法。本实验以容量法为准,根据 GB/T 11957—2001 制定,适用于褐煤、低煤阶烟煤和风化煤。

一、实验目的

掌握容量法测定煤中腐植酸产率的原理和操作步骤。

二、方法要点

将一定量煤样用焦磷酸钠碱溶液抽提,使煤中的腐植酸转化为可溶性的腐植酸盐,稀释到一定体积后,取滤液用过量重铬酸钾将腐植酸中的碳氧化为二氧化碳。然后用硫酸亚铁铵标准溶液滴定剩余的重铬酸钾,由重铬酸钾消耗量和腐植酸中碳的质量分数,计算出煤的总腐植酸产率。

将上述焦磷酸钠碱溶液换为氢氧化钠溶液,则得到游离腐植酸产率。

重铬酸钾与腐植酸的反应:

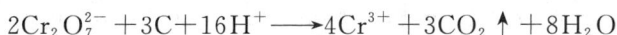

$$2Cr_2O_7^{2-}+3C+16H^+\longrightarrow4Cr^{3+}+3CO_2\uparrow+8H_2O$$

过量重铬酸钾用硫酸亚铁铵回滴的反应:

$$Cr_2O_7^{2-}+6Fe^{2+}+14H^+\longrightarrow2Cr^{3+}+6Fe^{3+}+7H_2O$$

三、仪器设备及材料

(1) 电子天平:最小分度为 0.1 mg。

(2) 恒温水浴装置:控温精度为±1 ℃。

(3) 移液管:5 mL 和 25 mL。

(4) 酸式滴定管:50 mL。

(5) 焦磷酸钠碱溶液:取 15 g 化学纯焦磷酸钠($Na_4P_2O_7 \cdot 10H_2O$)和 7 g 化学纯氢氧化钠,溶于 1000 mL 蒸馏水,密闭保存。

(6) 1‰氢氧化钠溶液:称取 10 g 化学纯氢氧化钠,溶于 1000 mL 蒸馏水,密闭保存。

(7) 重铬酸钾标准溶液($c\left(\dfrac{1}{6}K_2Cr_2O_7\right)=0.1$ mol/L):将优级纯重铬酸钾在 130 ℃干燥 3 h,在干燥器中冷却后,准确称取 4.9036 g,放入烧杯,加蒸馏水溶解,移入 1000 mL 容量瓶并用蒸馏水稀释至刻度,摇匀备用。

(8) 重铬酸钾溶液($c\left(\dfrac{1}{6}K_2Cr_2O_7\right)=0.4$ mol/L):称取 20 g 分析纯重铬酸钾,配制成 1000 mL 溶液,摇匀,备用。

(9) 邻菲罗啉指示剂:称取 1.5 g 邻菲罗啉和 1 g 硫酸亚铁铵(或 0.7 g 硫酸亚铁),溶于 100 mL 蒸馏水中,用棕色瓶保存。

(10) 浓硫酸:化学纯,$\rho=1.84$ g/mL。

(11) 硫酸亚铁铵标准溶液($c(FeSO_4 \cdot (NH_4)_2SO_4 \cdot 6H_2O)=0.1$ mol/L):称取 40 g 分析纯硫酸亚铁铵,溶于 1000 mL 蒸馏水,加入 20 mL 浓硫酸($\rho=1.84$ g/mL),混匀后移入棕色瓶备用。由于硫酸亚铁铵溶液的浓度易改变,使用前用 0.1 mol/L 重铬酸钾标准溶液标定。其标定方法如下:准确吸取 25 mL 0.1 mol/L 重铬酸钾标准溶液,放入锥形瓶中,加入 70 mL 蒸馏水和 10 mL 浓硫酸。冷却后加 3 滴邻菲罗啉指示剂,用配好的硫酸亚铁铵标准溶液滴定。溶液由橙色变为砖红色为滴定终点。硫酸亚铁铵标准溶液的浓度由下式计算:

$$c = \frac{V'}{V} \times 0.1$$

式中:V'——重铬酸钾标准溶液消耗量,mL;

V——滴定时硫酸亚铁铵标准溶液消耗量,mL;

c——硫酸亚铁铵标准溶液的浓度,mol/L。

(12) 一般分析实验煤样。

四、实验步骤

1. 煤中总腐植酸的测定

(1) 称取 0.2 g(称准至 0.0002 g)粒度小于 0.2 mm 的一般分析实验煤样,置于 250 mL 锥形瓶中,加入 100 mL 焦磷酸钠碱抽提液,摇动锥形瓶使煤样润湿,放入(100±1)℃的水浴中加热 2 h,每隔 0.5 h 摇动一次,使煤样全部下沉,取出锥形瓶,冷却。将抽提液及残渣全部移入 200 mL 容量瓶,用蒸馏水稀释至刻度,摇匀备用。

(2) 用中速定性滤纸干过滤。弃去最初 10 mL 滤液。

(3) 准确吸取 5 mL 滤液,加入 250 mL 锥形瓶中,用移液管准确加入 5 mL 0.4 mol/L 重铬酸钾溶液和 15 mL 浓硫酸。将锥形瓶置于(100±1)℃的水浴中加热氧化 30 min。取出冷却至室温,用蒸馏水稀释到约 100 mL,冷却后加入 3 滴邻菲罗啉指示剂,用硫酸亚铁铵标准溶液滴定至砖红色,记下消耗量。

(4) 测定空白值。

准确吸取 2 份 0.4 mol/L 重铬酸钾溶液各 5 mL,置于锥形瓶中,各加入 5 mL 焦磷酸钠碱溶液和 15 mL 浓硫酸,按上述步骤氧化和滴定,计算出硫酸亚铁铵标准溶液的消耗量,取算术平均值作为空白值。

2. 游离腐植酸的测定

用 1‰氢氧化钠溶液代替焦磷酸钠碱溶液,其余按"煤中总腐植酸的测定"步骤进行。

五、结果计算

计算公式:

$$HA_{ad} = \frac{c(V_0 - V_1) \times 3 \times 12}{1000 \times 6 \times 2 \times R_C \times m} \times \frac{200}{5} \times 100\%$$

式中:HA_{ad}——空气干燥基煤样中总腐植酸或游离腐植酸产率;

V_1——测定煤样时所消耗的硫酸亚铁铵标准溶液的体积,mL;

V_0——测定空白值时所消耗的硫酸亚铁铵标准溶液的体积,mL;

c——硫酸亚铁铵标准溶液的浓度,mol/L;

R_C——腐植酸中碳的质量分数(褐煤和低煤阶烟煤为 0.59,风化煤为 0.62);

200——碱抽提液稀释后的体积,mL;

5——测定时所取试液的体积,mL;

12——C 相对原子质量;

m——煤样质量,g。

取重复测定的两个结果的算术平均值,作为空气干燥基煤样中腐植酸产率测定结果:

当空气干燥基腐植酸产率<20%时,同一操作者重复测定两个结果的差值不应超过 1.0%;

当空气干燥基腐植酸产率≥20%时,同一操作者重复测定两个结果的差值不应超过 2.0%。

六、注意事项

(1) 本方法适用于褐煤、低煤阶烟煤和风化煤中腐植酸的测定。

(2) 实验中各试剂消耗量及操作条件对测定结果影响较大,因此,必须严格按规定操作。

七、思考题

什么是总腐植酸产率?什么是游离腐植酸产率?

实验 22　煤中氯含量的测定

一、实验目的

(1) 掌握煤中氯含量的测定方法。
(2) 了解煤中氯含量测定方法的原理。

二、方法要点

煤样与艾氏试剂混合,放入马弗炉(680±20)℃熔融,将氯转变为氯化物。用沸水浸取,在酸性介质中加入过量的硝酸银溶液,以硫酸铁铵为指示剂,用硫酸氢钾标准溶液滴定,以硝酸银溶液的实际消耗量计算煤中氯的含量。

三、仪器设备及材料

(1) 马弗炉:带有热电偶高温计和控温装置,可升温至 800 ℃,通风良好。

(2) 电磁搅拌器:转速约 500 r/min 且连续可调。

(3) 电子天平:最小分度为 0.1 mg。

(4) 坩埚:瓷质,容量 30～50 mL。

(5) 滴定管:10 mL,A 级。

(6) 单标线吸量管:5 mL 和 10 mL,A 级。

(7) 艾氏试剂:称取 2 份质量的化学纯轻质氧化镁和 1 份质量的化学纯无水碳酸钠,研至粒度小于 0.2 mm 后,混合均匀,保存在密闭容器中。

(8) 硝酸:$\rho_{20℃} = 1.40$ g/mL。

(9) 正己醇:化学纯。

(10) 硫酸铁铵饱和溶液:向一定量的水中加入硫酸铁铵,直至硫酸铁铵不再溶解,且溶液中有一定量的固体硫酸铁铵存在,加入数毫升硝酸去除溶液的褐色,取上层清液使用。

(11) 硝酸银溶液(10 g/L):称取 1 g 硝酸银,溶于 100 mL 水中,并加入数毫升硝酸。

(12) 硝酸银标准溶液($c(AgNO_3) = 0.025$ mol/L):准确称取预先在 110 ℃干燥 1 h 后在干燥器中冷却至室温的基准试剂硝酸银 4.2472 g,溶于少量水中,再转入 1000 mL 棕色容量瓶中,用水稀释到刻度。

(13) 硫酸氢钾标准溶液。

①配制:称取 2.5 g 硫酸氢钾,溶于水中,再转入 1000 mL 容量瓶中,用水稀释到刻度,摇匀。

②标定:用单标线吸量管准确量取 10 mL 硝酸银标准溶液,注入烧杯中,加入 50 mL 水、3 mL 硝酸及 1 mL 硫酸铁铵饱和溶液(作为指示剂),用硫酸氢钾标准溶液滴定到溶液由乳白色变为浅橙色即为终点,记下硫酸氢钾标准溶液的用量(mL)。如上进行 4～8 次标定,以多次

用量的平均值作为其用量(V_2)。

按下式计算硫酸氢钾标准溶液的浓度：

$$c = \frac{V_0 \times k}{V_2}$$

式中：c——硫酸氢钾标准溶液的浓度，mol/mL；

$\quad V_0$——硝酸银标准溶液的用量，mL；

$\quad k$——硝酸银标准溶液的浓度，mol/L；

$\quad V_2$——硫酸氢钾标准溶液的用量，mL。

（14）氯化钠标准溶液：氯离子浓度为 0.10 mg/mL。准确称取预先在 500～600 ℃灼烧 1 h 后在干燥器中冷却至室温的优级纯氯化钠 0.3298 g，溶于少量水中，再转入 2000 mL 容量瓶中，用水稀释到刻度，摇匀。

（15）酚酞指示剂（10 g/L）：称取 1 g 酚酞，溶于 100 mL 乙醇（95%）中。

（16）硝基苯：化学纯。

（17）一般分析实验煤样。

四、实验步骤

（1）准确称取（1±0.1）g（称准至 0.0002 g）一般分析实验煤样，放入内盛 3 g（称准至 0.1 g）艾氏试剂的坩埚中，仔细混匀，再用 2 g 艾氏试剂覆盖，将坩埚送入马弗炉中，半启炉门，使炉温逐渐由室温升到（680±20）℃，并在该温度下加热 3 h。

（2）将坩埚从马弗炉中取出，冷却到室温，将坩埚中的灼烧物转入 250 mL 烧杯中，用 50～60 mL 热水冲洗坩埚内壁，将冲洗液倒入烧杯中。

（3）用倾泻法以定性滤纸过滤，用热水冲洗残渣 1～2 次，然后将残渣移入漏斗中，再用热水仔细冲洗滤纸和残渣，直到无氯离子（用硝酸银溶液检验无混浊）。过滤和冲洗残渣过程应控制滤液最后体积约为 110 mL。

（4）在滤液中加 1 滴酚酞指示剂，用硝酸调至红色消失，再过量 5 mL。用单标线吸量管准确加入 5 mL 氯化钠标准溶液及 10 mL 硝酸银标准溶液，放置 2～3 min 后，量取 3 mL 正己醇加入，盖上表面皿，把烧杯放在电磁搅拌器上快速搅拌 1 min 后，加入 1 mL 硫酸铁铵饱和溶液，用硫酸氢钾标准溶液滴定，当溶液由乳白色变成浅橙色，即为终点，记下消耗的硫酸氢钾标准溶液的体积（V_3）。

（5）测定每一批煤样，应按上述步骤进行 2 次以上空白测定，取其平均值作为空白值（V_4）。

五、结果计算

计算公式：

$$Cl_{ad} = \frac{0.03545 \times c \times (V_3 - V_4)}{m} \times 100\%$$

式中：Cl_{ad}——空气干燥基煤样中的氯含量（质量分数）；

$\quad c$——硫酸氢钾标准溶液的浓度，mol/mL；

V_3——测定煤样时硫酸氢钾标准溶液的消耗量，mL；

V_4——测定空白值时硫酸氢钾标准溶液的消耗量，mL；

0.03545——氯的毫摩尔质量，g/mmol；

m——空气干燥基煤样的质量，g。

取重复测定的两个结果的算术平均值，作为一般分析实验煤样的氯含量的测定结果，同一操作者重复测定的两个空气干燥基氯含量结果的差值不应超过0.010%。

实验 23　煤中矿物质含量的测定

煤中的矿物质通常以碳酸盐、硫酸盐、硅酸盐、硫化物、氧化物等形式存在。煤在燃烧时，煤中的矿物质转化为灰分，但其数量和组成又与灰分有较大差别。在一般的应用中，可用灰分产率近似代表矿物质含量，但在煤科学研究和煤加工利用过程中有时需要了解煤中矿物质的确切含量。目前，煤中矿物质含量的测定方法主要有酸抽取法和低温灰化法两种。酸抽取法由于所需仪器设备简单、费时较少且易于掌握等优点而得到广泛采用。本实验采用酸抽取法测定煤中矿物质的含量，依据 GB/T 7560—2001 制定。

一、实验目的

（1）掌握酸抽取法测定煤中矿物质含量的方法。

（2）了解矿物质与煤灰分的关系。

二、方法要点

称取一定量煤样，用盐酸除去煤中的碳酸盐、硫酸盐，用氢氟酸除去硅酸盐等矿物质，再加入浓盐酸，以除去不溶于稀盐酸的矿物质和可能形成的氟化钙沉淀。然后将上述经酸处理后的煤灰化，使不溶于酸的硫化铁转化为氧化铁。通过测定铁含量，来计算硫化铁的含量。此外，还须测定酸处理煤样中吸附氯化氢的量。依据上述各项测定值，计算矿物质的含量。

三、仪器设备及材料

（1）恒温水浴装置：能维持温度在（60±5）℃。

（2）干燥箱：能在 105～150 ℃范围内自动恒温，并带有鼓风装置。

（3）干燥器：内装干燥剂（变色硅胶或无水氯化钙）。

（4）电子天平：最小分度为 0.1 mg。

（5）带盖塑料烧杯：200～250 mL。

（6）塑料漏斗：直径约 62 mm。

（7）带盖称量瓶：直径约 66 mm，高约 33 mm。

（8）浓盐酸：分析纯，密度 1.19 g/mL。

（9）盐酸（$c(\mathrm{HCl})=5$ mol/L）。

（10）氢氟酸：分析纯，40%。

（11）乙醇：分析纯，95%。

（12）一般分析实验煤样。

四、预备实验

（1）按实验 16"煤的工业分析"测定煤样的水分和灰分。

（2）将一张 125 mm 定性滤纸叠成锥形，再取约 1/4 张滤纸一起放入带盖称量瓶。半启称量瓶盖，放入预热至 50 ℃的干燥箱干燥 1 h。然后进行每次约 30 min 的检查性干燥，直到连续两次质量之差值小于 0.001 g 或质量增加。取出称量瓶，在大气中放置 1 h 后称量（以 m_1 表示）。

五、实验步骤

（1）准确称取 6 g（称准至 0.0002 g）粒度小于 0.2 mm 的一般分析实验煤样，放入塑料烧杯，加入 1～2 mL 乙醇润湿煤样，再缓慢加入 40 mL 5 mol/L 盐酸，用塑料棒充分搅拌，使煤样完全被盐酸润湿。盖上烧杯盖，将塑料烧杯置于 55～60 ℃的恒温水浴中。每隔 5～10 min 搅拌一次，40～50 min 后，取出烧杯静置片刻。用上述干燥处理的滤纸过滤。

（2）用 5～10 mL 热水将滤纸上的煤样洗入原塑料烧杯，缓慢加入 40 mL 氢氟酸，按步骤（1）所述方法加热、溶解矿物质，并用原滤纸过滤。

（3）用 5～10 mL 热水将滤纸上的煤样洗入原塑料烧杯，缓慢加入 50 mL 密度为 1.19 g/mL 的浓盐酸，按步骤（1）所述方法加热处理，并用原滤纸过滤，然后用前述干燥处理过的 1/4 张滤纸擦洗塑料烧杯和塑料棒，使煤全部转移到滤纸上。用热水洗涤滤纸和煤样，直至溶液体积为 400～500 mL。

（4）将经酸处理的煤样连同滤纸（包括擦洗用的 1/4 张滤纸）一起放入称量瓶，在已预热至（50±5）℃的干燥箱中及不断鼓风的条件下干燥 5～6 h。取出称量瓶，放入干燥器冷却 25 min 后称量。每次进行约 1 h 的检查性干燥，直到连续两次质量之差值小于 0.005 g 或质量增加。

（5）将已干燥的盛有煤样和滤纸的称量瓶在大气中放置 1 h，称量（以 m_2 表示）。

（6）用小匙将滤纸上的煤样尽量移入带盖称量瓶（结块的煤样用小匙压碎并搅拌均匀），盖严。

（7）按实验 16"煤的工业分析"测定酸处理煤样的水分和灰分。然后按照实验 20"煤中形态硫的测定"测定煤中氧化铁的含量。

（8）准确称取 0.5 g（称准至 0.0002 g）酸处理煤样，并按煤中氯含量的测定方法测定氯含量。

六、结果计算

酸处理煤样的质量

$$m = m_2 - m_1$$

煤中氧化铁的含量

$$w(\mathrm{Fe_2O_3}) = \frac{c(V_1 - V_0) \times 160}{1000 \times 2 \times m} \times 100\%$$

式中：$w(\mathrm{Fe_2O_3})$——酸处理煤样中氧化铁的含量（质量分数）；

c——重铬酸钾 $\left(\dfrac{1}{6}\mathrm{K_2Cr_2O_7}\right)$ 标准溶液的浓度，mol/L；

V_1——测定试样时重铬酸钾标准溶液的消耗量，mL；

V_0——测定空白值时重铬酸钾标准溶液的消耗量，mL；

160——$\mathrm{Fe_2O_3}$ 摩尔质量，g/mol；

m——酸处理煤样的质量，g。

吸附氯化氢的量

$$w(\mathrm{HCl}) = \frac{c(V_0 - V_1) \times 36.5}{1000 \times m'} \times 100\%$$

式中：$w(\mathrm{HCl})$——酸处理煤样中吸附氯化氢的量（质量分数）；

c——硫氰酸钾标准溶液的浓度，mol/L；

V_0——测定空白值时硫氰酸钾标准溶液的消耗量，mL；

V_1——测定酸处理煤样时硫氰酸钾标准溶液的消耗量，mL；

36.5——HCl 摩尔质量，g/mol；

m'——测氯含量时称取的试样量，g。

煤中矿物质的含量

$$\mathrm{MM} = \frac{m_1 - m_2 + m_3 + m_4 + 1.1m_5}{m_1} \times 100\%$$

式中：MM——煤中矿物质的含量（质量分数）；

m_1——干燥煤样的质量，g；

m_2——干燥的酸处理煤样的质量，g；

m_3——酸处理煤样中吸附氯化氢的质量，g；

m_4——酸处理煤样中硫化铁的质量，g；

m_5——扣除氧化铁后残留灰分的质量，g；

1.1——酸处理煤样中铝和硅化合物结晶水的近似校正因数。

矿物质因数

$$F_{\mathrm{MM}} = \frac{\mathrm{MM}}{A_{\mathrm{d,1}}}$$

式中：F_{MM}——矿物质因数；

$A_{\mathrm{d,1}}$——煤样的灰分产率（预备实验中测得的灰分产率，并换算到干燥基）。

取重复测定的两个结果的算术平均值，作为一般分析实验煤样的矿物质含量的测定结果：对于烟煤，同一操作者重复测定的煤中矿物质含量结果的差值不应超过 0.4%；对于褐煤，同一操作者重复测定的煤中矿物质含量结果的差值不应超过 0.8%。

七、注意事项

（1）对酸处理煤样进行的各项测定，应与水分测定同时进行。如不能同时进行，时间间隔不得超过 7 天。

（2）矿物质含量计算公式中各项质量均应换算为干燥基的质量。

（3）用盐酸和氢氟酸处理煤样时，必须使用塑料器皿，如塑料烧杯、塑料漏斗、塑料搅拌棒等，不得使用玻璃制品。

（4）用热水洗涤煤样时，应按"少量多次"的洗涤原则进行，尤其要洗净滤纸四周。如果干燥后滤纸边呈黄色，说明没有洗净。

第 12 章

煤工艺性质分析

实验 24　煤发热量的测定

发热量是评价煤质量的一项重要指标,是动力煤的主要品质指标。研究煤的燃烧和气化时须用发热量计算其热平衡、热效率和耗煤量等,这也是燃烧设备和气化设备的设计依据之一。通过发热量可以粗略推测煤的许多性质,如变质程度、黏结性、氢含量等。煤发热量(恒湿无灰基高位发热量)又是低煤阶煤的分类指标。本实验根据 GB/T 213—2008 制定,适用于泥煤、烟煤、无烟煤、焦炭等固体矿物燃料。

一、实验目的

(1) 掌握煤发热量的测定原理。
(2) 学习运用恒温式热量计测定煤发热量的方法与步骤。
(3) 掌握各项校正计算方法。

二、方法要点

称取一定量煤样,放入氧弹。氧弹充入氧气后浸没在盛水的内筒中,点火使煤样完全燃烧。根据氧弹周围水温的升高值计算煤的发热量。实际上煤样燃烧释放的热量,不仅使内筒水温升高,还使氧弹本身、内筒、插入内筒的搅拌器和温度计等组成的量热系统吸热升温。此外,恒温式热量计的内、外筒之间还存在热交换。因此,须经过一系列校正后,方可计算出煤样在氧弹中燃烧所放出的热量。

三、仪器设备及材料

(1) 恒温式热量计:包括以下部件。
①氧弹:由耐热、耐腐蚀的镍铬或镍铬钼合金钢制成。
②内筒:由紫铜、黄铜或不锈钢制成。筒内盛水 2000～3000 mL,以能浸没氧弹(进、出气阀和点火电极除外)为准。内筒外表面应电镀抛光,以减少内、外筒间的辐射传热。
③外筒:为金属制成的双壁容器,装有盖。外筒底部设有绝缘支架,以便放置内筒。

④搅拌器:螺旋桨式,转速以 400~600 r/min 为宜,搅拌效率应使得在标定热容量时,由点火到终点的时间不超过 10 min,同时又要避免产生过多的搅拌热(当内、外筒温度和室温保持一致时,连续搅拌 10 min,所产生的热量不应超过 120 J)。

(2)温度计:精密温度计或贝克曼温度计,最小分度均为 0.01 ℃,此外,也可以使用测温准确度达到 0.002 ℃的数字式精密温度计。

(3)温度计读数放大镜和照明灯:为了使温度计读数能估计到 0.001 ℃,需要一个大约 5 倍的放大镜。通常放大镜装设在镜筒中,筒的后部装照明灯,用以照明温度计的刻度。镜筒可沿垂直方向上、下移动,以便观察温度计水银柱的位置。

(4)电动振荡器:用于在读取温度前振动温度计,以克服水银柱和毛细管间的附着力。如无此装置,也可用套有胶皮管的玻璃棒等敲击温度计。

(5)燃烧皿:铂制品或镍铬钢制品。高 17 mm,上部直径 25~26 mm,底部直径 19~20 mm,厚 0.5 mm。由其他合金钢或石英制的燃烧皿也可使用,但必须保证试样燃烧完全,而本身又以不受腐蚀和产生热效应为原则。

(6)压力表和氧气导管:压力表应由两个表头组成,一个指示氧气瓶内的压力,另一个指示充氧时氧弹的压力。表头上应装设减压阀和保险阀。压力表每年至少经计量机关检定一次,以确保指示正确和操作安全。

压力表由内径 1~2 mm 的无缝铜管与氧弹连通。

压力表和各连接件禁止与油脂接触或使用润滑油。如不慎沾污,必须依次用苯、乙醇清洗,待风干后再用。

(7)点火装置:点火采用 12~24 V 的电源。点火电压应预先通过实验确定。其方法:接好点火线,在空气中通电实验。熔断法点火时,调节电压使点火丝在 1~2 s 达到暗红,电压调好后,实验时应准确测定电压、电流和通电时间,以便计算电能产生的热量;若采用棉线点火,在遮火罩以上的两电极柱间连接一段直径约 0.3 mm 的镍铬丝,丝的中部预先绕成螺旋状,以便发热集中,调节电压,使发热丝在 4~5 s 达到暗红,使用时棉线一端夹在螺旋中,另一端通过遮火罩上的小孔搭接在试样上。

(8)压饼机:螺旋式压饼机或杠杆式压饼机,能压制直径 10 mm 的煤饼或苯甲酸饼。模具和压杆应由硬质钢制成,表面光洁,易于擦拭。

(9)计时器:精确到 1 s。

(10)电子天平:最小分度为 0.1 mg。

(11)工业天平:称量范围 4~5 kg,最小分度为 0.5 g。

(12)氧气:至少 99.5%的纯度,不含可燃成分,因此不许使用电解氧。

(13)苯甲酸:经计量机关检定并标明热值的基准量热物质。使用前应在 40~50 ℃的温度下烘烤 3~4 h。

(14)点火丝:直径 0.1 mm 左右的铁、铜、镍铬丝或其他已知热值的金属丝。若使用棉线,则应选用粗细均匀、不涂石蜡的白棉线。

(15)酸洗石棉绒:使用前在 800 ℃下灼烧 30 min。

(16)擦镜纸:使用前先测定其燃烧热,方法是将 3~4 张擦镜纸用手团紧,精确称量,放入燃烧皿,按常规方法测其发热量。

(17)一般分析实验煤样。

四、实验步骤

（1）在燃烧皿中称取 0.9～1.1 g（称准至 0.0002 g）粒度小于 0.2 mm 的一般分析实验煤样。

对于燃烧时易于飞溅的试样，可用已知质量和发热量的擦镜纸包紧，或在压饼机中压成饼并切成 2～4 mm 见方的小块使用。不易燃烧完全的试样，可在燃烧皿底铺上一个石棉垫，或用石棉绒作衬垫。若用石英燃烧皿，则不需任何衬垫。如果加衬垫后仍然燃烧不完全，可提高充氧压力至 3.0～3.2 MPa，或用已知质量和发热量的擦镜纸包裹试样并用手压紧，放入燃烧皿。

（2）取一段已知质量的点火丝，将两端分别接在两个电极柱上，注意与试样保持良好接触或微小距离（对飞溅和易燃煤样）。切勿使点火丝接触燃烧皿，以免形成短路致使点火失败，甚至烧毁燃烧皿。同时还应防止两电极间及燃烧皿与另一电极间的短路。

在非熔断式点火情况下用棉线点火时，把已知质量的棉线的一端固定在点火导线上，另一端搭接在试样上。

（3）将 10 mL 蒸馏水注入氧弹，小心拧紧氧弹盖，接上氧气导管，开始充氧，直到氧弹压力达 2.6～2.8 MPa。充氧时间不得短于 30 s。当氧气钢瓶的氧压降至 5.0 MPa 以下时，充氧时间可酌量延长；降到 4.0 MPa 以下时，应更换氧气。

（4）向内筒加入一定量的蒸馏水（应与热容量标定时内筒水量相同，相差不大于 0.5 g），须使氧弹盖的顶面（不包括突出的氧气阀和电极）淹没在水面以下 10～20 mm。

内筒中加入的水量最好用称量法确定。若采用容量法，则需对温度变化进行补正。注意适当调节内筒水温，使终点时内筒温度比外筒高约 1 ℃。外筒温度应尽量接近室温，两者相差不得超过 1.5 ℃。

（5）将氧弹放入已加水的内筒，若氧弹内无气泡逸出，表明气密性良好，即可将内筒放置在外筒的绝缘架上；如果有气泡出现，则表明漏气，应查找原因，加以纠正，重新充氧。接上点火电极插头，装上搅拌器和温度计，盖上外筒盖。温度计的水银球应对准氧弹主体的中部。温度计不得接触氧弹和内筒。在靠近温度计的露出水银柱的部位另悬一支普通温度计，用以测定露出柱温度。

（6）开动搅拌器，5 min 后开始计时，读取内筒温度（t_0）并立即点火。同时记下外筒温度（t_j）和露出柱温度（t_e）。外筒温度至少精确到 0.05 ℃，内筒温度借助放大镜精确到 0.001 ℃。读取温度时，视线、放大镜中线和水银柱顶端应位于同一水平线上。每次读数前，应开动电动振荡器振动 3～5 s。

（7）观察内筒温度（注意在点火后 20 s 内不得将身体任何部位靠近热量计上方），如在 30 s 内温度急剧上升，表明点火成功。点火后 100 s 时读取一次内筒温度（t_{100}），读准到 0.01 ℃。

（8）接近终点时（一般点火到终点时间为 8～10 min），每隔 1 min 读取一次内筒温度。读数前开动电动振荡器，并读准到 0.001 ℃。以第一个下降温度作为终点温度（t_n）。实验主要阶段到此结束。

（9）停止搅拌，取出内筒和氧弹，开启氧弹上的放气阀，放出燃烧废气。打开氧弹，仔细观察弹筒和燃烧皿内部，如发现试样燃烧不完全的迹象或有炭黑存在，则实验作废。

（10）金属丝点火时，找出未烧完全的点火丝，量出长度，并计算实际消耗量。

（11）需要时用蒸馏水充分冲洗氧弹内各部分、放气阀、燃烧皿内外和燃烧残渣。将全部洗液（约 100 mL）收集在烧杯中，供测定弹筒洗液硫含量之用。

五、实验结果

1. 实验记录表

记录有关实验数据(表 12-1)。

表 12-1　煤发热量测定

年　　　月　　　日

煤样编号		热容量 E		t_0/℃		M_{ad} /(%)	
煤样质量 /g		n		t_{100}/℃		A_{ad} /(%)	
露出柱温度 /℃		$Q_{b,ad}$/(J/g)		t_n/℃		$S_{b,ad}$	
基点温度 /℃		$Q_{gr,v,ad}$/(J/g)		$S_{t,ad}$/(%)			
点火时外桶温度/℃		NaOH 标准溶液浓度/(mol/L)		NaOH 标准溶液消耗量/mL			
时间/min	内桶温度/℃	时间/min	内桶温度/℃	时间/min	内桶温度/℃	时间/min	内桶温度/℃
0		3		6		9	
$1\frac{2}{3}$		4		7		10	
2		5		8		11	

测定人：　　　　　　　审定人：

2. 结果计算

1)校正

(1)温度计刻度校正。

根据检定证书中所给的修正值(使用贝克曼温度计时称为毛细孔径修正值)校正点火温度 t_0 和终点温度 t_n,再由校正后的温度 (t_0+h_0) 和 (t_n+h_n) 求出温度升高值,其中 h_0 和 h_n 分别代表 t_0 和 t_n 的刻度修正值。

(2)贝克曼温度计平均分度值的校正。

平均分度值就是温度计刻度改变 1 ℃(进行毛细孔径修正后)时,代表的实际温度的改变数。

当贝克曼温度计的基点温度改变时,水银球及其相连的毛细管中的水银量随之改变,所以分度值也随之改变。另外,温度计浸没深度和露出柱水银所处的温度不同,分度值也有所改变。因此,必须对分度值进行校正。

在热容量标定和发热量测定中,温度计的浸没深度与检定时可能不同,但在标定热容量和测煤的发热量时,温度计的浸没深度是一致的,对分度值的影响可以相互抵消,不必校正。

基点温度变化和露出柱温度变化对贝克曼温度计分度值的影响按下式计算:

$$H = H_0 + 0.00016(t_s - t_e)$$

式中：H——平均分度值；

H_0——基点温度下标准露出柱温度的平均分度值（由检定证书中查得），即标准平均分度值；

t_s——基点温度对应的标准露出柱温度（由检定证书查得），℃；

t_e——实验中的实际露出柱温度，℃；

0.00016——水银对玻璃的相对膨胀系数。

2）发热量的计算

$$Q_{b,ad} = \frac{EH[(t_n + h_n) - (t_0 + h_0) + C] - (q_1 + q_2)}{m}$$

式中：$Q_{b,ad}$——空气干燥基弹筒发热量，J/g；

E——热量计的热容量，J/℃；

H——贝克曼温度计平均分度值；

C——冷却校正值，K，计算方法参考 GB/T 213—2008《煤的发热量测定方法》；

q_1——点火热（点火电能热与点火丝燃烧热之和），J；

q_2——添加物（如包纸等）产生的热量，J；

m——煤样的质量，g。

3）高位发热量的计算

$$Q_{gr,v,ad} = Q_{b,ad} - (94.1 S_{b,ad} + \alpha Q_{b,ad})$$

式中：$Q_{gr,v,ad}$——空气干燥基恒容高位发热量，J/g；

$S_{b,ad}$——由弹筒洗液测得的硫含量，%，满足条件 $Q_{b,ad} > 14.60$ kJ/g、$S_{t,ad} < 4.00\%$ 之一时，即可用全硫 $S_{t,ad}$ 代替；

α——硝酸生成热校正系数，当 $Q_{b,ad} \leqslant 16.7$ kJ/g 时，$\alpha = 0.0010$，当 16.7 kJ/g $< Q_{b,ad} \leqslant 25.10$ kJ/g 时，$\alpha = 0.0012$，当 $Q_{b,ad} > 25.10$ kJ/g 时，$\alpha = 0.0016$，加助燃剂时，应按总释热计；

94.1——煤样中每 1% 硫生成硫酸的热校正值，略去单位 J/g。

取重复测定的两个结果的算术平均值，作为高位发热量的计算结果，同一操作者重复测定两个结果的差值不应超过 120 J/g。

六、注意事项

（1）充氧和放气应缓慢进行。充氧时间不应短于 30 s，放气时间不应短于 60 s。

（2）金属点火丝不得与燃烧皿接触，以防短路。

七、思考题

实验前为什么要在弹筒内加入 10 mL 蒸馏水？

实验 25　烟煤坩埚膨胀序数的测定（电加热法）

烟煤的坩埚膨胀序数也称自由膨胀序数。它是在一定条件下煤样受热后自由膨胀的结果,在一定程度上反映了胶质体的数量和品质。本实验的测定方法根据 GB/T 5448—2014 制定,本方法具有简便快速等优点,对煤加工利用有一定的指导意义。

一、实验目的

(1) 掌握坩埚膨胀序数的测定原理和方法要点。

(2) 了解用坩埚膨胀序数评价烟煤黏结性的优缺点。

二、方法要点

将煤样置于专用坩埚中,按规定的程序加热到(820±5)℃。将所得焦块和一组带有序号的标准焦块侧形图相比较,以最接近的焦型序号作为坩埚膨胀序数。

三、仪器设备及材料

(1) 坩埚膨胀序数测定仪。

(2) 坩埚膨胀序数测定专用坩埚:由高温瓷或石英制成。

(3) 坩埚钳。

(4) 天平:最小分度为 0.01 g。

(5) 计时器:精确到 1 s。

(6) 砝码:(500±10) g,平底。

(7) 焦块观测筒。

(8) 热电偶:NiCr-NiAl 热电偶。

(9) 胶皮板:长、宽不小于 30 cm,厚约 5 mm。

(10) 一般分析实验煤样。

四、实验步骤

1. 实验准备

将电加热炉通电,加热到约 850 ℃并恒温。打开炉盖,把一个冷的空坩埚放入炉膛内石英皿的中心部位(同时启动计时器),迅速盖上带孔坩埚盖,随即将热电偶通过盖孔插入坩埚,使其热接点紧压在坩埚底部的内表面上,在不盖电炉盖的条件下观察升温情况。若坩埚内底部温度在冷坩埚放入后 1.5 min 内达到(800±10) ℃,2.5 min 内达到(820±5) ℃,则记下炉温及电流电压调整方法,实验时按此方法控制。若不能达到上述要求,则调整电压、电流和炉温,直至达到要求。

2. 测定

(1) 称取(1±0.01) g 粒度小于 0.2 mm 的一般分析实验煤样,放入坩埚,并将煤样摇平,置于约 5 mm 厚的胶皮板上,用手的五指向下抓住盛有煤样的坩埚,提起高度约 15 mm,从手中自由落下,共 12 次(每落下一次将坩埚旋转一个角度)。

(2) 待炉温达到预定值时,打开炉盖,将盛有煤样的坩埚放入炉膛内石英皿的中心部位,同时用计时器计时,盖上不带孔的坩埚盖。控制好炉温,直至挥发物消失,但不得短于 2.5 min。然后取出坩埚,冷却。此过程不盖电炉盖。

(3) 每个煤样相继实验 3 次。3 次实验完毕后,小心地将坩埚中的焦渣倒出,待焦渣冷却至室温后测定焦型。如 3 次测定值的极差超过 1/2 个单位,应增加两个单次实验。如 5 次测定值的极差超过 1 个单位,应检查仪器设备,重新进行 5 次测定。

注:在两次实验间隙,盖上电加热炉盖,以使炉温尽快回到预先设定的温度。

(4) 实验结束后,将坩埚和坩埚盖上的残留物灼烧除去,擦净。

五、实验结果

(1) 残渣不黏结或呈粉状,则膨胀序数为零。

(2) 焦渣黏结成块但不膨胀,将块体放在一个平整的硬板上,小心地将 500 g 砝码加在焦块上。如果焦块粉碎,则其膨胀序数为 1/2;如果焦块压不碎或只碎裂成 2~3 块较硬的焦块,则其膨胀序数为 1。

(3) 如果焦渣黏结成块且膨胀,将焦块放在焦块观测筒下,旋转焦块,找出其最大侧形,再与标准焦块侧形图(图 12-1)比较,取其与标准侧形图最接近的序号作为测定结果。最大侧形超出标准焦块侧形 9 时,记作"＞9"或"9^+"。

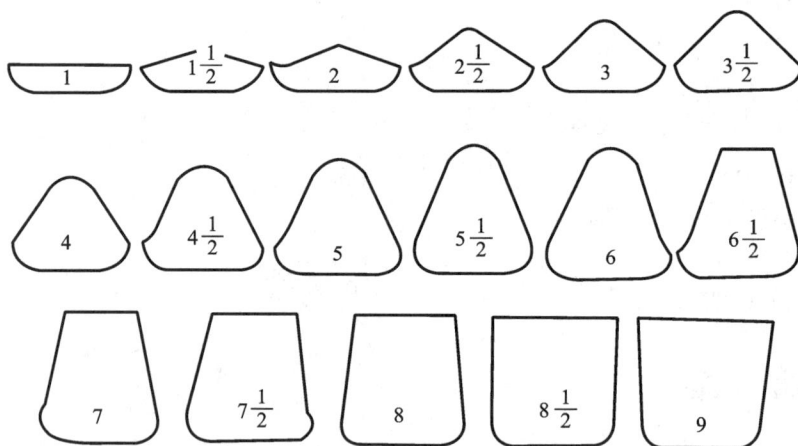

图 12-1　标准焦块侧形图及其序数

取同一煤样的 3 次极差不大于 1 个单位的测定结果的算术平均值,修约到 1 个单位报出,小数点后的数字 2 舍 3 入;若进行 5 次测定,则取 5 次测定结果的算术平均值,修约到 1 个单位报出。

3 次重复测定结果的极差不大于 1/2 个单位,5 次重复测定结果的极差不大于 1 个单位。

六、注意事项

(1) 在连续实验间隙应将电炉盖盖好,以免散失热量。

(2) 坩埚及其盖上的残留物可用灼烧的方法除去,并用软布擦净。

七、思考题

坩埚膨胀序数的大小与煤质本身有何关系?

实验 26　烟煤胶质层指数的测定

烟煤胶质层指数由苏联列·萨保什尼克夫等人提出,它包括烟煤在隔绝空气加热时所形成的胶质体的最大厚度(Y)、最终收缩度(X)和体积曲线类型等三个主要指标。胶质层指数通常用胶质体的最大厚度表示,它是评价炼焦煤品质和指导配煤炼焦的重要指标,也是我国现行烟煤分类的指标之一。本实验的测定方法根据 GB/T 479—2020 制定。

一、实验目的

(1) 掌握胶质层最大厚度的测定方法。

(2) 学会胶质层指数测定的实验准备和操作技术。

(3) 深入了解胶质层最大厚度与煤化程度的关系,以及体积曲线与煤的胶质体性质的关系。

二、方法要点

将一定量煤样按规定方法装入特制煤杯,从煤杯底部进行单侧加热。加热到一定温度后,煤样相应形成半焦层、胶质层和未软化的煤样层三个层面。煤样发生热解生成胶质体,通过探针测定出胶质层最大厚度 Y。胶质层内热解气体产生一定膨胀压,带动压力盘和记录笔上下移动,绘制出体积曲线。最后煤杯中的煤样全部转化为半焦,从体积曲线的初始位置和最终位置可以测得最终收缩度 X。

三、仪器设备及材料

(1) 胶质层指数测定仪。

(2) 煤杯:胶质层指数测定仪配套专用。

(3) 胶质层面探针。

(4) 测定仪附属设备:推焦器、清洁煤杯用的机械装置和切制石棉圆垫的切垫机等。

(5) 电子天平:最大称样量不小于 200 g,最小分度为 0.1 g。

(6) 干磨砂布:棕刚玉磨料,粒度 P80。

(7) 有证烟煤胶质层指数标准物质。

(8) 胶质层指数测定实验煤样。

四、实验步骤

1. 实验准备

（1）实验前仔细将煤杯内壁、杯底、热电偶铁管以及压力盘上所附着的焦屑、炭黑等，用金刚砂布清理干净，并将各部件表面擦光。在清除残留物时，可以采用机械方法，但绝对不能使用金属工具敲打煤杯及各部件。

（2）用切垫机切制两个直径为 59 mm、厚 0.5～1 mm 的石棉垫。在石棉垫上穿制供热电偶套管通过的圆孔，并在其中一个石棉垫上再穿制供探针通过的圆孔，称上部石棉垫；另一个称下部石棉垫。上述孔洞应与压力盘上相应孔的位置相吻合，不得偏斜。

（3）在光滑的钢棍上包黏单层香烟纸管，其直径为 2.5～3.0 mm，长约 60 mm。包黏时注意使钢棍在纸管内能自由抽动。装煤杯时将钢棍插入纸管，纸管下端折约 2 mm。

（4）用毫米方格纸作体积曲线的记录纸，其宽度与记录转筒的高度一致，其长度略大于记录转筒圆周长。将裁制好的记录纸绕在记录转筒上加以固定。

（5）将杯底装入煤杯，务必使其沿杯底沟槽落到底，同时使杯底上放置热电偶铁管的凹槽中心点与压力盘上方热电偶的孔洞中心点上下对正。将下部石棉垫放入杯底，使垫上的圆孔对准杯底上的凹槽，再在杯内下部围以宽约 55 mm、长 190～220 mm 的滤纸条。

（6）将热电偶铁管放入杯底上的凹槽，带有香烟纸管的钢棍放入煤杯。用压板将热电偶铁管和钢棍加以固定，使其保持垂直状态。

（7）全部煤样（约 500 g）掺和均匀，摊成 10 mm 厚的方块，并划分为 30 mm×30 mm 左右的小块，按棋盘式缩分法，分取两份质量为（100±0.5）g 的试样。

（8）每个试样按圆锥四分法分为 4 份，分 4 次装入煤杯。每装一份后，将试样扒平，但不得捣实。

（9）试样装填完毕，取下压板，将上部石棉垫小心铺在煤样上，并将外露的滤纸边缘折叠于石棉垫上，放入压力盘。

（10）将煤杯放入炉孔。压力盘与杠杆连接后，挂上砝码，调节杠杆使其呈水平状态。

（11）将压力盘与杠杆连接并挂上砝码，将钢棍小心地从纸管中抽出（可轻加旋转），务必使纸管留在原处。如果纸管被带出或有煤样进入纸管（用探针试），须重新装样。

（12）将热电偶插入热电偶铁管，并与高温计连接，记录煤杯编号和热电偶编号。

（13）调整记录转筒位置，使其能同时记录前后煤杯的两个曲线。检查活轴轴心到记录笔尖的距离，将其调整为 600 cm，并将记录笔装上墨水。

（14）计算装煤高度 h：

$$h = H - (a + b)$$

式中：h——煤样填充高度，mm；

H——由杯底上表面到杯口的距离，每次装煤前实测，mm；

a——由压力盘上表面到杯口的距离，测量时，顺煤杯周围在 4 个不同位置共量 4 次，取平均值，mm；

b——压力盘和两个石棉垫的总厚度，可用卡尺实测，mm。

同一试样重复测定时,装填高度的允许差为 1 mm,超过允许差时应重新装样。

2．测定

(1) 接通电源加热煤杯,调节调压器,以 8 ℃/min 的升温速度升至 250 ℃。达到 250 ℃后,严格按照 3 ℃/min 的速度升温。每 10 min 记录一次温度。在 350～600 ℃期间,实际温度与应达到的温度之差不得超过 5 ℃,其余时间内不得超过 10 ℃,否则实验作废。

在实验中应按时记录温度及其对应时间。

(2) 温度达到 250 ℃时,调节螺丝使记录笔尖与记录纸相接触,并旋转记录转筒一周,划上一条"零点线"。

(3) 探测胶质层层面是在体积曲线开始下降几分钟后进行,约到 650 ℃时停止。如果体积曲线呈山形或生成流动性很大的胶质体,胶质层层面的测量一般是在胶质层最大厚度出现后再对上、下部层面各测 2～4 次即停止,并立即用石棉绳将压力盘上的探测孔严密封堵,以免胶质体溢出。

(4) 测定胶质层上部层面时,将探针通过探测孔,轻轻插入纸管中,将刻度尺放在压板上,探针继续缓慢下插,当针头触到像沥青一样的胶质层表面时,停止下插并读取刻度尺上读数(此即胶质层层面到杯底的距离),将读数填入记录表,同时记录测量层面时的时间。

(5) 测定胶质层下部层面时,将探针小心地穿透胶质体层,直至接触到坚固的半焦层面。读取并记录胶质层下部层面的位置及测量时间。

(6) 胶质层上、下部层面测定次数根据记录转筒上所记录的体积曲线的形状和胶质体的特性确定。

①当体积曲线呈之字形或波形,体积曲线上升到最高点时测量其上部层面;当体积曲线下降到最低点时测量上部层面和下部层面(下部层面的测定不能太频繁,8～10 min 测量一次)。如果曲线的起伏非常频繁,可采取间隔一次或二次起伏,在体积曲线的最高点和最低点测量其上部层面,每隔 8～10 min 在体积曲线的最低点测定下部层面。

②当体积曲线呈山形、平滑下降形或微波形时,上部层面每 5 min 测量一次,下部层面每 10 min 测量一次。

③当体积曲线分阶段符合上述典型特征时,上、下部层面测量的频数分阶段根据其特征按上述规定进行。

④当体积曲线呈平滑斜降形时(结焦性差,Y 值一般在 7 mm 以下),胶质层上、下部层面往往不明显,总是一穿即达杯底,遇此情况,可暂停测定胶质层层面,经 20 min 待层面恢复后,每 15 min 测定一次上部或下部层面。

⑤在测定过程中,如果形成流动性很大的胶质体,下部层面的测定可稍晚进行,每 7～8 min 测量一次。测定这类煤样时应特别小心,以免探针带出胶质体或使胶质体溢出。

(7) 当温度达到 730 ℃时停止实验,关闭电源,卸下砝码。

五、实验结果

将有关实验数据记录在表 12-2 中。

表 12-2　烟煤胶质层指数的测定实验记录表

年　　月　　日

试样号码																	装煤高 h/mm	前	
试样来源				收样日期			年　　月　　日											后	
仪器号码				煤杯号码			前　　　后												
时间/min		0	10	20	30	40	50	60	70	80	90	100	110	120	130	140	150	160	
温度(前)/℃	应到																		
	实到																		
温度(后)/℃	应到																		
	实到																		

时间(前)/min	胶质层层面距杯底的距离 /mm		时间(后)/min	胶质层层面距杯底的距离 /mm	
	上部	下部		上部	下部

（1）从记录转筒上取下毫米方格纸。在体积曲线水平方向上方标出温度,下方标出时间,作为横坐标;左侧垂直方向上标出各层面距杯底的距离,作为纵坐标。根据记录表上所记录的各个上、下部层面位置及相应的时间,在上述坐标系标出"上部层面"和"下部层面"相应的点,分别以平滑曲线连接,得出上、下部层面曲线。如连成的曲线呈之字形,应通过之字形折线的各个中点连成平滑曲线,作为最终体积曲线,如图 12-2 所示。

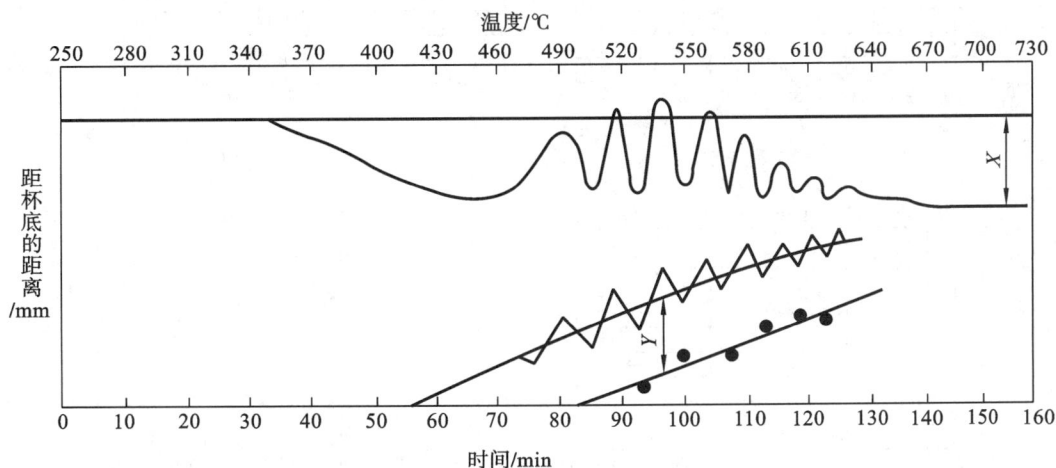

图 12-2 胶质层体积曲线加工示意图

（2）取胶质层上、下部层面曲线间沿纵坐标方向的最大距离（读准到 0.5 mm）,作为胶质层最大厚度 Y 值。胶质层最大厚度一般在 $520\sim630$ ℃的范围内出现。

（3）取 730 ℃时体积曲线与零点线间的距离（读准到 0.5 mm）,作为最终收缩度 X 值。

（4）体积曲线类型如图 12-3 所示。

（5）鉴定焦块技术特征,记入记录表。

（6）如果煤样胶质层厚度过小以致测不出,应着重说明焦块的熔合状况（如成块、凝结或粉状）。在报告 X 值时,应注明煤样装填高度。

（7）取重复测定的两个结果的算术平均值,作为烟煤胶质层指数测定结果,保留到小数点后一位,修约到 0.5 报出:

当 $Y\leqslant20$ 时,同一操作者重复测定两个 Y 值的差值不应超过 1;

当 $Y>20$ 时,同一操作者重复测定两个 Y 值的差值不应超过 2;

同一操作者重复测定两个 X 值的差值不应超过 3。

六、注意事项

（1）用探针测量纸管底部时,将刻度尺放在压板上,检查指针是否指在刻度尺的零点,如不在零点,应加以调整。

（2）检查记录转筒的运转是否正常。记录转筒的转速应以每 160 min 记录笔能绘出（160±2）mm 的线段为准。每月检查一次记录转筒速度。检查时,至少测量 80 min 所绘出的线段的长度,并调整使其符合要求。

（3）插入和拔出探针时,须缓慢并稍加旋转,避免带出胶质体而破坏体积曲线。探针拔出后应立即擦净。

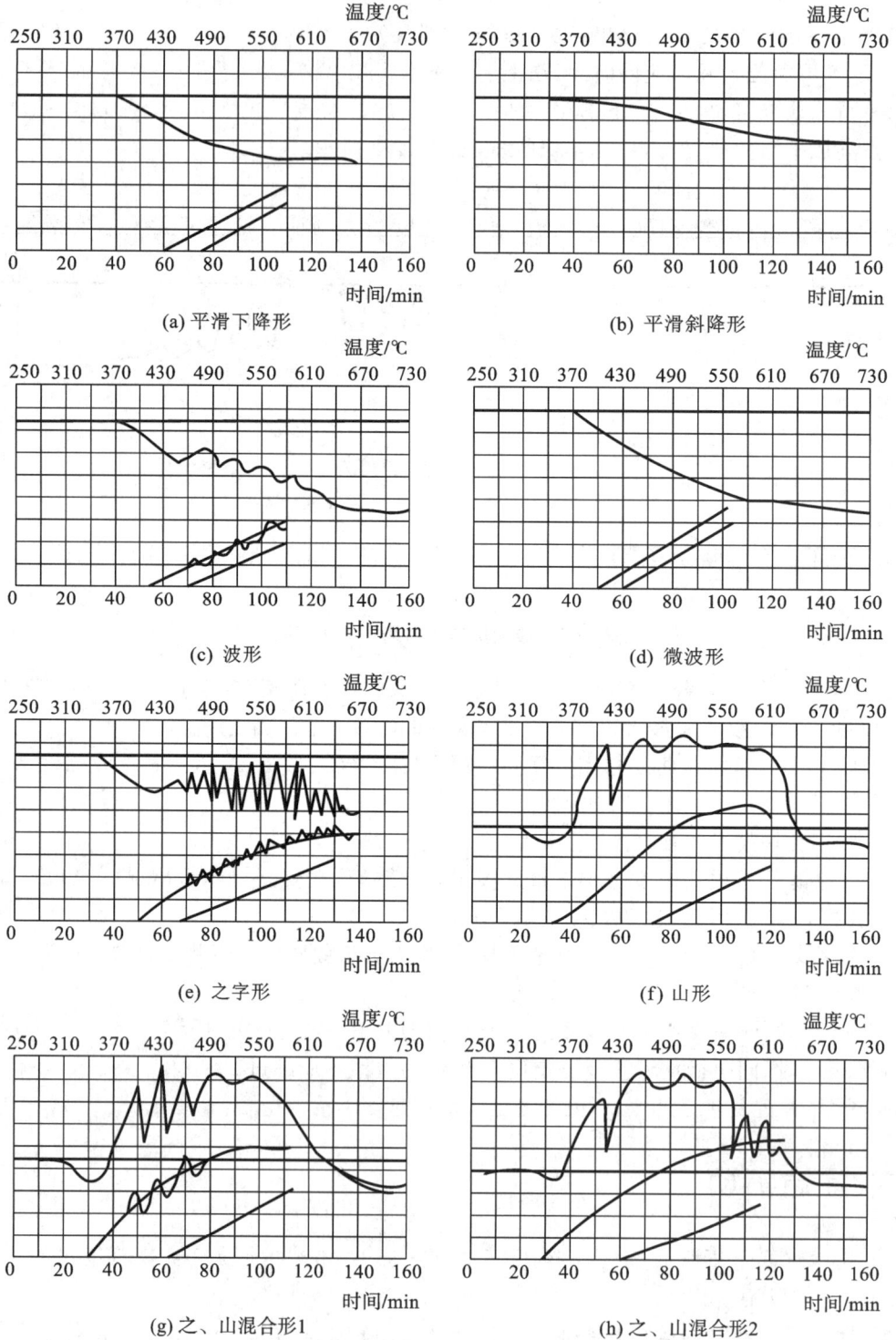

(a) 平滑下降形

(b) 平滑斜降形

(c) 波形

(d) 微波形

(e) 之字形

(f) 山形

(g) 之、山混合形1

(h) 之、山混合形2

图 12-3　胶质层体积曲线类型

（4）实验中，若杯底有大量煤气析出并形成絮状炭黑，为防止电热元件短路，应适时向电热元件吹热风烧掉炭黑。

（5）如果试样在实验过程中生成流动性很大的胶质体并溢出压力盘，则实验作废。重新装样实验时，用石棉绳将压力盘与煤杯、压力盘与热电偶铁管之间的缝隙堵严。

七、思考题

（1）试分析本实验的测定方法在评价煤的黏结性时的优缺点。
（2）体积曲线的不同类型与煤的黏结性有什么关系？
（3）为什么要固定记录笔尖到活轴轴心的距离？
（4）为什么要对压力盘产生的压力作统一规定？

实验 27　烟煤黏结指数的测定

黏结指数是评价烟煤黏结性的主要指标之一。黏结性的强弱直接影响炼焦的工艺过程及焦炭的机械强度。通过测定烟煤的黏结指数，可以大致判断煤的加工利用途径，指导配煤炼焦，确定煤的工业牌号。本实验的测定方法根据 GB/T 5447—2014 制定。

一、实验目的

（1）掌握烟煤黏结指数测定的基本原理。
（2）学会烟煤黏结指数测定的操作方法。

二、方法要点

将一定量煤样与专用无烟煤混合均匀并压实，在（850±10）℃的温度下快速加热成焦。所得焦块在特定转鼓内转磨进行强度检验，根据焦块的耐磨强度计算其黏结指数（$G_{R.I}$），用以表示实验煤样的黏结能力。

三、仪器设备及材料

（1）马弗炉：能控制温度为（850±10）℃，炉膛恒温区长度不小于 120 mm。炉后壁有一个排气孔和一个插热电偶的小孔。小孔位置应使热电偶插入炉内后其接点在坩埚底和炉底之间，距炉底 20～30 mm 处。
（2）黏结指数测定专用转鼓实验装置：包括两个转鼓、一台变速器和一台电动机。转鼓转速为（50±0.5）r/min。转鼓内径为 200 mm，深 70 mm。
（3）黏结指数测定专用压平器：用铁制成，重锤质量为 6 kg。
（4）黏结指数测定专用压块：用镍铬钢制成，质量为 110～115 g。
（5）黏结指数测定专用瓷质坩埚和坩埚盖。
（6）搅拌丝：用直径 1～1.5 mm 的金属丝制成。
（7）圆孔筛：筛孔直径 1 mm。

（8）坩埚架：用直径为 3～4 mm 的镍铬丝制成。

（9）带手柄的平铲：手柄长 600～700 mm，铲宽约 20 mm，铲长 180～220 mm，厚 1.5 mm。用于将盛样坩埚架送入、取出马弗炉。

（10）玻璃表面皿或铝箔制称样皿。

（11）搪瓷盘：两个，长 300 mm，宽 220 mm，高约 25 mm。

（12）计时器：精确到 1 s。

（13）干燥器。

（14）小刷子。

（15）小铲刀。

（16）电子天平：最小分度为 1 mg。

（17）测定黏结指数专用标准无烟煤。

（18）黏结指数测定实验煤样。

四、实验步骤

1. 实验煤样与标准无烟煤的混合

（1）称 5.000 g 标准无烟煤，再称 1.000 g 实验煤样，放入坩埚。

（2）用搅拌丝的圆环一端将坩埚内的混合物搅拌 2 min。其方法如下：一手持坩埚倾斜 45°左右，沿逆时针方向转动，转速为 15 r/min；另一手持搅拌丝按同样倾角沿顺时针方向转动，转速约为 150 r/min。搅拌时，搅拌丝的圆环应与坩埚壁和底相连的圆弧部分接触。经 105 s 后，一边继续搅拌，一边将坩埚和搅拌丝逐渐转到垂直位置，2 min 时停止搅拌。搅拌时应防止煤样外溅。

（3）搅拌结束后，将坩埚壁上的煤粉轻轻扫下，用搅拌丝的矩形端将煤样拨平，并使沿坩埚壁的层面较中央低 1～2 mm。

（4）用镊子将压块放置在煤样表面中央，然后用压平器压实 30 s。加压时要轻放重锤，以防冲击煤样。

（5）加压完毕，压块仍留在坩埚中，盖上坩埚盖。

2. 混合物的焦化

将带盖的坩埚轻轻放在坩埚架上，坩埚架与坩埚一起移入已升温至 850 ℃的马弗炉的恒温带上。开启计时器计时并立即关闭炉门。要求在 6 min 内炉温度恢复至 850 ℃（若恢复不到此温度，可适当提高入炉时预热温度），并保持在（850±10）℃。从放入坩埚开始计时，炭化 15 min 后取出坩埚，冷却到室温。若不立即进行转鼓实验，则将坩埚存入干燥器。

3. 转鼓实验

（1）从坩埚中取出压块，用毛刷或小刀将附着在压块上的焦屑刷入（或刮入）表面皿，称量焦渣总质量。

（2）将焦渣放入转鼓进行第一次转鼓实验。转磨后的焦渣用 1 mm 圆孔筛进行筛分，称量筛上焦渣质量。将称量后的焦渣移入转鼓进行第二次转鼓实验，重复上述筛分和称量操作。

（3）当测得的黏结指数小于 18 时，需更改专用无烟煤和实验煤样的比例为 3∶3，即称取

3.00 g 专用无烟煤与 3.00 g 实验煤样,重新实验。

五、实验结果

1. 实验记录表

记录有关实验数据(表 12-3,供参考)。

表 12-3 烟煤黏结指数的测定实验记录表

年　　月　　日

煤样名称		
重复测定	第一次	第二次
坩埚编号		
坩埚质量/g		
焦渣和坩埚质量/g		
焦渣总质量 m/g		
第一次转鼓实验后,筛上焦渣质量 m_1/g		
第二次转鼓实验后,筛上焦渣质量 m_2/g		
黏结指数 $G_{R.I}$		
$G_{R.I}$ 平均值		

测定人:　　　　　　审定人:

2. 结果计算

(1)专用无烟煤和实验煤样的比例为 5:1 时,黏结指数($G_{R.I}$)按下式计算:

$$G_{R.I} = 10 + \frac{30m_1 + 70m_2}{m}$$

式中:m——焦化处理后焦渣总质量,g;

m_1——第一次转鼓实验后,筛上焦渣质量,g;

m_2——第二次转鼓实验后,筛上焦渣质量,g;

$G_{R.I}$——黏结指数。

(2)专用无烟煤和实验煤样的比例为 3:3 时,黏结指数($G_{R.I}$)按下式计算:

$$G_{R.I} = \frac{30m_1 + 70m_2}{5m}$$

式中符号意义同前。

取重复测定的两个结果的算术平均值,作为黏结指数测定结果,修约到整数报出:

当 $G_{R.I}<18$ 时,同一操作者重复测定两个 $G_{R.I}$ 结果的差值不应超过 1;

当 $G_{R.I}\geqslant18$ 时,同一操作者重复测定两个 $G_{R.I}$ 结果的差值不应超过 3。

六、注意事项

(1)试样混合后严禁撞击或震动,焦化后所得焦块也不得受到撞击,以免造成人为破碎而影响转鼓实验结果。

（2）试样必须严格防止氧化，从制样至测定不得超过 5 天。

（3）用搅拌丝搅拌煤样时，用力应均匀，防止煤样溅出坩埚。

七、思考题

黏结指数法对罗加指数法进行了哪些改进？有什么优点？

实验 28　烟煤奥阿膨胀度的测定

奥阿膨胀度是评价烟煤隔绝空气加热产生的胶质体性质的重要指标。在区分中、强黏结性煤时，奥阿膨胀度具有灵敏度高、重复性好、结果准确等优点，因而被列为硬煤国际分类方案的分类指标，也是我国现行煤分类方案的辅助指标。但是，奥阿膨胀度测定方法的规范性太强，仪器加工精度要求高，因此，不同实验室测定值之间偏差较大。本实验的测定方法根据GB/T 5450—2014 制定。

一、实验目的

（1）掌握烟煤奥阿膨胀度的测定方法。

（2）掌握煤笔的制作方法。

（3）学会分析奥阿膨胀度与胶质层指数的关系。

二、方法要点

将实验煤样按规定方法制成一定规格的煤笔，放在一根标准口径的管子（膨胀管）内，其上放置一根能在管内自由滑动的钢杆（膨胀杆），将上述装置放在专用的电炉内加热，以规定的速度升温。煤笔受热后软化熔融产生胶质体，随着胶质体的膨胀带动连有记录笔的膨胀杆移动，绘制出膨胀曲线，如图 12-4 所示。依此曲线求出最大收缩度 a、最大膨胀度 b 等。

图 12-4 中各符号的意义如下：

t_1——软化温度，膨胀杆下降 0.5 mm 时的温度，℃；

t_2——开始膨胀温度，膨胀杆下降到最低点后开始上升时的温度，℃；

t_3——固化温度，膨胀杆停止移动时的温度，℃；

a——最大收缩度，膨胀杆下降的最大距离占煤笔长度的百分数，%；

b——最大膨胀度，膨胀杆上升的最大距离占煤笔长度的百分数，%。

三、仪器设备及材料

（1）奥阿膨胀度测定仪：主要由膨胀管和膨胀杆、电炉、程序控温仪、记录装置组成。

（2）奥阿膨胀度测定专用煤笔制作模具。

（3）膨胀管清洁工具：由直径约 6 mm、头部呈斧形的金属杆，铜丝网刷和布拉刷组成，用

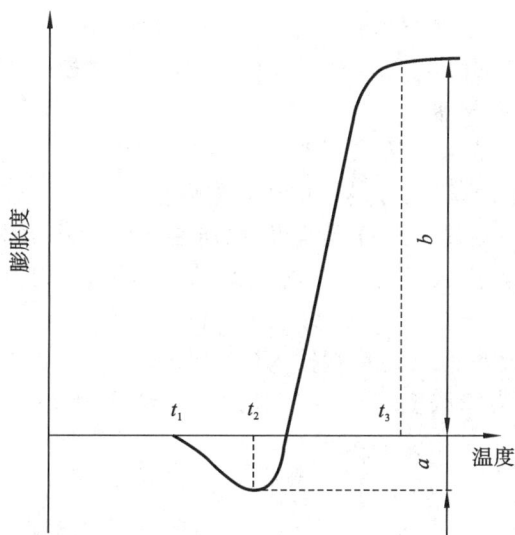

图 12-4　烟煤典型的膨胀曲线

于从膨胀管中挖出半焦。铜丝网刷由 80 目的铜丝网绕在直径 6 mm 的金属杆上制成,用于擦去黏附在管壁上的焦末。布拉刷由适量的纱布及一根金属丝构成。各清洁工具总长度应不小于 400 mm。

（4）成型模清洁工具:由试管刷和布拉刷组成。试管刷直径 20～25 mm,布拉刷由适量的纱布及一根长约 150 mm 的金属丝构成。

（5）涂蜡棒。

（6）电子天平:最小分度为 0.1 g。

（7）酒精灯。

（8）刀片。

（9）细砂纸。

（10）体积曲线记录纸:用标准计算纸（毫米坐标纸）作体积曲线记录纸,其高度与记录转筒的高度相同,其长度略大于转筒圆周。

（11）有机溶剂:三氯乙烯或粗苯等。

（12）固体石蜡。

（13）一般分析实验煤样。

四、实验步骤

1. 制作煤笔

（1）用布拉刷擦净成型模,并用涂蜡棒在成型模内壁涂上一薄层石蜡。

（2）称取 4 g 煤样,在小蒸发皿内加 0.4 mL 水润湿,迅速混匀,并防止气泡存在。

（3）将成型模小口径一端向下置于模垫上,大口径端套上漏斗。

（4）将煤样沿漏斗孔的边拨入成型模,直至装满。将打击导板水平压在漏斗上,用打击杆压实煤样。

（5）将整套成型模放在打击器下，先用长打击杆打击 4 下，然后加入试样再打击 4 下；依次使用长、中、短三种打击杆各打击 2 次，每次 4 下，共计 24 下。

（6）移开打击导板和漏斗，取下成型模。将出模导器套在模子小口径一端，接样管套在另一端。将出模活塞插入出模导器。

（7）在脱模压力器中将煤笔推入接样管。如推出有困难，则将活塞取出擦净再推。若不能将煤笔推出，可用铅丝或铜丝挖出煤样，重新制作煤笔。

（8）将装有煤笔的接样管放入切样器槽内，取出堵塞物，用打击杆轻轻将煤笔推入切样器的煤笔槽内。在切样器中部插入固定片，使煤笔细端与其靠紧，用刀片将伸出笔槽部分切去。煤笔长度应为（60±0.25）mm。

（9）将切制好的煤笔从膨胀管的下端推入（煤笔小头向上），拧上丝堵，再将膨胀杆轻轻插入膨胀管内。当试样的最大膨胀度超过 300% 时，改为半笔实验（将长 60 mm 的煤笔大小两头各切掉 15 mm，取中段 30 mm 进行实验）。

2. 测定膨胀度

（1）预热电炉，根据试样挥发分 V_{daf} 大小将电炉升至一定温度：

①若 $V_{daf} < 20\%$，预热升温至 380 ℃；

②若 $20\% \leqslant V_{daf} \leqslant 26\%$，预热升温至 350 ℃；

③若 $V_{daf} > 26\%$，预热升温至 300 ℃。

（2）将装有煤笔的膨胀管放入电炉，记录笔固定在膨胀杆的顶端，并使笔尖与转筒上的记录纸相接触。

（3）调节电流，使炉温在 7 min 内恢复到入炉时的温度。然后严格按 3 ℃/min 的速度升温，每 5 min 的升温值与目标值相差不得超过 1 ℃。每 5 min 记录一次温度。

升温过程中应注意观察体积曲线的变化，记录特征温度 t_1、t_2、t_3。

（4）膨胀杆停止移动后，继续加热 5 min。关闭电源停止加热，并立即将膨胀管和膨胀杆取出，分别垂直放在架子上。

3. 擦净膨胀管和膨胀杆

（1）卸去管底丝堵，用头部呈斧形的金属杆挖出管内半焦，然后用铜丝网刷清除管内残焦，再用布拉刷擦净。要求管内壁光亮无焦末。当膨胀管不易擦净时，可将粗苯等溶剂装入管内浸泡后再擦拭。

（2）用细砂纸擦拭膨胀杆。注意不要将其棱角磨圆。最后检查膨胀杆能否在膨胀管内自由滑动。

五、结果计算

根据记录下来的曲线（图 12-5）求出以下 5 个参数：软化温度 t_1、开始膨胀温度 t_2、固化温度 t_3、最大收缩度 a、最大膨胀度 b。

（1）若收缩后膨胀杆回升的最大高度低于开始下降位置，则最大膨胀度以"负膨胀"表示，膨胀度按膨胀的最终位置与开始下降位置间的差值计算，但应以负值表示（图 12-6）。

（2）若收缩后膨胀杆没有回升，则最大膨胀度以"仅收缩"表示（图 12-7）。

（3）若最终的收缩曲线不是完全水平的，而是缓慢向下倾斜的，则最大膨胀度以"倾斜收缩"表示（图 12-8），并规定最大收缩度以 500 ℃处的收缩值报出。

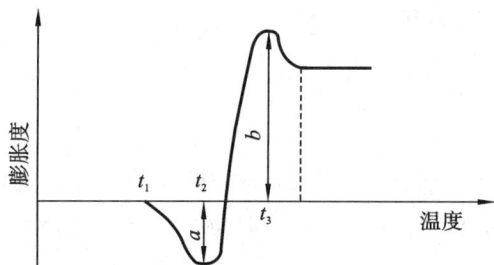

图 12-5 烟煤奥阿膨胀度实验正膨胀曲线

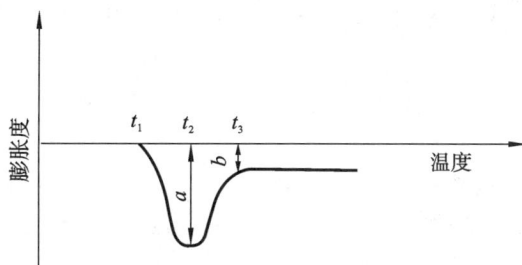

图 12-6 烟煤奥阿膨胀度实验负膨胀曲线

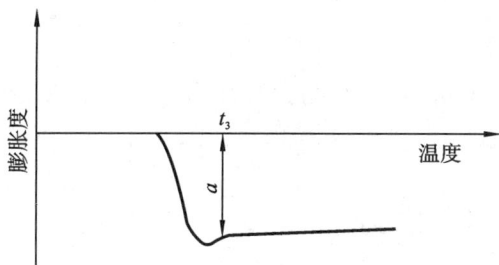

图 12-7 烟煤奥阿膨胀度实验仅收缩曲线

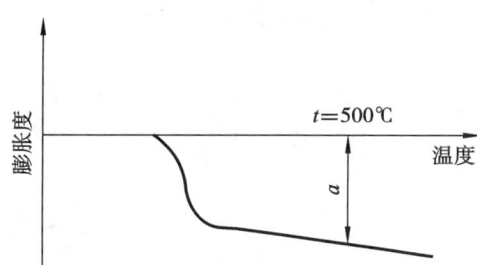

图 12-8 烟煤奥阿膨胀度实验倾斜收缩曲线

注：如果倾斜收缩中出现软化温度大于 500 ℃的情况，则软化温度报出 500 ℃。

实验结果取两个重复测定结果的算术平均值。计算结果取小数点后一位小数，报出结果取整数。

六、注意事项

（1）膨胀管和膨胀杆要保持光滑，在擦净时既要使其干净，又不能使其弯曲，以免影响膨胀杆的滑动。

（2）严格控制升温速度，及时调节电流，防止误差的累积。

七、思考题

（1）烟煤奥阿膨胀度的测定原理是什么？在实验过程中如何实现？

（2）奥阿膨胀度与胶质层指数有何关系？

实验 29 煤的格-金低温干馏实验

通过格-金低温干馏实验不仅可以测定烟煤的黏结性，还能评价煤的低温热解焦油产率、热解水等性能。本实验的测定方法根据 GB/T 1341—2007 制定，适用于褐煤和烟煤。

一、实验目的

（1）掌握煤的格-金低温干馏实验的基本原理和操作方法。

（2）熟悉焦油产率、热解水产率和半焦产率的计算方法。

二、方法要点

将煤样装入干馏管中，置于格-金低温干馏仪的电加热炉内，以规定升温程序加热到最终温度 600 ℃，并保温一定时间，测定所得焦油、热解水和半焦的产率，同时将半焦与一组标准焦型比较定出型号。

三、仪器设备及材料

（1）格-金低温干馏仪（图 12-9）：电加热炉有 4 个加热孔，炉温按程序自动控制。实验时也可采用其他双孔或多孔管式电炉，恒温区长度不能小于 200 mm，升温速度可调。

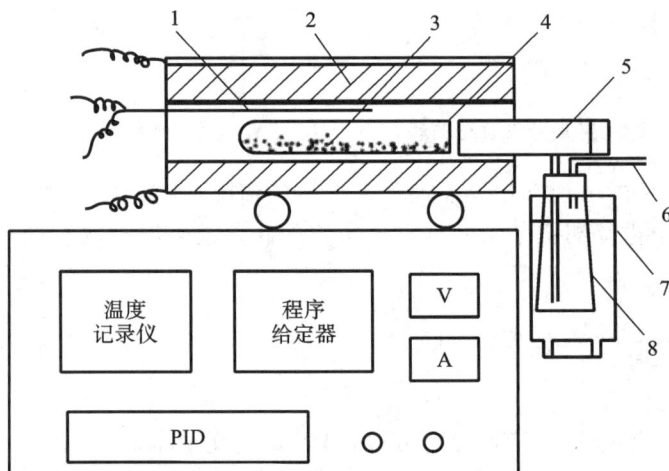

图 12-9　格-金低温干馏仪

1—热电偶；2—电加热炉；3—煤样；4—石棉垫；5—干馏管；6—导气管；7—冷却水槽；8—锥形瓶

（2）干馏管：用耐热玻璃或石英玻璃制成。

（3）水分测定管及锥形瓶：水分测定管的量管刻度为 0～10 mL，最小分度为 0.05 mL，下端与锥形瓶连接处应带磨口。锥形瓶容量为 250 mL，带磨口，且与水分测定管口配套。

（4）冷凝器：直管式，带磨口，冷凝部分的长度不小于 300 mm。

（5）调温电炉：单式、双联或多联，温度可调。每个电炉应配一个金属制的沙浴盘，其尺寸依电炉大小而定。

（6）电子天平：最小分度为 0.01 g。

（7）推杆：用直径 3 mm 的金属丝制成。一端绕成直径约 12 mm 的圆环，另一端带钩。总长约 250 mm。

（8）高温石墨化电极炭：水分小于 0.5%，灰分小于 2%，挥发分小于 1.5%；粒度小于 0.2 mm，其中粒度小于 0.1 mm 的应占 60%～90%。

（9）二甲苯或甲苯：化学纯。

（10）丙酮：工业品。

（11）石棉绒：预先在 800 ℃下灼烧 1 h，冷却后放入玻璃瓶备用。

（12）石棉垫：用厚 2 mm 的石棉板制成。

（13）脱脂棉。

（14）螺旋形金属丝。

（15）瓷皿。

（16）冰块。

（17）一般分析实验煤样。

四、实验步骤

1. 实验准备

（1）煤样准备：采用粒度小于 0.2 mm 的一般分析实验煤样。煤样制好后，存于密闭容器中，严格防止氧化。在煤样制备后 5 天内进行实验，否则作废。

（2）焦型估计：对于焦型在 G 号以上的煤样，实验时需要配入一定量电极炭。因配入量较难掌握，有时需通过多次实验摸索。为了减少实验次数，可根据试样的坩埚膨胀序数或挥发分焦渣特征初步确定电极炭的配入量和预计的格-金焦型（表 12-4）。

表 12-4 格-金焦型与坩埚膨胀序数、挥发分焦渣特征的关系

坩埚膨胀序数	挥发分焦渣特征	格-金焦型
$0 \sim \frac{1}{2}$	$1 \sim 4$	$A \sim B$
$1 \sim 3$	$5 \sim 6$	$C \sim G$
$3\frac{1}{2} \sim 5$	$6 \sim 8$	$F \sim G_4$
$5\frac{1}{2} \sim 7$	$6 \sim 8$	$G_2 \sim G_{10}$
$7\frac{1}{2} \sim 9$	$6 \sim 8$	$> G_5$

2. 格-金焦型的测定

（1）将待测实验煤样搅拌均匀，从 4～5 个不同部位共称取（20±0.1）g（称准至 0.01 g），倒入干馏管（若焦型高于 G，视煤样黏结性配入适量电极炭，煤样量则相应减少，使两者总质量仍为（20±0.1）g。在瓷皿中混匀后移入干馏管）。注意，煤样不要落入干馏管的支管。将干馏管持平，支管向下，用推杆将石棉垫缓缓推入干馏管至刻度处。煤样不得留在石棉垫外。然后用推杆将灼烧过的石棉绒推至石棉垫处，并挤压至厚约 10 mm，但不能压得太紧，以免析气不畅。

（2）将干馏管保持水平，轻轻摇动，使煤样铺展均匀，表面平整。用耐热橡皮塞将干馏管口塞紧，并在支管上装好带有导气管的耐热橡皮塞。称量此干馏管（称准至 0.01 g），待用。

（3）将预先称出质量的锥形瓶与干馏管的支管连接，使之不漏气，并使支管出口端距锥形瓶底 15～20 mm。

(4) 干馏炉通电预热至 300 ℃。将干馏管夹在干馏管架上,调整到水平位置,并使连有锥形瓶的支管垂直向下。调节干馏仪水槽水位,使锥形瓶没入水中约 2/3。冷却水的温度应保持在 15 ℃ 以下,必要时可投加冰块降温。

(5) 移动电加热炉,使各干馏管同时进入对应炉孔,并使电加热炉右下侧紧靠锥形瓶口。从 300 ℃ 开始,以 5 ℃/min 的升温速度加热。注意,实际温度与应达到的温度之差不得超过 10 ℃。

(6) 煤样干馏后产生的挥发物(焦油、煤气、水蒸气等)经干馏管的支管进入锥形瓶。焦油和水蒸气冷凝聚集在锥形瓶内,煤气则由导气管排出。煤气须在排气口点燃或排至室外。

(7) 温度达 600 ℃ 时,停止升温并保持 15 min。移动电加热炉使干馏管从炉孔中退出,冷却,关闭冷却水。

(8) 从干馏管架上卸下干馏管和锥形瓶。拆下锥形瓶,并尽量使干馏管及其支管内残留的冷凝物流入锥形瓶。擦干锥形瓶外壁的水,放置 5 min 后称量(称准至 0.01 g),将总质量减去空锥形瓶的质量,即得到干馏冷凝物的质量。

(9) 干馏管(包括塞子和导气管)冷却后称量(称准至 0.01 g)。然后用镊子夹取蘸有丙酮的脱脂棉,将干馏管口内和支管内、外的焦油擦洗掉,塞上干馏管口的塞子,再次称量(称准至 0.01 g)。这两次称量所得质量之差即为干馏管和支管上所黏附的焦油量。后一次称量所得质量减去实验前空干馏管(包括石棉绒、石棉垫、橡皮塞和导气管)质量就是半焦的质量。

(10) 用推杆从干馏管中钩出石棉绒和石棉垫,并小心地倒出焦炭。将焦炭与一组标准焦型比较,定出型号(参考表 12-5 和图 12-10)。

表 12-5 是标准焦型的分类。对强膨胀性煤,按最终得到标准 G 型焦时所配入的最少电极炭的克数(取整数)来确定焦型,并记为 G_x(x 表示最少电极炭的克数,取整数)。电极炭的配入量往往需多次实验后才能确定。

表 12-5　标准格-金焦型的分类

焦型	体 积 变 化	主要特征、强度及其他
A	实验前后体积大体相等	不黏结,粉状或粉中带有少量小块,接触就碎
B	实验前后体积大体相等	微黏结,焦块多于 3 块或块中带有少量粉末,一拿就碎
C	实验前后体积大体相等	黏结,整块或少于 3 块,很脆易碎
D	实验后较实验前体积明显减小(收缩)	黏结或微熔融,软硬能用指甲刻划,明显裂纹少于 5 条,手摸染指,无光泽
E	实验后较实验前体积明显减小(收缩)	熔融,有黑的或稍带灰的光泽,硬,手摸不染指,明显裂纹多于 5 条,敲击时带金属声响
F	实验后较实验前体积明显减小(收缩)	横断面完全熔融,并呈灰色,坚硬,手摸不染指,明显裂纹少于 5 条,敲击时带金属声响
G	实验前、后体积大小相等	完全熔融,坚硬,敲击时发出清晰的金属声响
G_1	实验后较实验前体积明显增大(膨胀)	微膨胀
G_2	实验后较实验前体积明显增大(膨胀)	中度膨胀
G_3	实验后较实验前体积明显增大(膨胀)	强膨胀

注:G 右下角的数字是配入电极炭得到标准焦型 G 时的最少电极炭的克数(取整数)。

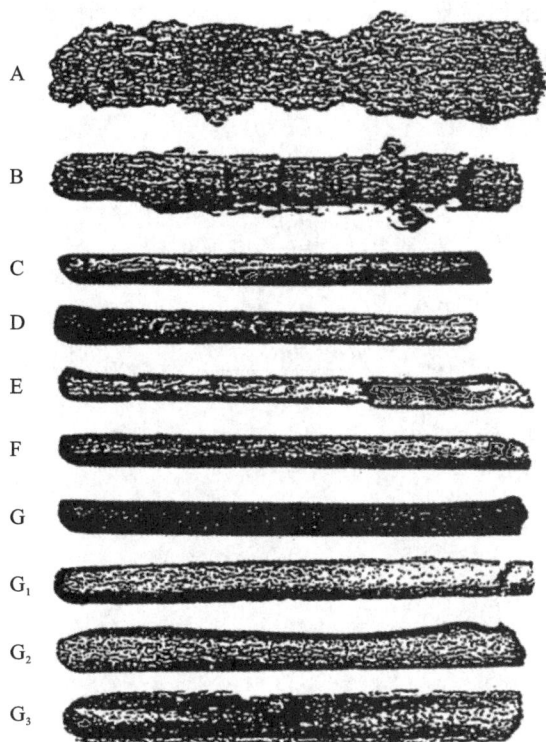

图 12-10　标准格-金焦型图

3. 冷凝物中干馏总水分的测定

（1）将盛有干馏冷凝物的锥形瓶称量后加入约 50 mL 二甲苯（或甲苯）。然后将锥形瓶装上水分测定管并与冷凝器相连，要求上、下磨口都严密而不漏气。水分测定管的量管应事先校正并与冷凝器一样要求清洁、干燥。

（2）冷凝器上端需要用脱脂棉松松地塞住，以免尘埃污染并避免空气中湿气在冷凝器内部凝结。

（3）向冷凝器内通入冷却水，然后用电炉沙浴盘加热，并控制蒸馏速度，使从冷凝器切口液滴的滴速为每秒 2～4 滴。蒸馏时，如有水滴附着在冷凝器内壁，应提高蒸馏速度，使冷凝下来的溶剂将水滴带入水分测定管中。蒸馏实验应在通风柜中进行。

（4）当水分测定管中的水分不再增加（观察 10 min 为准），溶剂变得完全透明时，即可停止蒸馏。蒸馏时间一般需 1～1.5 h。如溶剂内有极细小的水滴而呈乳浊状，可用温水浴（约 60 ℃）微微加热水分测定管，以使乳浊状态尽快消失。

（5）待锥形瓶冷却后，将仪器拆开。如有部分水珠附着在水分测定管的管壁，或有部分溶剂沉在水层下部，可用螺旋形细金属丝上下搅拌除去。等静置分层后，读取水分测定管两种液体分界线对应的刻度，为水的体积（估计至 0.01 mL），即可计算水的质量。水的密度取 1 g/mL。

五、结果计算

（1）焦油产率：

$$Tar_{ad} = \frac{m_1 - m_2 + m_4}{m} \times 100\%$$

式中：m_1——锥形瓶内冷凝物质量，g；

m_2——干馏总水分质量，g；

m_4——干馏管及支管上黏附的焦油质量，g；

m——煤样质量，g。

（2）干馏总水分产率：

$$\text{Water}_{ad} = \frac{m_2}{m} \times 100\%$$

若试样配有电极炭，按下式计算：

$$\text{Water}_{ad} = \frac{m_2 - m' \times M'_{ad}}{m} \times 100\%$$

式中：m'——电极炭的质量，g；

M'_{ad}——电极炭的水分。

（3）热解水产率：

$$\text{Water}_{p,ad} = \text{Water}_{ad} - M_{ad}$$

式中：M_{ad}——煤样的水分。

（4）半焦产率：

$$\text{CR}_{ad} = \frac{m_3}{m} \times 100\%$$

式中：m_3——半焦的质量，g。

试样配有电极炭时，半焦产率按下式计算：

$$\text{CR}_{ad} = \frac{m_3 - m' \times \text{CR}'_{ad}}{m} \times 100\%$$

式中：CR'_{ad}——电极炭半焦产率。

（5）煤气与损失：

$$\text{Gas}_{ad} = 100 - (\text{Tar}_{ad} + \text{Water}_{ad} + \text{CR}_{ad})$$

六、注意事项

（1）在测试强黏结性煤时，需配加电极炭。电极炭的加入量以整克数控制。

（2）300 ℃后要严格控制升温速度。升温速度是影响测定结果的重要因素。

七、思考题

影响本实验结果的因素有哪些？

实验 30　煤灰熔融性的测定

煤灰熔融性是判断煤灰结渣性的一种指标，是动力用煤和气化用煤的重要质量指标，也是燃烧和气化设备设计的重要依据，并用于指导生产操作。

测定煤灰熔融性的方法有角锥法、热显微镜法和熔融曲线法等,本实验采用角锥法。本实验的测定方法根据 GB/T 219—2008 制定,适用于各种煤以及水煤浆。

一、实验目的

(1) 掌握角锥法测定煤灰熔融性的操作方法。

(2) 了解煤灰熔融性。

(3) 了解确定煤灰熔融的特征温度的方法。

二、方法要点

将煤灰制成一定尺寸的角锥,在一定气氛的高温炉内加热,使其以一定速度升温,观察并记录 4 个特征温度。

(1) 变形温度(DT):灰锥尖端开始变圆或弯曲时的温度。对于高熔融温度的煤灰样,主要是以锥体尖端或棱角变圆为判断特征。若锥体倾斜但其尖端未变圆或未明显弯曲,则不能视作 DT。

(2) 软化温度(ST):当锥体弯曲至锥尖触及托板,或灰锥变成球形时的温度。

(3) 半球温度(HT):灰锥形变至近似半球形,即高约为底长的一半时的温度。

(4) 流动温度(FT):灰锥完全熔融成为液体或展开成厚度<1.5 mm 的薄层时的温度。有的试样在高温下挥发以致明显缩小,接近消失,但并非"展开"状态,则不应视为 FT。

各特征温度时灰锥变化如图 12-11 所示。

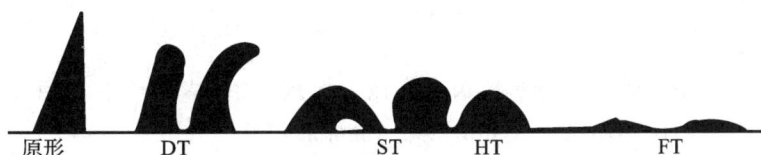

图 12-11　灰锥熔融特征

三、仪器设备及材料

(1) 煤灰熔融性测定高温炉:应符合下列 4 个条件:

①炉中心的恒温带长度必须大于 60 mm,其余各部位温差≤5 ℃;

②能按照规定的升温速度加热到 1500 ℃以上;

③能控制炉内的气氛为弱还原性或氧化性;

④能随时清晰地观察到试样受热过程中的变化情况。

(2) 马弗炉:可加热到 850 ℃,并带有恒温装置。

(3) 调压变压器:可控硅调压器。

(4) 铂铬-铂热电偶及高温计:最小分度为 1 ℃。热电偶使用时必须用刚玉套管保护。

(5) 灰锥模:由对称的两个半块组成,可用黄铜和不锈钢制作。

(6) 煤灰熔融性测定灰锥托板:用氧化铝或用镁砂制成。

（7）煤灰熔融性测定刚玉舟。

（8）简易气体分析器：可进行 CO、CO_2 和 O_2 的分析。

（9）墨镜。

（10）手电筒。

（11）玛瑙研钵。

（12）筛子：孔径 0.1 mm，带盖。

（13）平头药匙。

（14）玻璃板。

（15）煤灰熔融性标准物质：用来测试气氛性质。

（16）含碳物质：灰分不大于 15%、粒度小于 1 mm 的无烟煤、石墨或其他含碳物质。

（17）金丝：直径不小于 0.5 mm，或金片（厚度 0.5～1.0 mm），纯度 99.99%，熔点 1064 ℃。

（18）钯丝：直径不小于 0.5 mm，或钯片（厚度 0.5～1.0 mm），纯度 99.99%，熔点 1554 ℃。

（19）氧化镁：工业品，粒度<0.1 mm。

（20）淀粉：配成 10% 的水溶液，煮沸，冷却后备用。

（21）一般分析实验煤样。

四、实验步骤

1. 实验准备

（1）安装高温炉，通电加热，测出高温带。

（2）灰锥制备。

将粒度小于 0.2 mm 的一般分析实验煤样放入大灰皿中，移入马弗炉，于 815 ℃下完全灰化。将所得煤灰用玛瑙研钵研至 0.1 mm 以下（全部通过 0.1 mm 筛）。取 1～2 g 煤灰，在玻璃表面皿内用淀粉溶液润湿并调成可塑状（受压可结块但不出水）。用小刀将煤灰铲入灰锥模，并均匀用力压实。将灰锥模放在玻璃板上脱模，风干后备用。注意制成的灰锥形状，不得歪斜，尤其是不能缺失棱角的尖端。

（3）实验气氛。

本实验采用封碳法形成弱还原性气氛，即在刚玉舟中部放置石墨粉 15～20 g，两端放置无烟煤粉 30～40 g（适用于气密性差的刚玉管炉膛）；或在刚玉舟中部放置 5～6 g 石墨粉（适用于气密性好的刚玉管炉膛）。如条件允许，也可采用通气法，参照 GB/T 219—2008 的规定执行。

如果需氧化性气氛，则炉内不放含碳物质，并使炉内空气自由流通。

2. 测定

（1）用 10% 淀粉溶液将少量氧化镁调成糊状，用以将灰锥黏在灰锥托板的三角形槽内。灰锥垂直于底面的侧面须与托板表面垂直。

（2）将带有灰锥的托板置于刚玉舟凹槽上。拧开观测口盖，用手电筒照明，徐徐将刚玉舟推入炉内高温恒温带，并使灰锥距热电偶的热端约 2 mm，注意热电偶热端不能触及炉壁。

（3）拧上观测口盖，开始加热。在 900 ℃以前升温速度为 15～20 ℃/min，900 ℃以后升温速度为(5 ± 1) ℃/min，每 20 min 记录一次温度、电压和电流。到 900 ℃以后要随时观察灰锥的形态变化（高温时应戴上墨镜），记录灰锥的 4 个特征温度 DT、ST、HT、FT。

（4）待全部灰锥都达到 FT 或炉温升至 1500 ℃后，断电。

炉子冷却后，取出刚玉舟，仔细检查托板表面，如发现试样与托板共熔，则应另换一种托板重新进行实验。

3. 炉内气氛检查方法

用 10 mm 的刚玉管在距灰锥约 10 mm 处以 5～7 mL/min 速度取气分析。如果在 1000～1300 ℃范围内，CO 的体积分数为 10%～70%，O_2 的体积分数不大于 0.5%，同时在 1100 ℃以下 CO 与 CO_2 体积比不大于 1，则炉内气氛为弱还原性。

也可用煤灰熔融性标准物质制成灰锥测定 4 个特征温度，如测定值与标准值相差不超过40 ℃，则证明气氛为弱还原性，否则应调整至合格。

五、实验结果

（1）记录 4 个特征温度并修正到 10 ℃。

（2）记录实验气氛的性质及其控制方法。

（3）记录托板材料及实验后的表面特征。

（4）对某些试样可能看不到明确的特征温度而发生下述情况，此时应记录这些现象及其相应温度：

①烧结：试样明显缩小至似乎熔化，但实际上变成一烧结块，保持一定的外形轮廓。

②收缩：试样由于表面挥发而缩小，但保持原来的形状和尖锐的棱角。

六、注意事项

（1）某些高熔点（ST＞1400 ℃）的煤灰，在升温过程中会出现较低温度下锥尖开始弯曲，然后变直，到一定温度后又弯曲的现象。第一次弯曲往往不是由于灰锥局部熔化，而是由于灰分失去结晶水而造成，故应以第二次弯曲的温度为 DT。

（2）试样的实际受热温度和热电偶热端的温度之差是煤灰熔融性测定误差的来源之一。为了使试样和热电偶热端之间以及试样之间在一个温度梯度相当小的区域内受热，要求炉子恒温带长度大于 60 mm。

七、思考题

煤灰熔融性测定中为什么常用弱还原性气氛？气氛对测定结果有何影响？

实验 31　煤可磨性指数的测定

煤的可磨性指数是煤的机械性能（如硬度、强度等）的综合体现。一般采用哈德格罗夫法测定煤的可磨性指数。测定煤的可磨性指数的目的是评价煤研磨成粉的难易程度，为设计磨煤机、估计磨煤机产率和能耗提供依据，以及评估工业用磨煤机的产率和能耗。本实验的测定方法根据 GB/T 2565—2014 制定，适用于烟煤、无烟煤。

一、实验目的

(1) 掌握哈德格罗夫法测定煤可磨性指数的原理和操作方法。
(2) 了解哈氏可磨性指数测定仪的构造和校准方法。

二、方法要点

测定煤的可磨性指数的理论依据是磨碎定律，即研磨煤所消耗的能量与煤产生的新表面积成正比。

一定粒度范围和质量的煤样，经哈氏可磨性指数测定仪研磨后在规定的条件下筛分，称量筛上煤样的质量；由研磨前的煤样质量减去筛上煤样质量得到筛下煤样的质量。从煤的哈氏可磨性指数标准物质绘制的校准图上查得或者根据一元线性回归方程计算出煤的哈氏可磨性指数。

哈氏可磨性指数测定仪在用于测定煤的可磨性指数之前，应用煤的哈氏可磨性指数标准物质进行校准。

三、仪器设备及材料

(1) 哈氏可磨性指数测定仪(图 12-12)：简称哈氏仪。研磨碗内放置 $\phi25.4$ mm 的钢球 8 个。主轴转速为 (20 ± 1) r/min。加在 8 个钢球上的力为 (284 ± 2) N。仪器配有计数器和转动 (60 ± 0.25) 转后能自动停机的装置。

图 12-12　哈氏可磨性指数测定仪

(2) 筛子:孔径分别为 0.63 mm 和 0.071 mm,另有一个孔径为 13~20 mm 的保护筛。

(3) 振筛机:竖直振击频率 149 min^{-1},水平振动频率 221 min^{-1},回转半径 12.5 mm,可以容纳几个垂直套叠的筛子。

(4) 天平:包括工业天平和普通天平。工业天平最大称量值为 100 g,最小分度为 0.01 g;普通天平最大称量值为 1000 g,最小分度为 1 g。

(5) 分样器:槽宽为 18~20 mm 的二分器,供缩分粒度为 6 mm 的试样用;槽宽为 5 mm 的二分器,供缩分粒度为 0.63~1.25 mm 的试样用。

(6) 对辊破碎机:辊间距可调,能将粒度 6 mm 的煤样破碎到 1.25 mm,而只生成最小量的、粒度小于 0.63 mm 的煤粉。

(7) 软毛刷:刷毛长度为 10~30 mm 的短毛刷和刷毛长度为 40~80 mm 的长毛刷。

(8) 直角坐标纸:标准计算纸(毫米坐标纸)。

(9) 煤的哈氏可磨性指数标准物质:国家一级有证标准物质(GBW 12005、GBW 12006、GBW 12007、GBW 12008),其哈氏可磨性指数(HGI)分别约为 40、60、80 和 110。

(10) 哈氏可磨性指数测定实验煤样。

四、实验步骤

(1) 将已制备的煤样混合均匀,用二分器分出 120 g,取 0.63 mm 筛子在振筛机上筛 5 min,除去粉末,再用二分器缩分为每份不少于 50 g 的两份煤样备用。

(2) 对哈氏仪进行试运转,检查仪器是否正常,并将研磨碗调到合适的启动位置。彻底清扫研磨碗、研磨环和钢球,将球尽可能均匀地分布在研磨碗的凹槽内。

(3) 称取粒度为 0.63~1.25 mm 的空气干燥试样(50±0.01) g,称准至 0.01 g。将煤样均匀倒入研磨碗内,使其表面平整,将落在球上和研磨碗凸起部分的试样用毛刷扫到钢球周围,然后将研磨环放在研磨碗内。托起研磨碗,使研磨环的十字槽对准主轴下端的十字头,同时将研磨碗挂在机座两侧的螺栓上,拧紧固定,并确保总垂直力均匀施加在 8 个钢球上。

(4) 将计数器调到零位,启动电机。仪器运转(60±0.25)转后自动停止。

(5) 将保护筛、0.071 mm 筛子和筛底套叠好。卸下研磨碗,将沾在研磨环上的煤粉刷到保护筛上,然后将磨过的煤样连同钢环球一起倒入保护筛,并将沾在研磨碗和钢球上的煤粉仔细刷到保护筛上。将钢球放回研磨碗,再将沾在保护筛上的煤粉刷到 0.071 mm 筛子内。

(6) 将筛盖盖在 0.071 mm 筛子上,连筛底一起放在振筛机上振筛 10 min。取下筛子,将沾在 0.071 mm 筛子底下的煤粉刷到筛底内,重新放在振筛机上筛 5 min,又刷筛底一次,再振筛 5 min,刷筛底一次。

(7) 称量 0.071 mm 筛上的煤样,称准到 0.01 g,筛下物和筛上物的总质量与原试样(50±0.1) g 相比,相差不得超过 0.5 g,否则测定结果作废,重做实验。

五、校准曲线的绘制

用 4 种煤的哈氏可磨性指数标准物质校准哈氏仪,并制作校准图或计算一元线性回归方程参数。

(1) 用待校准的哈氏仪,对 4 种煤的哈氏可磨性指数标准物质进行哈氏可磨性指数测定,每种煤的哈氏可磨性指数标准物质重复测定 4 次，计算 0.071 mm 筛下物质量，计算出 4 次 0.071 mm 筛下物质量的算术平均值。

（2）在直角坐标纸上，以 4 次 0.071 mm 筛下物质量算术平均值为纵坐标，以相应的哈氏可磨性指数标准值为横坐标，根据最小二乘法对煤的哈氏可磨性指数标准物质的实验数据作图。所得的直线就是所用哈氏仪（及筛子等）的校准图。或者用一元线性回归方程表示校准曲线（哈氏可磨性指数值为因变量，筛下物质量的算术平均值为自变量），一元线性回归方程的相关系数（R）至少为 0.99。

注：最小二乘法即所作的直线使图上每个测量点沿 y 轴到该直线的距离平方和最小。

示例：假定某实验室用本单位哈氏仪测得 4 种煤的可磨性指数标准物质的数据如表 12-6 所示。

表 12-6　校准哈氏仪的数据

煤的哈氏可磨性指数（HGI）标准物质标准值	4 次 0.071 mm 筛下物质量算术平均值/g
35	3.21
56	6.18
74	8.88
107	13.54

由表 12-6 结果绘制出校准图 12-13 或者计算出一元线性回归方程（HGI $= 6.9525m + 12.71$，$R^2 = 0.9999$）。

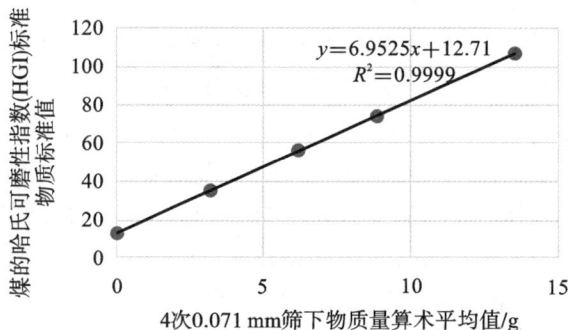

图 12-13　哈氏可磨性指数标准物质校准图示例

六、实验结果

由测得的 0.071 mm 筛上物质量计算出筛下物的质量（由试样质量减去筛上物质量），从校准图上查得或用一元线性回归方程计算出相应的哈氏可磨性指数值。

取重复测定的两个结果的算术平均值，作为哈氏可磨性指数测定结果，修约到整数报出。同一操作者重复测定两个哈氏可磨性指数结果的差值不应超过 2。

七、注意事项

（1）煤样制备时必须采用逐级破碎的方式，破碎不能太快，以防过粉碎，并要求采用筛分-

破碎-筛分的步骤进行。

(2) 原始煤样须采用粒度小于 6 mm 的煤样,否则难以满足出样率达到 45% 的要求。

(3) 防止试样在研磨前的人为外加破碎。

(4) 要确保总垂直力为(284±2) N 并均匀施加在 8 个钢球上。

八、思考题

为什么不采用直接称量 0.071 mm 筛下物质量的方法确定实验结果?

实验 32　煤落下强度的测定

煤在应用中会经历许多的机械加工过程,如破碎、磨碎、筛分、成型等,这些加工过程的难易与煤的很多性质有关,如破碎和磨碎与煤的硬度、强度、可磨性有关,筛分与煤的粒度有关,成型与煤的塑性和弹性有关等。这些性质合称为煤的机械加工性质。

煤的落下强度是指块煤在撞击力作用下抵抗破碎的能力。

使用块煤作燃料或原料的设备,如固定床煤气发生炉、链条锅炉、煅烧炉及部分高温窑炉,对煤的块度都有一定要求。煤在运输、装卸以及加工过程中既有颗粒间的摩擦,又有堆积中的挤压,还有提升落下后的碰撞等,常使原来的大块煤破碎成小块,甚至产生较多的粉末。为了正确地估计块煤用量及确定在使用前是否需要筛分,使用块煤的用户必须了解煤的落下强度。

本实验方法依据 GB/T 15459—2006 制定,适用于褐煤、烟煤和无烟煤。

一、实验目的

(1) 掌握煤的落下强度测定方法。

(2) 分析煤的落下强度的变化规律。

二、方法要点

选用 10 块 60～100 mm 块煤,让其逐一从 2 m 高处自由落下到 15 mm 厚的钢板上。落下后将煤筛分,粒度大于 25 mm 的煤再做落下实验,重复落下 3 次,称出粒度大于 25 mm 的煤样的质量(m_1)。以 m_1 占原来煤样质量(m)的百分数作为煤的落下强度。

三、仪器设备及材料

(1) 台秤:最大称量值为 10 kg,最小分度为 0.5 g。

(2) 方孔筛:筛孔尺寸分别为 100 mm、60 mm、25 mm。

(3) 实验架(图 12-14):钢板厚度不小于 15 mm,长约 1200 mm,宽约 900 mm,木框高度约 200 mm。标记杆位置可调。(只要保证煤能从 2 m 高处自由落下到钢板上,任何实验架都可以使用。)

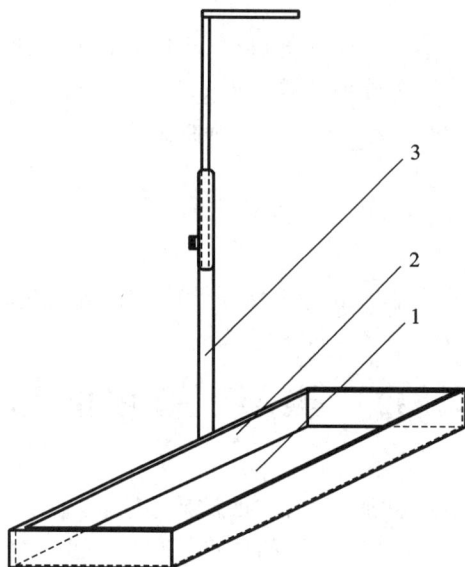

图 12-14 实验架示意图

1—钢板;2—框;3—标记杆

(4) 钢板:表面坚固平整。

(5) 毛刷:用来清扫钢板表面。

(6) 煤样:粒度为 60～100 mm 的块煤。

四、实验步骤

(1) 分别选取两份粒度为 60～100 mm,形状、层理类似的块煤,每份 10 块,称其质量。两份煤样质量应尽可能接近。

(2) 让煤样从实验架 2 m 高处逐块自由下落到钢板上。10 块块煤全部落下后,筛分出粒度大于 25 mm 的块煤,进行第 2 次落下实验,再次筛分出粒度大于 25 mm 的块煤,进行第 3 次落下实验。3 次落下实验后筛分出粒度大于 25 mm 的块煤,称量(精确到 0.5 g)。

每块块煤落下前,需对钢板进行清扫。

五、结果的计算

(1) 按下式计算煤的落下强度:

$$SS = \frac{m_1}{m} \times 100\%$$

式中:SS——煤的落下强度;

m_1——3 次落下实验后粒度大于 25 mm 的块煤质量,kg;

m——落下实验前块煤质量,kg。

(2) 计算煤的落下强度,结果保留到小数点后两位,取两次重复测定结果的平均值,修约到小数点后一位报出。

六、思考题

为什么每次块煤落下前,需要对钢板进行清扫?

实验 33　煤的热稳定性的测定

将煤块加入气化炉(或燃烧炉)进行气化(或燃烧)时,煤块受到热冲击而破碎。煤块抵抗破碎的能力直接影响气化炉(或燃烧炉)的正常操作。若煤的热稳定性不好,就会使煤块碎裂,产生大量小块和粉末,不仅增加过程的带出物损失,更为严重的是炉内阻力增大,通风恶化,使操作发生严重困难,甚至因无法正常操作而停炉,造成生产事故。因此,煤的热稳定性是反映气化(或燃烧)用煤质量的一个重要指标。

本实验方法依据 GB/T 1573—2018 制定,适用于褐煤、无烟煤及不黏结性烟煤。

一、实验目的

了解煤的热稳定性的重要意义,掌握其测定方法。

二、方法要点

量取一定体积粒度为 6~13 mm 的煤样,在(850±15) ℃的马弗炉中隔绝空气加热 30 min,然后称量,筛分,计算粒度大于 6 mm、粒度为 3~6 mm 和粒度小于 3 mm 的残焦质量分别占各级残焦总质量的百分数。所得粒度大于 6 mm 的残焦占各级残焦总质量的百分数为热稳定性指标 TS_{+6},所得粒度为 3~6 mm 及粒度小于 3 mm 的残焦质量占各级残焦总质量的百分数分别为热稳定性的辅助指标 $TS_{3\sim6}$ 及 TS_{-3}。

三、仪器设备及材料

(1) 马弗炉:配有恒温调节装置并能保持在(850±15) ℃,恒温区面积不小于 100 mm×230 mm,炉后壁留有排气孔和热电偶插入孔。

(2) 振筛机:往复式,振幅(40±2) mm、频率(240±20) min^{-1}。

(3) 圆孔筛:筛孔直径为 6 mm 和 3 mm,尺寸与振筛机相匹配,并配有筛底和盖。

(4) 工业天平:最大称量值为 1 kg,最小分度为 0.01 g。

(5) 带盖坩埚:100 mL,由瓷或刚玉制成。

(6) 坩埚架:用耐温 900 ℃以上的金属丝(如镍铬丝)制成。能放置 5 个或 10 个坩埚。

(7) 煤试样。

四、实验步骤

(1) 根据第 10 章介绍的煤样缩制方法取制备好的约 500 g 粒度为 6~13 mm 的空气干燥

煤样两份,称量(称准到 0.02 g)并使两份煤样质量相差不超过 1 g。将每份煤样分别装入 5 个坩埚,盖好坩埚盖并将坩埚放入坩埚架。迅速将装有坩埚的坩埚架送入已升温到 900 ℃ 的马弗炉恒温区内,关好炉门,将炉温调到 850 ℃,使煤样在此温度下准确加热 30 min。坩埚和坩埚架放入后,要求炉温在 8 min 内恢复至(850±15)℃,此后保持在(850±15)℃,否则此次实验作废,加热时间包括温度恢复时间。

(2) 从马弗炉中取出坩埚,冷却到室温,立即称量每份残焦质量(称准到 0.02 g)。

(3) 将孔径 6 mm、3 mm 的筛子和筛底盘叠放在振筛机上,然后将称量后的一份残焦倒入 6 mm 筛子内,盖好筛盖并将其固定。

(4) 开动振筛机,筛分 10 min。

(5) 分别称量筛分后粒度大于 6 mm、粒度为 3～6 mm 及粒度小于 3 mm 的各级残焦质量(称准到 0.02 g)。将各级残焦的质量之和与筛分前的残焦总质量相比,两者之差不应超过 1 g,否则实验作废。

五、结果计算

煤的热稳定性计算公式如下:

$$TS_{+6} = \frac{m_{+6}}{m} \times 100\%$$

$$TS_{3\sim6} = \frac{m_{3\sim6}}{m} \times 100\%$$

$$TS_{-3} = \frac{m_{-3}}{m} \times 100\%$$

式中:TS_{+6}——煤的热稳定性指标;

$TS_{3\sim6}$、TS_{-3}——煤的热稳定性辅助指标;

m——各级残焦质量之和,g;

m_{+6}——粒度大于 6 mm 的残焦质量,g;

$m_{3\sim6}$——粒度为 3～6 mm 的残焦质量,g;

m_{-3}——粒度小于 3 mm 的残焦质量,g。

取重复测定的两个结果的算术平均值,作为煤的热稳定性指标和辅助指标的结果,修约到小数后一位报出。同一操作者重复测定两个结果的差值不应超过 3.0%。

六、思考题

煤的热稳定性与煤化程度有什么关系?为什么?

实验 34　低煤阶煤透光率的测定

低煤阶煤的透光率主要用于表征低煤阶煤的煤化程度。这一指标比其他反映煤化程度的指标(如挥发分产率、碳含量等)更适用于低煤阶煤,这是因为煤样轻度氧化对透光率测定值影响不大。因此,低煤阶煤透光率被我国煤分类方案采用,作为区分褐煤和长焰煤以及褐煤小类的主要指标。

本实验方法根据 GB/T 2566—2010 制定,适用于褐煤和低煤阶烟煤。

一、实验目的

(1) 掌握煤的透光率测定原理、方法。
(2) 了解煤的透光率与煤化程度的关系。

二、方法要点

低煤阶煤在规定条件下与混合酸(硝酸和磷酸)中的硝酸反应,生成有色溶液,颜色的深浅与煤化程度有关。煤化程度越高,有色溶液的颜色越浅;煤化程度越低,则颜色越深。根据有色溶液的颜色深浅,与一组由重铬酸钾配制的标准系列溶液进行比较,用目视比色法得出有色溶液的透光率,即煤的透光率。

三、仪器设备及材料

(1) 比色管:25 mL,内径(17±0.5) mm,在 10 mL 处有刻线,配有严密的塞子。
(2) 水浴装置:闭口,能加热到 100 ℃。
(3) 电子天平:最小分度为 0.1 mg。
(4) 温度计:最高测温 100 ℃,分度值小于 0.2 ℃,需校正后使用。
(5) 移液管:带细刻度的 1 mL、2 mL、5 mL 或 10 mL 直形移液管及 25 mL 的移液管各一支。
(6) 滤纸:致密,不透过煤粉。
(7) 硝酸:化学纯,65%～68%(不能用已分解产生 NO_2 的呈黄色的硝酸)。
(8) 磷酸:化学纯,磷酸含量不小于 85%。
(9) 硫酸:分析纯,95%～98%。
(10) 重铬酸钾:分析纯,纯度不小于 99.8%,使用前需在 110～120 ℃下烘干 2 h。
(11) 一般分析实验煤样:遇水易泥化的低煤阶褐煤或 $A_d \leqslant 10\%$ 的煤样。

四、实验步骤

1. 试剂的配制
(1) 10%硫酸溶液:量取 100 mL 浓硫酸,缓缓倒入盛有蒸馏水的大烧杯中,然后移入 1000 mL 容量瓶,并用蒸馏水稀释到刻度,摇匀备用。
(2) 混合酸:由体积比为 1∶1∶9 的硝酸、磷酸和蒸馏水配成。
(3) 磷酸溶液(1∶9):由磷酸和蒸馏水按 1∶9 的体积比配制。
2. 标准系列溶液的配制
(1) 重铬酸钾储备溶液:称取 2.5000 g 已干燥过的重铬酸钾粉末,用 10%硫酸溶液在容量瓶中配成 250 mL 溶液,用于配制透光率 P_M 在 30%～100% 的标准系列溶液;称取 5.0000 g 重铬酸钾粉末,用 10% 硫酸溶液在容量瓶中配成 250 mL 溶液,用于配制透光率在 16%～28% 的标准系列溶液。

(2)重铬酸钾标准系列溶液:按表 12-7 分别用带细刻度的 1 mL、2 mL、5 mL 或 10 mL 的直形移液管依次从上述两种储备溶液中吸取所需的量,放入 50 mL 容量瓶,再用 10% 硫酸溶液稀释到刻度。

表 12-7　透光率(P_M)的标准系列溶液配制方法

标准系列	透光率 P_M/(%)	配制 50 mL 标准溶液时需用重铬酸钾储备溶液的量/mL	标准系列	透光率 P_M/(%)	配制 50 mL 标准溶液时需用重铬酸钾储备溶液的量/mL
1	100	0	36	56	3.00
2	98	0.05	37	55	3.15
3	96	0.11	38	54	3.45
4	94	0.15	39	53	3.62
5	92	0.23	40	52	3.80
6	90	0.29	41	51	4.05
* 7	88	0.38	42	50	4.30
8	86	0.44	43	49	4.50
* 9	84	0.48	* 44	48	4.70
10	82	0.55	45	47	5.10
* 11	81	0.59	46	46	5.50
12	80	0.63	47	45	6.05
13	79	0.67	48	44	6.60
14	78	0.71	49	43	7.15
15	77	0.75	50	42	7.75
* 16	76	0.79	51	41	8.15
17	75	0.84	52	40	8.55
18	74	0.90	53	39	9.25
19	73	0.98	* 54	38	9.90
20	72	1.05	55	37	10.70
21	71	1.13	56	36	11.50
* 22	70	1.20	57	35	12.50
23	69	1.28	58	34	13.60
24	68	1.35	59	33	17.50
25	67	1.47	60	32	21.70
* 26	66	1.60	61	31	26.00
27	65	1.68	* 62	30	30.00
28	64	1.75	63	28	19.30
29	63	1.87	64	26	23.60
30	62	2.00	65	24	28.20
* 31	61	2.15	66	22	32.80
32	60	2.30	67	20	37.50
33	59	2.45	68	18	42.40
34	58	2.60	69	16	47.50
35	57	2.80			

注:带 * 的标准系列溶液为直接用煤样反复对比后确定的标准点;其余各点均根据标准点所绘制的标准曲线或其外延线上求出。

采用已配好的标准系列溶液冲洗干燥的比色管若干个,再将标准系列溶液倒入比色管中至 10 mL 刻度处。

(3) 标准系列溶液的稳定性:标准系列溶液一般可保存并使用 2 个月。若进行比色时与配制标准系列溶液的平均室温差超过 10 ℃,应重新配制标准系列溶液。

3. 煤样的处理

(1) 将水浴温度升至(99.5±0.5)℃并恒温。

(2) 称取 1.0000 g 粒度小于 0.2 mm 的煤样,放入干燥的 100 mL 容量瓶中。用移液管吸取 25 mL 混合酸加入容量瓶,边加酸边摇动容量瓶,使煤样浸湿。将加酸后的容量瓶立即放入水浴,水浴的温度应在 5 min 内回升到(99.5±0.5)℃。加热至 90 min,立即从水浴中取出容量瓶,并迅速冷却至室温,加入磷酸溶液(1:9)至容量瓶刻度处,摇匀。静置 15 min 后,用干燥的漏斗和滤纸过滤。弃去起始滤出的少量滤液。滤液放入干燥的 100 mL 锥形瓶中。

4. 比色

将滤液注入比色管至 10 mL 刻度处,与标准系列溶液进行比色。

比色应在光线明亮处进行,但也不能在直射阳光下。比色时须在比色管下部衬几张白色滤纸,但比色管底部与滤纸之间应保持约 3 cm 的距离。从比色管口上方垂直向下看,应将标准系列溶液和比色溶液左右两边的位置作交换,以利于结果的正确判断。当比色溶液的颜色深度位于两个相邻的标准系列溶液中间或与某一标准溶液相当时,即可求出煤样的透光率 P_M。对透光率特别小的煤样,由于标准系列溶液和煤样溶液的色调不太一致,可以溶液的明暗程度为准进行比色。

五、结果计算

透光率测定结果可读准至 1%。对 P_M 小于 16% 的煤样,报出结果时注明 P_M<16%。

取重复测定的两个结果的算术平均值,作为煤透光率测定结果:

当 P_M<28% 或 P_M≥56% 时,同一操作者重复测定两个结果的差值不应超过 2.0%;

当 P_M 在 28%~56% 时,同一操作者重复测定两个结果的差值不应超过 3.0%。

六、注意事项

(1) 高原地区为使水浴温度保持在(99.5±0.5)℃,需在水浴中加入一定量甘油。

(2) 过滤时,要防止极细煤粉透滤,否则应重新过滤。

七、思考题

(1) 透光率与煤的变质程度有何关系?

(2) 为什么煤轻度氧化后不影响透光率的测定值?

实验 35　煤的真相对密度和视相对密度的测定

煤的密度是指单位体积煤的质量，单位是 g/cm³ 或 kg/m³。煤的相对密度（亦称比重）是煤的密度与参考物质（一般为水）的密度在规定条件下的比值，量纲为 1。密度与相对密度数值相同，但物理意义不同。密度有单位而相对密度无单位。学术上多使用密度，而工业上习惯用相对密度。

煤的密度是反映煤的物理性质和结构的重要常数，密度的大小取决于分子结构和分子排列的紧密程度。煤的密度变化随煤化程度的变化呈现一定的规律，因此了解煤的密度可以掌握煤的煤化程度和结构的变化。

在设计煤仓、估计煤堆质量、进行煤的洗选、计算焦炉装煤量及商品煤的装车量时，都需要有关煤的密度的数据。

一般情况下煤的密度是指相对密度，即在一定温度（20 ℃）条件下，煤的质量与相同体积水的质量之比。由于煤是多孔状的固体混合物，因此根据测定方法不同（主要在测定煤的体积方面），煤的密度有多种表示方法。

一、煤的真相对密度的测定

煤的真相对密度是指在 20 ℃时，单位体积（不包括煤的所有孔隙）煤的质量与同体积水的质量之比，用符号 TRD_{20}^{20} 表示，上角 20 表示煤的摄氏温度，下角 20 表示水的摄氏温度。煤的真相对密度是研究煤的性质和计算煤层平均质量的重要指标之一。

煤的真相对密度测定是在密度瓶中进行的，为了破坏煤的孔隙，应将煤样破碎到 0.2 mm 以下，放入密度瓶中，让水（或乙醇）充满煤的所有孔隙，然后根据煤样的质量和煤样所占有的水（或乙醇）的体积计算出煤的相对密度。

对煤的真相对密度的测定，现行的国家标准是 GB/T 217—2008。

密度瓶法是以十二烷基硫酸钠溶液为浸润剂，以水为置换介质，使煤样在密度瓶中润湿沉降并排除吸附的气体，即可根据阿基米德原理测出与煤样同体积的纯水质量，并计算出煤的真相对密度。

(一) 实验目的

掌握密度瓶法测定煤的真相对密度的方法要点，熟悉测定步骤。

(二) 方法要点

以十二烷基硫酸钠溶液为浸润剂，使煤样在密度瓶中润湿、沉降，排出所吸附的气体。根据阿基米德原理测定出与煤样同体积（不包括任何裂隙、毛细孔的体积）的纯水的质量，并计算出煤的真相对密度。

（三）仪器设备及材料

（1）恒温水浴器：能保持 10～35 ℃，控温精度 0.5 ℃。

（2）密度瓶：容量为 50 mL，带有磨口毛细管塞。

（3）电子天平：最小分度为 0.1 mg。

（4）带刻度移液管：10 mL。

（5）温度计：量程 0～50 ℃，最小分度为 0.2 ℃。

（6）无颈小漏斗。

（7）十二烷基硫酸钠：$C_{12}H_{25}NaO_4S$，化学纯，配成 2% 的水溶液。

（8）一般分析实验煤样。

（四）实验步骤

（1）准确称取粒度小于 0.2 mm 的一般分析实验煤样 2 g（称准至 0.0002 g），用无颈小漏斗仔细地移入密度瓶中。

（2）用移液管向密度瓶中注入 3 mL 2% 十二烷基硫酸钠溶液。注意将附着在瓶颈上的煤样冲入瓶内。轻轻转动密度瓶，放置 15 min，使煤样完全润湿，然后沿瓶壁加入 25 mL 蒸馏水。

（3）将密度瓶浸入水浴中，煮沸 20 min，排除煤样吸附的气体。

（4）取出密度瓶，加入新煮沸的蒸馏水至低于瓶口约 10 mm 处，并冷却到室温。然后在（20±0.5）℃（或略低于室温）的恒温器中，恒温 1 h。如没有恒温水槽，可在室温下放置过夜，并记录室温。

（5）用吸管沿密度瓶的瓶颈滴加已煮沸并冷却到 20 ℃ 或室温的蒸馏水（注意应与测定温度一致）至瓶口，盖上瓶塞，使过剩的水从瓶塞上的毛细管溢出。注意观察，密度瓶中和瓶塞毛细管内都不得有气泡存在，否则应重新加水、盖塞。这一过程必须迅速完成，特别是恒温器温度与室温相差较大时。

（6）迅速擦干密度瓶，立即称出密度瓶加煤样、浸润剂和蒸馏水的质量（m）。

（7）空白值的测定：按上述方法，密度瓶中不加煤样、不经煮沸，测出密度瓶加浸润剂及蒸馏水的质量（m_0）。

（五）结果计算

在恒温（20 ℃）条件下测定煤的真相对密度，其结果按下式计算：

$$\mathrm{TRD}_{20}^{20} = \frac{m_d}{m_0 + m_d - m_1}$$

式中：TRD_{20}^{20}——干煤样的真相对密度；

　　m_d——干煤样质量，g；

　　m_0——密度瓶、浸润剂及蒸馏水的质量，g；

　　m_1——密度瓶、浸润剂、煤样及蒸馏水的质量，g。

　　其中　　　　　　　　　　$m_d = m_{ad} \times (1 - M_{ad})$

式中：M_{ad}——一般分析实验煤样水分；

m_{ad}——分析煤样质量，g。

室温(t ℃)下测定煤的真相对密度，其结果按下式计算：

$$TRD_{20}^{20} = \frac{m_d}{m_0 + m_d - m_1} K'$$

式中：K'——温度校正系数。

其中

$$K' = \frac{\rho_t}{\rho_{20}}$$

式中：ρ_t——水在 t ℃时的密度，g/cm^3；

ρ_{20}——水在 20 ℃时的密度，g/cm^3。

K' 值可由表 12-8 查出。

表 12-8　温度校正系数 K' 值表

温度/℃	校正系数 K'	温度/℃	校正系数 K'
6	1.00174	21	0.99979
7	1.00170	22	0.99956
8	1.00165	23	0.99953
9	1.00158	24	0.99909
10	1.00150	25	0.99883
11	1.00140	26	0.99857
12	1.00129	27	0.99831
13	1.00117	28	0.99803
14	1.00100	29	0.99773
15	1.00090	30	0.09743
16	1.00074	31	0.99713
17	1.00057	32	0.99682
18	1.00039	33	0.99649
19	1.00020	34	0.99616
20	1.00000	35	0.99582

（六）思考题

（1）测定煤的真相对密度时，为什么要用浸润剂？

（2）纯煤真相对密度与煤化程度有什么关系？试结合煤的分子结构概念加以解释。

二、煤的视相对密度的测定

煤的视相对密度也称煤的假密度，其测定方法有凡士林法、水银法和涂蜡法等。目前我国采用涂蜡法测定煤的视相对密度。

本实验方法根据 GB/T 6949—2010 制定。

（一）实验目的

掌握涂蜡法测定煤视相对密度的原理、方法。

（二）方法要点

取一定粒度具有代表性的煤样,将煤粒称量后涂蜡(防止介质渗入煤粒孔隙),然后放入密度瓶内,以十二烷基硫酸钠溶液为浸润剂,根据阿基米德原理,测出涂蜡煤粒排开同体积水的质量,计算出涂蜡煤粒的体积,再减去蜡的体积,即可求出煤的视相对密度。

（三）仪器设备及材料

(1) 电热板或电炉:温度可调。

(2) 密度瓶:容量 60 mL,带有磨口的毛细管塞,毛细管内径小于 1 mm,密度瓶口径为 20 mm 或 16 mm。

(3) 温度计:量程 0～100 ℃,最小分度为 0.5 ℃。

(4) 电子天平:最小分度为 0.1 mg。

(5) 塑料布:300 mm×300 mm。

(6) 网匙:由 3 mm×3 mm 的筛网制成。

(7) 小铝锅或小铝盆。

(8) 筛子:孔径 1 mm。

(9) 金属块:10～25 g。

(10) 毛刷。

(11) 蜡:优质石蜡,熔点 50～60 ℃。

(12) 十二烷基硫酸钠:$C_{12}H_{25}NaO_4S$,化学纯,配成 2% 的水溶液。

(13) 煤试样:空气干燥状态,粒度 10～13 mm。

（四）实验步骤

(1) 将已达到空气干燥状态的煤样(粒度 10～13 mm)均匀地取出 20～30 g,放在 1 mm 筛子上用毛刷反复刷去煤粉,然后将筛上煤粒称量(m_1),称准至 0.0002 g。

(2) 将称量后的煤粒置于网匙上,浸入预先加热至 70～90 ℃ 的蜡中,用玻璃棒迅速拨动煤粒直至表面不再产生气泡。立即取出网匙,稍冷,将煤粒撒在塑料布上,并用玻璃棒迅速拨开煤粒,勿让煤粒黏结。冷却至室温,清除煤粒表面上的蜡屑,准确称量(m_2),称准至 0.0002 g。

(3) 将涂蜡的煤粒装入密度瓶中,加 0.1% 十二烷基硫酸钠溶液至密度瓶 2/3 高度处。盖上密度瓶塞,摇荡或用手指轻敲密度瓶,使煤粒充分浸润至表面不附着气泡,再加 0.1% 十二烷基硫酸钠溶液至距瓶口约 10 mm 处。置于恒温器中,在 (20±0.5) ℃ 下恒温 1 h,也可在室温下记录溶液的温度。

(4) 用吸液管滴加溶液至瓶口,小心塞紧瓶塞,使过剩的水溶液从瓶塞的毛细管上端溢出,确保瓶内和毛细管内没有气泡。

（5）迅速擦干密度瓶，立即称量（m_3），称准至 0.0002 g。

（6）空白值的测定：在密度瓶内只加 0.1% 十二烷基硫酸钠溶液，并按操作步骤（3）（4）操作。称出密度瓶和水溶液总质量（m_4），称准至 0.0002 g。密度瓶连续两次测定值的差值不得超过 0.01 g。如在室温条件下测定，则在做煤样的同时测定空白值。

（五）蜡密度的测定

（1）在试管中放入约 15 g 蜡，加热使蜡完全熔化，轻轻振动驱出蜡内存在的气泡。

（2）将试管静置，待蜡完全冷却、凝固后微微加热试管四周，倒出蜡块。制成的蜡块应无裂纹和气泡。

（3）蜡块用细线系好，称量（称准至 0.0002 g）。

（4）在蜡块下方系一块金属块（10～25 g），借其重力将蜡浸入 20 ℃ 的 0.1% 十二烷基硫酸钠溶液中。勿使蜡块和金属块与装液体的容器壁或底接触，称出蜡块和金属块在水溶液中的质量（称准至 0.0002 g）。

（5）金属块单独用细线系好，浸在 20 ℃ 的 0.1% 十二烷基硫酸钠溶液中，称量（称准至 0.0002 g）。

（六）结果计算

（1）按下式计算出蜡的密度：

$$S = \frac{g_1}{[g_1 - (g_2 - g_3)]/D_r}$$

式中：S——蜡的密度，g/cm³；

g_1——蜡块质量，g；

g_2——蜡块和金属块在 0.1% 十二烷基硫酸钠溶液中的质量，g；

g_3——金属块在 0.1% 十二烷基硫酸钠溶液中的质量，g；

D_r——0.1% 十二烷基硫酸钠溶液密度（表 12-9），g/cm³。

表 12-9　不同温度下 0.1% 十二烷基硫酸钠溶液的密度

温度/℃	密度/(g/cm³)	温度/℃	密度/(g/cm³)
5	1.00023	14	0.99951
6	1.00021	15	0.99937
7	1.00017	16	0.99921
8	1.00012	17	0.99904
9	1.00005	18	0.99886
10	0.99997	19	0.99867
11	0.99987	20	0.99847
12	0.99976	21	0.99826
13	0.99964	22	0.99804

温度/℃	密度/(g/cm³)	温度/℃	密度/(g/cm³)
23	0.99780	30	0.99591
24	0.99756	31	0.99561
25	0.99731	32	0.99530
26	0.99705	33	0.99497
27	0.99678	34	0.99464
28	0.99650	35	0.99430
29	0.99621	40	0.99248

（2）煤的视相对密度按下列公式计算：

$$\text{ARD}_{20}^{20} = \frac{m_1}{\left(\dfrac{m_2 + m_4 - m_3}{D_r} - \dfrac{m_2 - m_1}{S} \right) \times D_w^{20}}$$

式中：ARD_{20}^{20}——煤在 20 ℃时的视相对密度；

m_1——煤样的质量，g；

m_2——涂蜡煤粒的质量，g；

m_3——密度瓶、涂蜡煤粒及 0.1％十二烷基硫酸钠溶液的质量，g；

m_4——密度瓶、0.1％十二烷基硫酸钠溶液的质量，g；

S——石蜡的密度，g/cm³；

D_r——0.1％十二烷基硫酸钠溶液的密度，g/cm³；

D_w^{20}——水在 20 ℃时的密度，g/cm³，可近似取为 1.0000 g/cm³。

（七）思考题

简述涂蜡法测定煤的视相对密度的原理。

实验 36　烟煤相对氧化度的测定

炼焦烟煤受到氧化，会使其黏结性明显下降。本实验方法根据 GB/T 19224—2017 制定，用以评价炼焦烟煤的可使用性。

一、实验目的

（1）掌握烟煤相对氧化度测定的基本原理、方法。

（2）学会用相对氧化度指标判断炼焦烟煤的可使用性。

二、方法要点

用氢氧化钠溶液抽提一定量的烟煤氧化后产生的腐植酸，对碱抽提液进行比色测定，根据溶液的透光率确定烟煤的相对氧化度。

三、仪器设备及材料

（1）分光光度计。

（2）比色皿：10 mm。

（3）电热板或电炉：温度可调。

（4）电子天平：最小分度为 0.001 g。

（5）温度计：量程 0～100 ℃，最小分度为 0.5 ℃。

（6）计时器：量程 30 min，精确到 1 s。

（7）氢氧化钠溶液（1 mol/L）：称取 40 g 氢氧化钠，溶于水并稀释至 1000 mL。

（8）润湿剂：辛基苯氧基聚乙氧基乙醇非离子型表面活性剂，浓度 100%，不稀释。或使用 20 g/L 十二烷基硫酸钠溶液。

（9）粒度小于 3 mm 的空气干燥煤样。

四、实验步骤

（1）称取粒度小于 3 mm 的空气干燥煤样（1±0.1）g，称准至 0.002 g，将其转移到烧杯中。向烧杯中加入 100 mL 氢氧化钠溶液和 1 滴润湿剂。

（2）将烧杯放在预先升温的电热板或电炉上，烧杯内放置一支温度计，在 3～4 min 内将溶液加热至 98 ℃，保持 3 min。每隔 1 min 用玻璃棒搅动溶液一次，每次至少 5 s。

（3）将烧杯从电热板或电炉上取下，在空气中冷却 30 min。

（4）用双层中速定性滤纸过滤溶液，将滤液收集在 100 mL 量筒中。确保每次实验前漏斗和量筒均是干燥的。过滤后用水将溶液稀释至 80 mL，并用玻璃棒搅拌均匀。若烧杯内残留煤样，不必冲洗。

（5）除不加煤样外，按上述步骤制备空白溶液。

（6）预先打开分光光度计，将波长调到 520 nm，稳定 30 min。使用 10 mm 比色皿，以空白溶液为参比，测定滤液的吸光度。

五、结果计算

烟煤相对氧化度用 17 mm 光路下的透光率 T_{17} 表示，计算公式如下：

$$A_{17} = 1.7 \times A_{10}$$
$$T_{17} = 10^{-A_{17}} \times 100\%$$

式中：T_{17}——17 mm 光路时的透光率；

A_{17}——17 mm 光路时溶液的吸光度；

A_{10}——10 mm 光路时溶液的吸光度；

1.7——10 mm 和 17 mm 光路下的吸光度转换系数。

取重复测定的两个结果的算术平均值，作为烟煤相对氧化度测定结果。同一操作者重复测定两个结果的差值不应超过 3.0%。

六、思考题

煤的热稳定性与煤化程度有什么关系？为什么？

实验 37 煤灰成分的分析和测定

煤灰来自煤中矿物质，因煤中矿物质成分复杂，故煤灰成分也十分复杂。煤灰主要由各种金属和非金属的氧化物和盐组成。通过测定煤灰成分，可判断煤灰熔融性、煤的结渣性、煤燃烧时对炉室的腐蚀情况，预测焦炭灰分对高炉炼铁的影响。煤灰成分是炉渣、煤矸石等综合利用的基础技术资料，在煤田地质勘查过程中，煤灰成分也是煤层对比的依据之一。

煤灰成分分析的方法有化学法、原子吸收分光光度法等，本实验采用化学法分析煤灰成分。本实验方法根据 GB/T 1574—2007 制定，适用于煤、焦炭、水煤浆和煤矸石。

一、实验目的

（1）掌握煤灰成分分析的基本原理和方法。
（2）加深对分析化学的有关基础知识的理解。

二、仪器设备及材料

（1）马弗炉：附有自动恒温装置，并能保持在（815±10）℃，炉子后壁上部有直径为 25～30 mm 的烟囱。
（2）电热板或电炉：温度可调。
（3）干燥器：内装干燥剂（变色硅胶或无水氯化钙）。
（4）银坩埚：带盖。
（5）电子天平：最小分度为 0.1 mg。
（6）分光光度计。
（7）玛瑙研钵。
（8）实验筛：孔径 0.1 mm。
（9）一般分析实验煤样。

三、煤灰样的制备

将一定量粒度小于 0.2 mm 的一般分析实验煤样按煤的工业分析方法中缓慢灰化法灰化，将煤灰用玛瑙研钵研细至全部通过 0.1 mm 筛，然后在灰皿内（815±10）℃下灼烧至恒重，装入磨口瓶并存放在干燥器内。使用前在（815±10）℃下灼烧 0.5 h。

四、煤灰成分的半微量分析

（一）试液的制备

1. 试剂

若非特别指明,试剂均为分析纯,水为去离子水或同等纯度的蒸馏水(下同)。

（1）氢氧化钠:粒状。

（2）浓盐酸:相对密度为1.19。

（3）盐酸(1∶1)。

（4）乙醇:无水乙醇或95％乙醇。

2. 试样溶液的制备

称取煤灰样0.10 g,称准至0.0002 g,在银坩埚中用几滴乙醇润湿。加2 g氢氧化钠,盖上坩埚盖,放入马弗炉中,在1～1.5 h将炉温从室温缓慢升至650～700 ℃,熔融15～20 min。取出坩埚,用水激冷后,擦净坩埚外壁,放入250 mL烧杯中,加入约150 mL沸水,立即盖上表面皿,待剧烈反应停止后,用少量盐酸(1∶1)和热水交替洗净坩埚和坩埚盖,此时溶液体积约为180 mL。在不断搅拌下,迅速加入20 mL浓盐酸,于电炉上微沸约1 min,取下,迅速冷至室温,移入250 mL容量瓶中,用水稀释至刻度,摇匀。此溶液定名为溶液A。

3. 空白溶液的制备

不加入煤灰样,其余操作同试样溶液的制备。此溶液定名为溶液B。

（二）二氧化硅的测定（硅钼蓝分光光度法）

1. 方法要点

在乙醇存在下,在盐酸($c(\text{HCl})=0.1$ mol/L)介质中,正硅酸与钼酸生成稳定的硅钼黄,提高酸度至2.0 mol/L以上,以抗坏血酸还原硅钼黄为硅钼蓝,用分光光度法测定二氧化硅含量。

2. 试剂

（1）乙醇:无水乙醇或95％乙醇。

（2）盐酸(1∶3)。

（3）盐酸(1∶9)。

（4）盐酸(1∶11)。

（5）钼酸铵溶液(50 g/L):称取5 g钼酸铵($(\text{NH}_4)_6\text{Mo}_7\text{O}_{24}\cdot4\text{H}_2\text{O}$),溶于水中,用水稀释至100 mL,过滤后,储于聚乙烯瓶中。

（6）抗坏血酸溶液(10 g/L):现用现配。

（7）二氧化硅标准储备溶液(1 mg/mL):采购或自制。

自制方法:准确称取已在(1000±10) ℃下灼烧30 min的光谱纯二氧化硅0.5000 g(称准至0.0002 g),置于已有5 g优级纯无水碳酸钠的铂坩埚中,混匀,表面再覆盖1 g优级纯无水碳酸钠,盖上坩埚盖,置于马弗炉中,由室温缓慢升至950～1000 ℃,熔融40 min。取出坩埚,用水激冷后,擦净坩埚外壁,放于250 mL塑料杯中,加约100 mL沸水浸取,立即盖上表面皿,待剧烈反应停止后,用热水洗净坩埚和盖,熔块完全熔解后,冷至室温,移入 500 mL 容量瓶中,用水稀释至刻度,摇匀,立即转入聚乙烯瓶中保存备用。

也可准确称取光谱纯二氧化硅 0.5000 g(称准至 0.0002 g),置于银坩埚中,加几滴乙醇润湿,加入 4 g 氢氧化钠,盖上坩埚盖,放入马弗炉中,由室温缓慢升至 650～700 ℃,熔融 15～20 min,取出坩埚,用水激冷后,擦净坩埚外壁,放于 250 mL 塑料杯中,加约 150 mL 沸水浸取,立即盖上表面皿,待剧烈反应停止后,用热水洗净坩埚和盖,熔块完全熔解后,冷至室温,移入 500 mL 容量瓶中,用水稀释至刻度,摇匀,立即转入聚乙烯瓶中保存备用。

(8) 二氧化硅标准工作溶液(0.05 mg/mL):准确吸取 25 mL 二氧化硅标准储备溶液,在不断搅拌下放入内有 100 mL 盐酸(1∶9)的 400 mL 烧杯中,加约 100 mL 水,加热煮沸 1 min,取下,立即冷至室温。移入 500 mL 容量瓶中,用水稀释至刻度,摇匀。

3. 分析步骤

(1) 工作曲线的绘制。

①准确吸取二氧化硅标准工作溶液 0 mL、5 mL、10 mL、15 mL、20 mL、25 mL、30 mL,分别注入 100 mL 容量瓶中,依次加入盐酸(1∶11)5 mL、4 mL、3 mL、2 mL、1 mL、0 mL、0 mL,加水至 27 mL,加 8 mL 乙醇,加 5 mL 钼酸铵溶液,摇匀,在 20～30 ℃下放置 20 min。

②加 30 mL 盐酸(1∶3),摇匀,放置 1～5 min,加入 5 mL 抗坏血酸溶液,摇匀,用水稀释至刻度,摇匀。放置 1 h 后,用 1 cm 比色皿,于 620 nm 波长处测定吸光度。

③以二氧化硅的质量(mg)为横坐标,吸光度为纵坐标,绘制工作曲线。

(2) 样品的测定。

①准确吸取溶液 A、溶液 B 各 5 mL,分别注入 100 mL 容量瓶中,加 8 mL 乙醇、约 20 mL 水、5 mL 钼酸铵溶液,摇匀,在 20～30 ℃下放置 20 min。

②按步骤(1)②进行操作。

③将步骤(2)②测得的吸光度进行空白校正后,在工作曲线上查出相应的二氧化硅质量(mg)。

4. 结果计算

二氧化硅的质量分数 $w(SiO_2)$ 按下式计算:

$$w(SiO_2) = \frac{m(SiO_2) \times \frac{250}{5}}{1000 \times m} \times 100\%$$

式中:$m(SiO_2)$——由工作曲线上查得的二氧化硅的质量,mg;

m——煤灰样的质量,g。

取重复测定的两个结果的算术平均值,作为 SiO_2 的测定结果,数值修约至小数点后两位:

当 $w(SiO_2) \leqslant 60.00\%$ 时,同一操作者重复测定两个结果的差值不应超过 1.00%;

当 $w(SiO_2) > 60.00\%$ 时,同一操作者重复测定两个结果的差值不应超过 1.20%。

(三) 三氧化二铁和二氧化钛的连续测定(钛铁试剂分光光度法)

1. 方法要点

在 pH＝4.7～4.9 的条件下,三价铁离子与钛铁试剂生成紫色配合物,用分光光度法测定三氧化二铁。然后加入适量的抗坏血酸,使溶液的紫色消失,四价钛离子与钛铁试剂生成黄色配合物,用分光光度法测定二氧化钛。

2. 试剂

(1) 抗坏血酸。

(2) 钛铁试剂溶液(20 g/L)：称取 2 g 钛铁试剂($C_6H_4O_8S_2Na_2$)，溶于水，用水稀释至 100 mL。

(3) 氨水(体积比为 1∶6)。

(4) 盐酸(体积比为 1∶19)。

(5) 硫酸溶液(体积分数为 50 mL/L)：量取硫酸 5 mL，缓缓加入水中，并用水稀释至 100 mL。

(6) 缓冲溶液(pH＝4.7)：称取 68 g 三水合乙酸钠($CH_3COONa \cdot 3H_2O$)或 41 g 无水乙酸钠(CH_3COONa)，置于 400 mL 烧杯中，加水溶解，加冰乙酸 29 mL，用水稀释至 1 L。

(7) 三氧化二铁标准储备溶液(1 mg/mL)：准确称取已在 105～110 ℃干燥 1 h 的优级纯三氧化二铁 1.0000 g(称准至 0.0002 g)，置于 400 mL 烧杯中，加入浓硫酸(优级纯)50 mL，盖上表面皿，加热溶解后冷至室温，移入 1 L 容量瓶中，用水稀释至刻度，摇匀。

(8) 三氧化二铁标准工作溶液(0.1 mg/mL)：准确吸取 10 mL 三氧化二铁标准储备溶液，置于 100 mL 容量瓶中，用盐酸(1∶19)稀释至刻度，摇匀。

(9) 二氧化钛标准储备溶液(1 mg/mL)：准确称取已在 1000 ℃灼烧 30 min 的优级纯二氧化钛 0.5000 g(称准至 0.0002 g)，置于 30 mL 瓷质坩埚中，加入 8 g 焦硫酸钾，置于马弗炉中，逐渐升温至 800 ℃，并在此温度下保温 30 min，使熔融物呈透明状。取出，冷却后，放入 250 mL 烧杯中，加入 150 mL 硫酸溶液浸取，待熔融物脱落后，用硫酸溶液洗净坩埚，在低温下加热至溶液清澈透明，冷却至室温，移入 500 mL 容量瓶中，并用硫酸溶液稀释至刻度，摇匀。

(10) 二氧化钛标准工作溶液(0.1 mg/mL)：准确吸取 10 mL 二氧化钛标准储备溶液，注入 100 mL 容量瓶中，用硫酸溶液稀释至刻度，摇匀。

(11) 刚果红试纸。

3. 分析步骤

(1) 工作曲线的绘制。

①准确吸取三氧化二铁标准工作溶液 0 mL、2 mL、4 mL、6 mL、8 mL、10 mL 和二氧化钛标准工作溶液 0 mL、0.2 mL、0.4 mL、0.6 mL、0.8 mL、1.0 mL，分别注入 50 mL 容量瓶中，加入 10 mL 钛铁试剂溶液，摇匀。滴加氨水至溶液呈红色，加入 5 mL 缓冲溶液，用水稀释至刻度，摇匀。放置 1 h 后，用 1 cm 比色皿，于 570 nm 波长处测定吸光度。

②在测定完三氧化二铁后的试液中，加入少量抗坏血酸并摇动，直至溶液的紫色消失呈现黄色。放置片刻，用 1 cm 比色皿，于 420 nm 波长处测定吸光度。

③以三氧化二铁和二氧化钛的质量(mg)为横坐标，吸光度为纵坐标，分别绘制三氧化二铁和二氧化钛的工作曲线。

(2) 测定。

①准确吸取溶液 A 和溶液 B 各 5 mL，分别注入 50 mL 容量瓶中，加入 10 mL 钛铁试剂溶液，摇匀。滴加氨水至溶液恰呈红色(如铁含量很低，可加入小块刚果红试纸，滴加氨水至试纸变为红色)，加入 5 mL 缓冲溶液，用水稀释至刻度，摇匀。放置 1 h 后，用 1 cm 比色皿，于 570 nm 波长处测定吸光度。

②按步骤(1)②进行操作。

③将所测得的煤灰样溶液的吸光度扣除空白溶液的吸光度后,在工作曲线上查得相应的三氧化二铁和二氧化钛的质量(mg)。

4. 结果计算

(1) 三氧化二铁的质量分数 $w(Fe_2O_3)$ 按下式计算:

$$w(Fe_2O_3) = \frac{m(Fe_2O_3) \times \frac{250}{5}}{1000 \times m} \times 100\%$$

式中:$m(Fe_2O_3)$——由工作曲线上查得的三氧化二铁的质量,mg;

m——煤灰样的质量,g。

取重复测定的两个结果的算术平均值,作为 Fe_2O_3 的测定结果,数值修约至小数点后两位:

当 $w(Fe_2O_3) \leqslant 5.00\%$ 时,同一操作者重复测定两个结果的差值不应超过 0.30%;

当 $w(Fe_2O_3)$ 在 $5.00\% \sim 10.00\%$ 时,同一操作者重复测定两个结果的差值不应超过 0.40%;

当 $w(Fe_2O_3) > 10.00\%$ 时,同一操作者重复测定两个结果的差值不应超过 0.60%。

(2) 二氧化钛的质量分数 $w(TiO_2)$ 按下式计算:

$$w(TiO_2) = \frac{m(TiO_2) \times \frac{250}{5}}{1000 \times m} \times 100\%$$

式中:$m(TiO_2)$——由工作曲线上查得的二氧化钛的质量,mg;

m——煤灰样的质量,g。

取重复测定的两个结果的算术平均值,作为 TiO_2 的测定结果,数值修约至小数点后两位:

当 $w(TiO_2) \leqslant 1.00\%$ 时,同一操作者重复测定两个结果的差值不应超过 0.15%;

当 $w(TiO_2) > 1.00\%$ 时,同一操作者重复测定两个结果的差值不应超过 0.20%。

(四) 二氧化钛的单独测定(二安替比林甲烷分光光度法)

1. 方法要点

在 $0.5 \sim 1.0$ mol/L 的酸度下,以抗坏血酸消除铁的干扰,四价钛离子与二安替比林甲烷生成黄色配合物,用分光光度法测定二氧化钛的含量。

2. 试剂

(1) 盐酸(体积比为 $1:5$)。

(2) 盐酸(体积比为 $1:1$)。

(3) 二安替比林甲烷溶液(20 g/L):将 20 g 二安替比林甲烷(YHC)溶于盐酸($1:5$)中,并用盐酸($1:5$)稀释至 1000 mL。

(4) 抗坏血酸溶液(10 g/L):现用现配。

(5) 硫酸溶液:同(三)2(5)。

(6) 二氧化钛标准储备溶液:同(三)2(9)。

(7) 二氧化钛标准工作溶液(0.05 mg/mL):准确吸取 5 mL 二氧化钛标准储备溶液,注入 100 mL 容量瓶中,用硫酸溶液稀释至刻度,摇匀。

3. 分析步骤

(1) 工作曲线的绘制。

①准确吸取二氧化钛标准工作溶液 0 mL、1 mL、2 mL、3 mL、4 mL,分别注入 50 mL 容量瓶中,加水至 10 mL,加 2 mL 盐酸(1∶1)、1 mL 抗坏血酸溶液,摇匀。放置 2 min 后,加 10 mL 二安替比林甲烷溶液,用水稀释至刻度,摇匀。放置 40 min 后,用 1 cm 比色皿,于 450 nm 波长处测定吸光度。

②以二氧化钛的质量(mg)为横坐标,吸光度为纵坐标,绘制二氧化钛的工作曲线。

(2) 测定。

①准确吸取溶液 A 和溶液 B 各 10 mL,分别注入 50 mL 容量瓶中,加入 1 mL 抗坏血酸溶液,摇匀。其余步骤同 3(1)。

②将所测得的煤灰样溶液的吸光度扣除空白溶液的吸光度后,在工作曲线上查得相应的二氧化钛的质量(mg)。

4. 结果计算

二氧化钛的质量分数 $w(TiO_2)$ 按下式计算:

$$w(TiO_2) = \frac{m(TiO_2) \times \frac{250}{10}}{1000 \times m} \times 100\%$$

式中:$m(TiO_2)$——由工作曲线上查得的二氧化钛的质量,mg;

m——煤灰样的质量,g。

取重复测定的两个结果的算术平均值,作为 TiO_2 的测定结果,数值修约至小数点后两位:

当 $w(TiO_2) \leqslant 1.00\%$ 时,同一操作者重复测定两个结果的差值不应超过 0.10%;

当 $w(TiO_2) > 1.00\%$ 时,同一操作者重复测定两个结果的差值不应超过 0.20%。

(五) 三氧化二铝的测定(氟盐取代 EDTA 配位滴定法)

1. 方法要点

在弱酸性溶液中,加入过量的 EDTA 溶液,使 EDTA 与铁、铝、钛等离子配位,在 pH = 5.9 的条件下,以二甲酚橙为指示剂,用锌盐回滴剩余的 EDTA,然后加入氟盐置换出与铝、钛配位的 EDTA,用乙酸锌标准溶液滴定,扣除钛的量,得到铝的量。

2. 试剂

(1) EDTA 溶液(11 g/L):称取 1.1 g EDTA,溶于水中,用水稀释至 100 mL。

(2) 缓冲溶液(pH = 5.9):称取 200 g 三水乙酸钠(CH₃COONa·3H₂O)或 120.6 g 无水乙酸钠(CH₃COONa),溶于水中,加 6.0 mL 冰乙酸,用水稀释至 1000 mL。

(3) 乙酸锌溶液(20 g/L):称取 2 g 二水乙酸锌(Zn(CH₃COO)₂·2H₂O),溶于水中,用水稀释至 100 mL。

(4) 氟化钾溶液(100 g/L):称取 10 g 氟化钾(KF·2H₂O),溶于水中,用水稀释至 100 mL,储于聚乙烯瓶中。

(5) 冰乙酸溶液(体积比为 1∶3)。

(6) 氨水(体积比为 1∶1)。

（7）三氧化二铝标准工作溶液（1 mg/mL）：

将光谱纯铝片放于烧杯中，用盐酸（1：9）浸溶几分钟，使表面氧化层溶解，用倾斜法倒去盐酸，用水洗涤数次后，用无水乙醇洗涤数次，放入干燥器中干燥 4 h。选用以下任一方法处理。

方法一（酸溶法）：准确称取处理后的铝片 0.5293 g（称准至 0.0002 g），置于 150 mL 烧杯中，加 50 mL 盐酸（1：1），在电炉上低温加热溶解，将溶液移入 1000 mL 容量瓶中，用水稀释至刻度，摇匀。

方法二（碱溶法）：准确称取处理后的铝片 0.5293 g（称准至 0.0002 g），置于 150 mL 烧杯中，加 2 g 氢氧化钾、10 mL 水，待溶解后，用盐酸（1：1）酸化，使氢氧化铝沉淀又溶解，再过量 10 mL，冷至室温，移入 1000 mL 容量瓶中，用水稀释至刻度，摇匀。

（8）乙酸锌（$Zn(CH_3COO)_2$）标准溶液（0.01 mol/L）：称取 2.3 g 二水乙酸锌（$Zn(CH_3COO)_2 \cdot 2H_2O$）或 1.9 g 无水乙酸锌（$Zn(CH_3COO)_2$），置于 250 mL 烧杯中，加入冰乙酸 1 mL，用水溶解，移入 1000 mL 容量瓶中，用水稀释至刻度，摇匀。

准确吸取 10 mL 三氧化二铝标准工作溶液，置于 250 mL 烧杯中，加水稀释至约 100 mL，加 10 mL EDTA 溶液，加 1 滴二甲酚橙指示剂，用氨水中和至刚出现浅藕荷色，再加冰乙酸溶液至浅藕荷色消失，然后加 10 mL 缓冲溶液，于电炉上微沸 3～5 min，取下，冷至室温。

加入 4～5 滴二甲酚橙指示剂，立即用乙酸锌溶液滴定至近终点，再用乙酸锌标准溶液滴定至橙红（或紫红）色。

加入 10 mL 氟化钾溶液，煮沸 2～3 min，冷至室温，加 2 滴二甲酚橙指示剂，用乙酸锌标准溶液滴定至橙红（或紫红）色，即为终点。

乙酸锌标准溶液对三氧化二铝的滴定度 $D(Al_2O_3)$ 按下式计算：

$$D(Al_2O_3) = \frac{10 \times \rho}{V_1}$$

式中：ρ——三氧化二铝标准工作溶液的质量浓度，mg/mL；

V_1——标定时所耗乙酸锌标准溶液的体积，mL。

计算结果修约至小数点后两位。

（9）二甲酚橙溶液（1 g/L）：称取 0.1 g 二甲酚橙，溶于 pH＝5.9 的缓冲溶液中，并用该缓冲溶液稀释至 100 mL。保存期不超过两周。

3．测定步骤

吸取 50 mL 溶液 A，加入水稀释至约 100 mL，其余步骤按 2（8）中乙酸锌标准溶液的标定方法进行操作。

4．结果计算

三氧化二铝的质量分数 $w(Al_2O_3)$ 按下式计算：

$$w(Al_2O_3) = \frac{D(Al_2O_3) \times V_2 \times \frac{250}{50}}{1000 \times m} \times 100\% - \frac{102}{80 \times 2} \times w(TiO_2)$$

式中：$D(Al_2O_3)$——乙酸锌标准溶液对三氧化二铝的滴定度，mg/mL；

V_2——试液所耗乙酸锌标准溶液的体积，mL；

102——Al_2O_3 的式量；

80——TiO_2 的式量；

m——煤灰样的质量，g。

取重复测定的两个结果的算术平均值，作为 Al_2O_3 的测定结果，数值修约至小数点后两位：

当 $w(Al_2O_3) \leqslant 20.00\%$ 时，同一操作者重复测定两个结果的差值不应超过 0.60%；

当 $w(Al_2O_3) > 20.00\%$ 时，同一操作者重复测定两个结果的差值不应超过 0.80%。

（六）氧化钙的测定（EGTA 配位滴定法）

1. 方法要点

在适当稀释的溶液中，以三乙醇胺掩蔽铁、铝、钛和锰等，在 $pH \geqslant 12.5$ 的条件下，以钙黄绿素-百里酚酞为指示剂，用 EGTA 标准溶液滴定。

2. 试剂

（1）氢氧化钾溶液（250 g/L）：称取 25 g 氢氧化钾，溶于水中并用水稀释至 100 mL，储于聚乙烯瓶中。

（2）三乙醇胺溶液（体积比为 1∶4）。

（3）氧化钙标准工作溶液（0.5 mg/mL）：准确称取预先在 120 ℃ 干燥 2 h 的优级纯碳酸钙 0.8924 g（称准至 0.0002 g），置于 250 mL 烧杯中，用水润湿，盖上表面皿，沿杯口慢慢滴加 1∶1 盐酸（优级纯）5 mL，待溶解完毕后，煮沸驱尽二氧化碳，用水冲洗表面皿和杯壁，取下冷却，移入 1000 mL 容量瓶中，用水稀释至刻度，摇匀。

（4）EGTA（$C_{14}H_{24}N_2O_{10}$）标准溶液（0.005 mol/L）：称取 1.9 g EGTA，溶于 10 mL 氢氧化钠溶液（$c(NaOH) = 1$ mol/L）中，移入 1000 mL 容量瓶中，用水稀释至刻度，摇匀。

标定方法如下：准确吸取 10 mL 氧化钙标准工作溶液，置于 200 mL 烧杯中，加水约 75 mL、三乙醇胺溶液 5 mL、氢氧化钾溶液 10 mL、钙黄绿素-百里酚酞混合指示剂少许，每加一种试剂，均应搅匀，于黑色底板上，立即用 EGTA 标准溶液滴定至绿色荧光完全消失，即为终点。同时做空白实验。

EGTA 标准溶液对氧化钙的滴定度 $D(CaO)$ 按下式计算：

$$D(CaO) = \frac{10 \times \rho}{V_1 - V_2}$$

式中：ρ——氧化钙标准工作溶液的质量浓度，mg/mL；

V_1——标定时所耗 EGTA 标准溶液的体积，mL；

V_2——空白测定时所耗 EGTA 标准溶液的体积，mL。

（5）钙黄绿素-百里酚酞混合指示剂：称取 0.20 g 钙黄绿素（$C_{30}H_{24}N_2Na_2O_{13}$）和 0.16 g 百里酚酞，与预先在 110 ℃ 干燥的 10 g 氯化钾混合后研磨均匀，装入磨口瓶中，存放于干燥器内。

3. 分析步骤

准确吸取溶液 A 和溶液 B 各 25 mL，分别注入 200 mL 烧杯中，加水约 50 mL，其余步骤按 2(4)中标准溶液的标定方法进行操作。

4. 结果计算

氧化钙的质量分数 $w(CaO)$ 按下式计算：

$$w(CaO) = \frac{D(CaO) \times (V_3 - V_4) \times \frac{250}{25}}{1000 \times m} \times 100\%$$

式中：$D(CaO)$——EGTA 标准溶液对氧化钙的滴定度，mg/mL；

V_3——试液所耗 EGTA 标准溶液的体积，mL；

V_4——空白溶液所耗 EGTA 标准溶液的体积，mL；

m——煤灰样的质量，g。

取重复测定的两个结果的算术平均值，作为 CaO 的测定结果，数值修约至小数点后两位：

当 $w(CaO) \leqslant 5.00\%$ 时，同一操作者重复测定两个结果的差值不应超过 0.30%；

当 $w(CaO)$ 在 5.00%～10.00% 时，同一操作者重复测定两个结果的差值不应超过 0.40%；

当 $w(CaO) > 10.00\%$ 时，同一操作者重复测定两个结果的差值不应超过 0.60%。

（七）氧化镁的测定（EDTA 配位滴定法）

1. 方法要点

在适当稀释的溶液中，以三乙醇胺和酒石酸钾钠掩蔽铁、铝、钛和锰等，以 EGTA 掩蔽钙，在 pH≥10 的溶液中，以酸性铬蓝 K-萘酚绿 B 为指示剂，用 EDTA 标准溶液滴定。

2. 试剂

（1）酒石酸钾钠溶液（50 g/L）：称取 5 g 酒石酸钾钠，溶于水中，并用水稀释至 100 mL。

（2）三乙醇胺溶液（体积比为 1∶4）。

（3）氨水（体积比为 1∶1）。

（4）氧化镁标准工作溶液（0.5 mg/mL）：准确称取预先在 800 ℃灼烧过 1 h 的光谱纯氧化镁 0.5000 g（称准至 0.0002 g），置于 200 mL 烧杯中，加 20 mL 水、10 mL 盐酸（1∶1），溶解完全后，移入 1000 mL 容量瓶中，用水稀释至刻度，摇匀。

（5）EDTA 标准溶液（0.004 mol/L）：称取 1.5 g EDTA，置于 200 mL 烧杯中，用水溶解，加数粒固体氢氧化钠调节溶液 pH 至 5 左右，移入 1000 mL 容量瓶中，用水稀释至刻度，摇匀。

标定方法如下：准确吸取 10 mL 氧化镁标准工作溶液，置于 200 mL 烧杯中，加 1 mol/L 盐酸 20 mL，加水约 50 mL、酒石酸钾钠溶液 5 mL、三乙醇胺溶液 5 mL、氨水 15 mL，每加一种试剂均应搅匀。加酸性铬蓝 K-萘酚绿 B 混合指示剂少许或加液体混合指示剂数滴，立即用 EDTA 标准溶液滴定，近终点时应缓慢滴定至纯蓝色，同时做空白实验。

EDTA 标准溶液对氧化镁的滴定度 $D(MgO)$ 按下式计算：

$$D(MgO) = \frac{10 \times \rho}{V_1 - V_2}$$

式中：ρ——氧化镁标准工作溶液的质量浓度，mg/mL；

V_1——标定时所耗 EDTA 标准溶液的体积，mL；

V_2——空白测定时所耗 EDTA 标准溶液的体积，mL。

（6）酸性铬蓝 K-萘酚绿 B 混合指示剂：称取 0.50 g 酸性铬蓝 K 和 1.25 g 萘酚绿 B，与 10 g 预先在 110 ℃干燥的氯化钾混合后研磨均匀，装入磨口瓶中，存放于干燥器内。或分别配成水溶液，即称取 0.04 g 酸性铬蓝 K 和 0.08 g 萘酚绿 B，分别溶于 20 mL 水中，使用前应先经实验确定其合适的混合比例。酸性铬蓝 K 不稳定，需现用现配。

3. 分析步骤

准确吸取溶液 A 和溶液 B 各 25 mL，分别注入 200 mL 烧杯中，加水约 50 mL、酒石酸钾钠溶液 5 mL、三乙醇胺溶液 5 mL、氨水 15 mL,加入滴定钙时所消耗的 EDTA 的量,并过量 0.1～0.2 mL,每加一种试剂均应搅匀,加酸性铬蓝 K-萘酚绿 B 混合指示剂少许或加液体混合指示剂数滴,立即用 EDTA 标准溶液滴定,近终点时应缓慢滴定至纯蓝色。

4. 结果计算

氧化镁的质量分数 $w(MgO)$ 按下式计算:

$$w(MgO) = \frac{D(MgO) \times (V_3 - V_4) \times \frac{250}{25}}{1000 \times m} \times 100\%$$

式中:$D(MgO)$——EDTA 标准溶液对氧化镁的滴定度,mg/mL;

V_3——试液所耗 EDTA 标准溶液的体积,mL;

V_4——空白溶液所耗 EDTA 标准溶液的体积,mL;

m——煤灰样的质量,g。

取重复测定的两个结果的算术平均值,作为 MgO 的测定结果,数值修约至小数点后两位:

当 $w(MgO) \leqslant 2.00\%$ 时,同一操作者重复测定两个结果的差值不应超过 0.30%;

当 $w(MgO) > 2.00\%$ 时,同一操作者重复测定两个结果的差值不应超过 0.40%。

五、煤灰成分的半常量分析

(一) 二氧化硅的测定(动物胶凝聚质量法)

1. 方法要点

煤灰样加氢氧化钠熔融,用沸水浸取,盐酸酸化,蒸发至干。于盐酸介质中用动物胶凝聚硅酸,将沉淀过滤,灼烧,称重。

2. 试剂和材料

(1) 氢氧化钠:粒状。

(2) 浓盐酸。

(3) 乙醇:无水乙醇或 95% 乙醇。

(4) 盐酸(体积比为 1:1)。

(5) 盐酸(体积比为 1:3)。

(6) 盐酸(体积比为 1:50)。

(7) 动物胶水溶液(10 g/L):称取 1 g 动物胶,溶于 100 mL70～80 ℃的水中。现用现配。

3. 实验步骤

(1) 称取煤灰样 0.48～0.52 g(称准至 0.0002 g),置于银坩埚中,用几滴乙醇润湿,加 4 g 氢氧化钠,盖上坩埚盖,放入马弗炉中,在 1～1.5 h 将炉温从室温缓慢升至 650～700 ℃,熔融 15～20 min。取出坩埚,用水激冷后,擦净坩埚外壁,放于 250 mL 烧杯中,加 1 mL 乙醇和适量的沸水,立即盖上表面皿,待剧烈反应停止后,用少量盐酸(1:1)和热水交替洗净坩埚和坩埚盖。再加 20 mL 浓盐酸,搅匀。

(2) 将烧杯置于电热板上,缓慢蒸干(带黄色盐粒)。取下、稍冷,加 20 mL 浓盐酸,盖上表面皿,加热至约 80 ℃。加 70～80 ℃的动物胶溶液 10 mL,剧烈搅拌 1 min,保温 10 min。取下,稍冷,加热水约 50 mL,搅拌,使盐完全溶解。用定量滤纸过滤于 250 mL 容量瓶中。将沉淀先用盐酸(1∶3)洗涤 4~5 次,再用带橡皮头的玻璃棒以热的盐酸(1∶50)擦净杯壁和玻璃棒,并洗涤沉淀 3~5 次,再用热水洗 10 次左右。

(3) 将滤纸和沉淀移入已恒重的瓷坩埚中,先在低温下灰化滤纸,然后于(1000±20)℃的马弗炉内灼烧 1 h,取出稍冷,放入干燥器内,冷至室温,称重。

(4) 将滤液冷至室温,用水稀释至刻度,摇匀,此溶液名为溶液 C,用于测定其他项目。按上述步骤同时做空白实验,所得溶液名为溶液 D。

4. 结果计算

二氧化硅的质量分数 $w(SiO_2)$ 按下式计算:

$$w(SiO_2) = \frac{m_1 - m_2}{m} \times 100\%$$

式中:m_1——试液测定时二氧化硅的质量,g;

m_2——空白测定时二氧化硅的质量,g;

m——煤灰样的质量,g。

取重复测定的两个结果的算术平均值,作为 SiO_2 的测定结果,数值修约至小数点后两位:

当 $w(SiO_2) \leqslant 60.00\%$ 时,同一操作者重复测定两个结果的差值不应超过 0.50%;

当 $w(SiO_2) > 60.00\%$ 时,同一操作者重复测定两个结果的差值不应超过 0.60%。

(二) 三氧化二铁和三氧化二铝的连续测定(EDTA 配位滴定法)

1. 方法要点

在 pH=1.8~2.0 的条件下,以磺基水杨酸为指示剂,用 EDTA 标准溶液滴定。然后加入过量 EDTA,使之与铝、钛等配位,在 pH=5.9 的条件下,以二甲酚橙为指示剂,以乙酸锌标准溶液回滴剩余的 EDTA,再加入氟盐置换出与铝、钛配位的 EDTA,再用乙酸锌标准溶液滴定。

2. 试剂

(1) 氨水(体积比为 1∶1)。

(2) 盐酸(体积比为 1∶5)。

(3) EDTA 溶液(11 g/L):称取 1.1 g EDTA,溶于水中,并用水稀释至 100 mL。

(4) 缓冲溶液(pH 为 5.9):称取 200 g 三水乙酸钠或 120.6 g 无水乙酸钠,溶于水中,加 6.0 mL 冰乙酸,用水稀释至 1000 mL。

(5) 乙酸锌溶液(20 g/L):称取 2 g 乙酸锌,溶于水中,用水稀释至 100 mL。

(6) 氟化钾溶液(100 g/L):称取 10 g 氟化钾,溶于水中,用水稀释至 100 mL。储于聚乙烯瓶中。

(7) 冰乙酸溶液(体积比为 1∶3)。

(8) 三氧化二铁标准工作溶液(1 mg/mL):准确称取已在 105~110 ℃干燥 1 h 的优级纯三氧化二铁 1.0000 g(称准至 0.0002 g),置于 400 mL 烧杯中,加入 50 mL 浓盐酸(优级纯),盖上表面皿,加热溶解后冷至室温,移入 1 L 容量瓶中,用水稀释至刻度,摇匀。

(9) EDTA 标准溶液(0.004 mol/L):称取 1.5 g EDTA,置于 200 mL 烧杯中,用水溶解,加固体氢氧化钠调节溶液 pH 至 5 左右,移入 1000 mL 容量瓶中,用水稀释至刻度,摇匀。

标定方法如下：准确吸取 10 mL 三氧化二铁标准工作溶液，置于 300 mL 烧杯中，加水稀释至 100 mL，加 0.5 mL 磺基水杨酸指示剂，滴加氨水至溶液由紫色恰变为黄色，再加入盐酸调节溶液 pH 至 1.8~2.0（用精密 pH 试纸检验）。

将溶液加热至约 70 ℃，取下，立即用 EDTA 标准溶液滴定至亮黄色（铁浓度低时为无色，终点时温度应在 60 ℃ 左右）。

EDTA 标准溶液对三氧化二铁的滴定度 $D(Fe_2O_3)$ 按下式计算：

$$D(Fe_2O_3) = \frac{10 \times \rho}{V_1}$$

式中：ρ——三氧化二铁标准工作溶液的质量浓度，mg/mL；

V_1——标定时所耗 EDTA 标准溶液的体积，mL。

（10）三氧化二铝标准工作溶液（1 mg/mL）：将光谱纯铝片放于烧杯中，用盐酸（1∶9）浸溶几分钟，使表面氧化层溶解，用倾泻法倒去盐酸，用水洗涤数次后，用无水乙醇洗涤数次，放入干燥器中干燥 4 h。选用以下任一方法处理。

方法一（酸溶法）：准确称取处理后的铝片 0.5293 g（称准至 0.0002 g），置于 150 mL 烧杯中，加 50 mL 盐酸（1∶1），在电炉上低温加热溶解，将溶液移入 1000 mL 容量瓶中，用水稀释至刻度，摇匀。

方法二（碱溶法）：准确称取处理后的铝片 0.5293 g（称准至 0.0002 g），置于 150 mL 烧杯中，加 2 g 氢氧化钾、10 mL 水，待溶解后，用盐酸（1∶1）酸化，使氢氧化铝沉淀又溶解，再过量 10 mL，冷至室温，移入 1000 mL 容量瓶中，用水稀释至刻度，摇匀。

（11）乙酸锌（$Zn(CH_3COO)_2$）标准溶液（0.01 mol/L）：称取二水乙酸锌（$Zn(CH_3COO)_2 \cdot 2H_2O$）2.3 g 或无水乙酸锌（$Zn(CH_3COO)_2$）1.9 g，置于 250 mL 烧杯中，加入 1 mL 冰乙酸，用水溶解，移入 1000 mL 容量瓶中，用水稀释至刻度，摇匀。

准确吸取 10 mL 三氧化二铝标准工作溶液，置于 250 mL 烧杯中，加水稀释至约 100 mL，加 10 mL EDTA 溶液，加 1 滴二甲酚橙指示剂，用氨水中和至刚出现浅藕荷色，再加冰乙酸溶液至浅藕荷色消失，然后，加 10 mL 缓冲溶液，于电炉上微沸 3~5 min，取下，冷至室温。

加入 4~5 滴二甲酚橙指示剂，立即用乙酸锌溶液滴定至近终点，再用乙酸锌标准溶液滴定至橙红（或紫红）色。

加入 10 mL 氟化钾溶液，煮沸 2~3 min，冷至室温，加 2 滴二甲酚橙指示剂，用乙酸锌标准溶液滴定至橙红（或紫红）色，即为终点。

乙酸锌标准溶液对三氧化二铝的滴定度 $D(Al_2O_3)$ 按下式计算：

$$D(Al_2O_3) = \frac{10 \times \rho}{V_1}$$

式中：ρ——三氧化二铝标准工作溶液的质量浓度，mg/mL；

V_1——标定时所耗乙酸锌标准溶液的体积，mL。

（12）磺基水杨酸指示剂（100 g/L）：称取 10 g 磺基水杨酸，溶于水中，并用水稀释至 100 mL。

（13）二甲酚橙溶液（1 g/L）：称取 0.1 g 二甲酚橙，溶于 pH=5.9 的缓冲溶液中，并用该缓冲溶液稀释至 100 mL。保存期不超过两周。

3. 分析步骤

（1）准确吸取 20 mL 溶液 C，置于 250 mL 烧杯中，加水稀释至约 50 mL，其余步骤按

2(11)中的标定方法进行操作。

(2) 向滴定完铁的溶液中加入 20 mL EDTA 溶液,其余步骤按 2(11)中的标定方法进行操作。

4. 结果计算

(1) 三氧化二铁的质量分数 $w(Fe_2O_3)$ 按下式计算:

$$w(Fe_2O_3) = \frac{D(Fe_2O_3) \times V_2 \times \frac{250}{20}}{1000 \times m} \times 100\%$$

式中:$D(Fe_2O_3)$——EDTA 标准溶液对三氧化二铁的滴定度,mg/mL;

V_2——试液所耗 EDTA 标准溶液的体积,mL;

m——煤灰样的质量,g。

取重复测定的两个结果的算术平均值,作为 Fe_2O_3 的测定结果,数值修约至小数点后两位:

当 $w(Fe_2O_3) \leqslant 5.00\%$ 时,同一操作者重复测定两个结果的差值不应超过 0.30%;

当 $w(Fe_2O_3)$ 在 5.00% ~ 10.00% 时,同一操作者重复测定两个结果的差值不应超过 0.40%;

当 $w(Fe_2O_3) > 10.00\%$ 时,同一操作者重复测定两个结果的差值不应超过 0.50%。

(2) 三氧化二铝的质量分数 $w(Al_2O_3)$ 按下式计算:

$$w(Al_2O_3) = \frac{D(Al_2O_3) \times V_3 \times \frac{250}{20}}{1000 \times m} \times 100\% - \frac{102}{80 \times 2} \times w(TiO_2)$$

式中:$D(Al_2O_3)$——乙酸锌标准溶液对三氧化二铝的滴定度,mg/mL;

V_3——试液所耗乙酸锌标准溶液的体积,mL;

102——Al_2O_3 的式量;

80——TiO_2 的式量;

m——煤灰样的质量,g。

取重复测定的两个结果的算术平均值,作为 Al_2O_3 的测定结果,数值修约至小数点后两位:

当 $w(Al_2O_3) \leqslant 20.00\%$ 时,同一操作者重复测定两个结果的差值不应超过 0.40%;

当 $w(Al_2O_3) > 20.00\%$ 时,同一操作者重复测定两个结果的差值不应超过 0.50%。

(三) 氧化钙的测定(EDTA 配位滴定法)

1. 方法要点

以三乙醇胺掩蔽铁、铝、钛、锰等离子,在 pH≥12.5 的条件下,以钙黄绿素-百里酚酞为指示剂,用 EDTA 标准溶液滴定。

2. 试剂

(1) 氢氧化钾溶液(250 g/L):称取 25 g 氢氧化钾,溶于水中,并用水稀释至 100 mL。储于聚乙烯瓶中。

(2) 三乙醇胺溶液(体积比为 1:4)。

(3) 氧化钙标准工作溶液(0.5 mg/mL):准确称取预先在 120 ℃ 干燥 2 h 的优级纯碳酸

钙 0.8924 g(称准至 0.0002 g),置于 250 mL 烧杯中,用水润湿,盖上表面皿,沿杯口慢慢滴加 1:1 盐酸(优级纯)溶液 5 mL,待溶解完毕后,煮沸驱尽二氧化碳,用水冲洗表面皿和杯壁,取下冷却,移入 1000 mL 容量瓶中,用水稀释至刻度,摇匀。

(4) EDTA 标准溶液(0.004 mol/L):称取 1.5 g EDTA,置于 200 mL 烧杯中,用水溶解,加固体氢氧化钠调节溶液 pH 至 5 左右,移入 1000 mL 容量瓶中,用水稀释至刻度,摇匀。

标定方法如下:准确吸取 15 mL 氧化钙标准工作溶液,置于 250 mL 烧杯中,加水稀释至 100 mL,加三乙醇胺溶液 2 mL、氢氧化钾溶液 10 mL、钙黄绿素-百里酚酞混合指示剂少许,每加一种试剂,均应搅匀。在黑色底板上,立即用 EDTA 标准溶液滴定至绿色荧光完全消失,即为终点。同时做空白实验。

EDTA 标准溶液对氧化钙的滴定度 $D(CaO)$ 按下式计算:

$$D(CaO) = \frac{15 \times \rho}{V_1 - V_2}$$

式中:ρ——氧化钙标准工作溶液的质量浓度,mg/mL;

V_1——标定时所耗 EDTA 标准溶液的体积,mL;

V_2——空白测定时所耗 EDTA 标准溶液的体积,mL。

(5) 钙黄绿素-百里酚酞混合指示剂:称取 0.20 g 钙黄绿素和 0.16 g 百里酚酞,与 10 g 预先在 110 ℃ 干燥的氯化钾混合后研磨均匀,装入磨口瓶中,存放于干燥器内。

3. 实验步骤

准确吸取溶液 C 和溶液 D 各 10 mL,分别注入 250 mL 烧杯中,加水稀释至约 100 mL,其余步骤按 2(4)中标定方法进行操作。

4. 结果计算

氧化钙的质量分数 $w(CaO)$ 按下式计算:

$$w(CaO) = \frac{D(CaO) \times (V_3 - V_4) \times \frac{250}{10}}{1000 \times m} \times 100\%$$

式中:$D(CaO)$——EDTA 标准溶液对氧化钙的滴定度,mg/mL;

V_3——试液所耗 EDTA 标准溶液的体积,mL;

V_4——空白溶液所耗 EDTA 标准溶液的体积,mL;

m——煤灰样的质量,g。

取重复测定的两个结果的算术平均值,作为 CaO 的测定结果,数值修约至小数点后两位:

当 $w(CaO) \leqslant 5.00\%$ 时,同一操作者重复测定两个结果的差值不应超过 0.30%;

当 $w(CaO)$ 在 5.00%~10.00% 时,同一操作者重复测定两个结果的差值不应超过 0.40%;

当 $w(CaO) > 10.00\%$ 时,同一操作者重复测定两个结果的差值不应超过 0.60%。

(四) 氧化镁的测定(EDTA 配位滴定法、差减法)

1. 方法要点

以三乙醇胺、铜试剂掩蔽铁、铝、钛及微量的铅、锰等,在 pH≥10 的氨性溶液中,以酸性铬蓝 K-萘酚绿 B 为指示剂,用 EDTA 标准溶液滴定钙、镁含量。

2．试剂

(1) 三乙醇胺溶液(体积比为 1∶4)。

(2) 氨水(体积比为 1∶1)。

(3) 二乙基二硫代氨基甲酸钠(简称铜试剂)溶液(50 g/L)：称取 2.5 g 铜试剂,溶于水中,加氨水 5 滴,用水稀释至 50 mL,以快速滤纸过滤后,储于棕色瓶中。

(4) 酒石酸钾钠溶液(100 g/L)：称取 10 g 酒石酸钾钠,溶于水中,并用水稀释至 100 mL。

(5) EDTA 标准溶液(0.004 mol/L)。

EDTA 标准溶液对氧化镁的滴定度 $D(MgO)$ 按下式计算：

$$D(MgO) = \frac{40}{56} \times D(CaO)$$

式中：$D(CaO)$——EDTA 标准溶液对氧化钙的滴定度,mg/mL；

40——MgO 的式量；

56——CaO 的式量。

(6) 酸性铬蓝 K-萘酚绿 B 混合指示剂：称取 0.50 g 酸性铬蓝 K 和 1.25 g 萘酚绿 B,与 10 g 预先在 110 ℃干燥的氯化钾一起研磨均匀,装入磨口瓶中,存放于干燥器内。或分别配成水溶液,即称取 0.04 g 酸性铬蓝 K 和 0.08 g 萘酚绿 B,分别溶于 20 mL 水中,使用前应先经实验确定其合适的混合比例。酸性铬蓝 K 水溶液不稳定,需现用现配。

3．分析步骤

准确吸取溶液 C 和溶液 D 各 10 mL,分别注入 250 mL 烧杯中,用水稀释至约 100 mL,加三乙醇胺溶液 10 mL(若二氧化钛含量大于 4.00%,可先加酒石酸钾钠溶液 5 mL)、氨水 10 mL 和铜试剂 1 滴,每加一种试剂均应搅匀,再加入 EDTA 标准溶液(稍少于滴钙时的消耗量),然后加酸性铬蓝 K-萘酚绿 B 混合指示剂少许或加液体混合指示剂数滴,继续用 EDTA 标准溶液滴定,近终点时,应缓慢滴定至纯蓝色。

4．结果计算

氧化镁的质量分数 $w(MgO)$ 按下式计算：

$$w(MgO) = \frac{D(MgO) \times (V_1 - V_2) \times \frac{250}{10}}{1000 \times m} \times 100\%$$

式中：$D(MgO)$——EDTA 标准溶液对氧化镁的滴定度,mg/mL；

V_1——试液所耗 EGTA 标准溶液的体积,mL；

V_2——空白溶液所耗 EGTA 标准溶液的体积,mL；

m——煤灰样的质量,g。

取重复测定的两个结果的算术平均值,作为 MgO 的测定结果,数值修约至小数点后两位：

当 $w(MgO) \leqslant 2.00\%$ 时,同一操作者重复测定两个结果的差值不应超过 0.30%；

当 $w(MgO) > 2.00\%$ 时,同一操作者重复测定两个结果的差值不应超过 0.40%。

(五) 二氧化钛的测定(过氧化氢分光光度法)

1．方法要点

在硫酸介质中,以磷酸掩蔽铁离子,钛与过氧化氢形成黄色配合物,用分光光度法进行测定。

2. 试剂

(1) 磷酸溶液(体积比为 1∶1)。

(2) 硫酸溶液(体积比为 1∶1)。

(3) 过氧化氢溶液(体积比为 1∶9):量取 10 mL 过氧化氢饱和溶液,用水稀释至 100 mL,储于聚乙烯瓶中。

(4) 硫酸溶液(体积比为 1∶19):量取 5 mL 浓硫酸,缓慢加入水中,并用水稀释至 100 mL。

(5) 二氧化钛标准储备溶液(1 mg/mL):准确称取已在 1000 ℃ 灼烧 30 min 的优级纯二氧化钛 0.5000 g(称准至 0.0002 g),置于 30 mL 瓷质坩埚中,加入 8 g 焦硫酸钾,置于马弗炉中,逐渐升温至 800 ℃,并在此温度下保温 30 min,使熔融物呈透明状。取出,冷却后,放入 250 mL 烧杯中,加入 150 mL 硫酸溶液(1∶19)浸取,待熔融物脱落后,用硫酸溶液(1∶19)洗净坩埚,在低温下加热至溶液清澈透明,冷却至室温,移入 500 mL 容量瓶中,并用硫酸溶液(1∶19)稀释至刻度,摇匀。

(6) 二氧化钛标准工作溶液(0.1 mg/mL):准确吸取 10 mL 二氧化钛标准储备溶液,注入 100 mL 容量瓶中,用硫酸溶液(1∶19)稀释至刻度,摇匀。

3. 分析步骤

(1) 工作曲线的绘制。

①准确吸取二氧化钛标准工作溶液 0 mL、2 mL、4 mL、6 mL、8 mL,分别注入 50 mL 容量瓶中,加水至约 40 mL,加 2 mL 磷酸溶液(1∶1)、5 mL 硫酸溶液(1∶1)(若出现混浊,可于水浴上加热澄清,冷却),再加 3 mL 过氧化氢溶液,用水稀释至刻度,摇匀。

②放置 30 min 后,用 3 cm 比色皿,于 430 nm 波长处测定吸光度。

③以二氧化钛的质量(mg)为横坐标,吸光度为纵坐标,绘制工作曲线。

(2) 样品的测定。

①准确吸取溶液 C 和溶液 D 各 10 mL,分别注入 50 mL 容量瓶中,其余步骤同 3(1)①②。

②将所测得的煤灰样溶液的吸光度扣除空白溶液的吸光度后,在工作曲线上查得相应的二氧化钛的质量(mg)。

4. 结果计算

二氧化钛的质量分数 $w(\mathrm{TiO_2})$ 按下式计算:

$$w(\mathrm{TiO_2}) = \frac{m(\mathrm{TiO_2}) \times \dfrac{250}{10}}{1000 \times m} \times 100\%$$

式中:$m(\mathrm{TiO_2})$——由工作曲线上查得的二氧化钛的质量,mg;

m——煤灰样的质量,g。

取重复测定的两个结果的算术平均值,作为 $\mathrm{TiO_2}$ 的测定结果,数值修约至小数点后两位:

当 $w(\mathrm{TiO_2}) \leqslant 1.00\%$ 时,同一操作者重复测定两个结果的差值不应超过 0.10%;

当 $w(\mathrm{TiO_2}) > 1.00\%$ 时,同一操作者重复测定两个结果的差值不应超过 0.20%。

（六）三氧化硫的测定（硫酸钡质量法）

GB/T 1574—2007 给出了三种测定三氧化硫的方法，即硫酸钡质量法、燃烧中和法和库仑滴定法，本实验只介绍硫酸钡质量法。库仑滴定法与煤中全硫测定法相同。

1. 方法要点

用盐酸浸取灰样中的硫，将溶液过滤，滤液用氨水中和并沉淀铁。过滤后的溶液加氯化钡，生成硫酸钡沉淀，称量。

2. 试剂

（1）盐酸（体积比为 1∶3）。

（2）氨水（体积比为 1∶1）。

（3）盐酸（体积比为 1∶1）。

（4）氯化钡溶液（100 g/L）：称取 10 g 氯化钡，溶于水中，并用水稀释至 100 mL。

（5）硝酸银溶液（10 g/L）：称取 1 g 硝酸银，溶于水中，并用水稀释至 100 mL。加几滴硝酸，储于棕色瓶中。

（6）甲基橙指示剂（2 g/L）：称取 0.2 g 甲基橙，溶于水中，并用水稀释至 100 mL。

3. 分析步骤

（1）称取煤灰样 0.2～0.5 g（称准至 0.0002 g），置于 250 mL 烧杯中，加入 50 mL 盐酸（1∶1），盖上表面皿，加热微沸 20 min，取下，趁热加入 2 滴甲基橙指示剂，滴加氨水中和至溶液刚刚变色，再过量 3～6 滴，待氢氧化铁沉淀下降后，用中速定性滤纸过滤于 300 mL 烧杯中，用近沸的热水洗涤沉淀 10～12 次，向滤液中滴加盐酸（1∶1）至溶液刚变色，再过量 2 mL，往溶液中加水稀释至约 250 mL。

（2）将溶液加热至沸，在不断搅拌下滴加 10 mL 氯化钡溶液，在电热板或沙浴上微沸 5 min，保温 2 h，溶液最后体积保持在 150 mL 左右。

（3）用慢速定量滤纸过滤，用热水洗至无氯离子（用硝酸银溶液检验）。

（4）将沉淀连同滤纸移入已恒重的瓷质坩埚中，先在低温下灰化滤纸，然后在 800～850 ℃的马弗炉中持续灼烧 40 min，取出坩埚，稍冷，放入干燥器中，冷至室温后，称重。

（5）每配制一批试剂或改换其中任一试剂时，应进行空白实验（除不加灰样外，其余全部同上述步骤）。

4. 结果计算

三氧化硫的质量分数 $w(SO_3)$ 按下式计算：

$$w(SO_3) = \frac{(m_1 - m_2) \times \frac{80}{233}}{m} \times 100\%$$

式中：m_1——试液测定时硫酸钡的质量，g；

m_2——空白测定时硫酸钡的质量，g；

80——SO_3 的式量；

233——$BaSO_4$ 的式量；

m——煤灰样的质量，g。

取重复测定的两个结果的算术平均值，作为 SO_3 的测定结果，数值修约至小数点后两位：

当 $w(SO_3) \leqslant 5.00\%$ 时,同一操作者重复测定两个结果的差值不应超过 0.20%;

当 $w(SO_3) > 5.00\%$ 时,同一操作者重复测定两个结果的差值不应超过 0.30%。

(七) 五氧化二磷的测定(磷钼蓝分光光度法)

1. 方法要点

煤灰样用氢氟酸-高氯酸分解以脱除二氧化硅,吸取部分溶液,加入钼酸铵和抗坏血酸溶液,生成磷钼蓝,用分光光度法进行测定。

2. 试剂

(1) 氢氟酸。

(2) 高氯酸:优级纯。

(3) 盐酸:优级纯。

(4) 盐酸(体积比为 $1:1$)。

(5) 抗坏血酸溶液(50 g/L):称取 5 g 抗坏血酸,溶于水中,并用水稀释至 100 mL。现用现配。

(6) 硫酸溶液($c\left(\dfrac{1}{2}H_2SO_4\right) = 7.2$ mol/L)。

(7) 钼酸铵-硫酸溶液:称取 17.2 g 钼酸铵,溶于硫酸溶液($c\left(\dfrac{1}{2}H_2SO_4\right) = 7.2$ mol/L)中,并用该酸稀释至 1 L。

(8) 酒石酸锑钾溶液:称取 0.34 g 酒石酸锑钾,溶于 250 mL 水中。

(9) 试剂溶液:往 35 mL 钼酸铵-硫酸溶液中加入 10 mL 抗坏血酸溶液和 5 mL 酒石酸锑钾溶液,混匀。现用现配。

(10) 五氧化二磷标准储备溶液(0.2292 g/L):准确称取已在 110 ℃ 干燥 1 h 的优级纯磷酸二氢钾 0.4392 g(称准至 0.0002 g),溶于水中,移入 1 L 容量瓶中,用水稀释至刻度,摇匀。

(11) 五氧化二磷标准工作溶液(0.02292 g/L):准确吸取 10 mL 五氧化二磷标准储备溶液,注入 100 mL 容量瓶中,用水稀释至刻度,摇匀。现用现配。

3. 分析步骤

(1) 待测试样溶液的制备。

称取煤灰样 0.1000 g(称准至 0.0002 g),置于 30 mL 聚四氟乙烯坩埚中,用水润湿,加 2 mL 高氯酸、10 mL 氢氟酸,置于电热板上低温缓缓加热(温度不高于 250 ℃),蒸至近干,再升高温度继续加热至白烟基本冒尽,溶液蒸至干涸但不焦黑为止。取下坩埚,稍冷,加入 10 mL 盐酸(1:1)、10 mL 水,再放在电热板上加热至近沸,并保温 2 min。取下坩埚,用热水将坩埚中的试样溶液移入 100 mL 容量瓶中,冷至室温,用水稀释至刻度,摇匀。

(2) 空白溶液的制备。

同待测试样溶液的制备,只是不加入煤灰样。

(3) 工作曲线的绘制。

①准确吸取五氧化二磷标准工作溶液 0 mL、1 mL、2 mL、3 mL,分别注入 50 mL 容量瓶中,5 mL 加入试剂溶液,放置 1~2 min 后,用水稀释至刻度,摇匀。于 20~30 ℃ 下放置 1 h 后,在分光光度计上用 1~3 cm 比色皿在 650 nm 波长处测定吸光度。

②以五氧化二磷的质量(mg)为横坐标,吸光度为纵坐标,绘制工作曲线。

（4）测定。

准确吸取待测试样溶液和空白溶液各 10 mL，分别注入 50 mL 容量瓶中，按步骤（3）①进行操作（若测得的吸光度超出工作曲线范围，应适当减少分取溶液的量）。从工作曲线上查得相应的五氧化二磷的质量（mg）。

4. 结果计算

五氧化二磷的质量分数 $w(P_2O_5)$ 按下式计算：

$$w(P_2O_5) = \frac{m(P_2O_5) \times \frac{100}{10}}{1000 \times m} \times 100\%$$

式中：$m(P_2O_5)$——由工作曲线上查得的五氧化二磷的质量，mg；

m——煤灰样的质量，g。

取重复测定的两个结果的算术平均值，作为 P_2O_5 的测定结果，数值修约至小数点后两位：

当 $w(P_2O_5) \leqslant 1.00\%$ 时，同一操作者重复测定两个结果的差值不应超过 0.05%；

当 $w(P_2O_5)$ 在 1.00%～5.00% 时，同一操作者重复测定两个结果的差值不应超过 0.15%。

（八）钾、钠、铁、钙、镁、锰的测定方法（原子吸收光谱法）

1. 方法要点

煤灰样经氢氟酸、高氯酸分解，在盐酸介质中，加入释放剂镧和锶消除铝、钛等对钙、镁的干扰，用空气-乙炔火焰进行原子吸收光谱测定。

2. 试剂

（1）氢氟酸（40%以上）。

（2）高氯酸（70.0%以上）。

（3）盐酸（体积比为 1：1）。

（4）盐酸（体积比为 1：3）。

（5）镧溶液（50 mg/mL）：称取 29.4 g 高纯（99.99%）三氯化二镧，置于 400 mL 烧杯中，加 50 mL 水，缓缓加入 100 mL 盐酸（1：1），加热溶解，冷却后移入 500 mL 容量瓶中，加水稀释至刻度，摇匀。转入塑料瓶中。

（6）锶溶液（50 mg/mL）：称取 152 g 经重结晶提纯的氯化锶，置于 400 mL 烧杯中，加水溶解，移入 1000 mL 容量瓶中，用水稀释至刻度，摇匀。转入塑料瓶中。

注：氯化锶提纯方法：1000 g 氯化锶加水 400 mL，加热至 70 ℃ 左右溶解，趁热加入 400 mL 乙醇，低温重结晶后抽滤，在 40～50 ℃ 下烘干。

（7）铝溶液（Al_2O_3 含量为 1 mg/mL）：称取 4.736 g 氯化铝（$AlCl_3 \cdot 6H_2O$），置于 400 mL 烧杯中，加水溶解，移入 1000 mL 容量瓶中，加水稀释至刻度，摇匀。转入塑料瓶中。

（8）氧化钾标准储备溶液（1 mg/mL）：称取 1.5829 g 已在 500 ℃ 灼烧 30 min 的高纯（99.99%）氯化钾，置于 400 mL 烧杯中，加水溶解，移入 1000 mL 容量瓶中，加水稀释至刻度，摇匀。转入塑料瓶中。

（9）氧化钠标准储备溶液（1 mg/mL）：称取 1.8859 g 已在 500 ℃ 灼烧 30 min 的高纯（99.99%）氯化钠，置于 400 mL 烧杯中，加水溶解，移入 1000 mL 容量瓶中，加水稀释至刻度，摇匀。转入塑料瓶中。

（10）氧化钙标准储备溶液（1 mg/mL）：称取 1.7840 g 已在 110 ℃烘过 1 h 的高纯（99.99%）碳酸钙，置于 400 mL 烧杯中，加 50 mL 水，盖上表面皿，沿杯壁缓缓加入 20 mL 盐酸（1:1），溶解完全后，加热煮沸驱尽二氧化碳，用水冲洗表面皿及杯壁，冷至室温，转入 1000 mL 容量瓶中，用水稀释至刻度，摇匀。转入塑料瓶中。

（11）氧化镁标准储备溶液（1 mg/mL）：称取 0.6030 g 高纯（99.99%）金属镁，置于 400 mL 烧杯中，加入 40 mL 盐酸（1:1），加热溶解完全，冷至室温，移入 1000 mL 容量瓶中，用水稀释至刻度，摇匀。转入塑料瓶中。

（12）三氧化二铁标准储备溶液（1 mg/mL）：称取 1.0000 g 已在 110 ℃烘过 1 h 的高纯（99.99%）三氧化二铁，置于 400 mL 烧杯中，加入 40 mL 盐酸（1:1），盖上表面皿，缓缓加热溶解，冷至室温，移入 1000 mL 容量瓶中，用水稀释至刻度，摇匀。转入塑料瓶中。

（13）二氧化锰标准储备溶液（1 mg/mL）：称取 1.0000 g 高纯（99.99%）二氧化锰，置于 400 mL 烧杯中，加入 40 mL 盐酸（1:1），盖上表面皿，缓缓加热溶解后，冷至室温，移入 1000 mL 容量瓶中，用水稀释至刻度，摇匀。转入塑料瓶中。

（14）铁、钙、镁混合标准工作溶液（Fe_2O_3 含量为 200 μg/mL、CaO 含量为 200 μg/mL、MgO 含量为 50 μg/mL）：准确吸取 100 mL 三氧化二铁标准储备溶液、100 mL 氧化钙标准储备溶液及 25 mL 氧化镁标准储备溶液，置于 500 mL 容量瓶中，加水稀释至刻度，摇匀。转入塑料瓶中。

（15）钾、钠、锰混合标准工作溶液（K_2O 含量为 50 μg/mL、Na_2O 含量为 50 μg/mL、MnO_2 含量为 50 μg/mL）：准确吸取氯化钾标准储备溶液、氧化钠标准储备溶液及二氧化锰标准储备溶液各 25 mL，置于 500 mL 容量瓶中，加水稀释至刻度，摇匀。转入塑料瓶中。

3. 分析步骤

（1）样品溶液的制备。

称取煤灰样（0.1±0.01）g（称准至 0.0002 g），置于聚四氟乙烯坩埚中，用水润湿，加 2 mL 高氯酸、10 mL 氢氟酸，置于电热板上低温缓缓加热（温度不高于 250 ℃），蒸至近干，再升高温度继续加热至白烟基本冒尽，溶液蒸至干涸但不焦黑。取下，转入坩埚稍冷，加入 10 mL 盐酸（1:1）、10 mL 水，再放在电热板上加热至近沸，并保温 2 min。取下，转入坩埚，用热水将转入坩埚中的试样溶液移入 100 mL 容量瓶中，冷至室温，用水稀释至刻度，摇匀。

（2）样品空白溶液的制备。

每分解一批样品应同时制备一个样品空白溶液，样品空白溶液的制备除不加样品外，其余操作同"样品溶液的制备"。

（3）待测样品溶液的制备。

①铁、钙、镁待测样品溶液：准确吸取样品溶液及样品空白溶液各 5 mL，分别置于 50 mL 容量瓶中，加 2 mL 镧溶液（用锶作释放剂时，改加 2 mL 锶溶液）、1 mL 盐酸（1:3），加水稀释至刻度，摇匀。

②钾、钠、锰待测样品溶液：准确吸取样品溶液及样品空白溶液各 5 mL，置于 50 mL 容量瓶中，加 1 mL 盐酸（1:3），加水稀释至刻度，摇匀。

（4）混合标准系列溶液的制备。

①铁、钙、镁混合标准系列溶液：分别吸取铁、钙、镁混合标准工作溶液 0 mL、1 mL、2 mL、3 mL、4 mL、5 mL、6 mL、7 mL、8 mL、9 mL、10 mL，置于 100 mL 容量瓶中，加 4 mL 镧溶液

（用锶作释放剂时，改加 4 mL 锶溶液和 3 mL 铝溶液）、4 mL 盐酸（1∶3），用水稀释至刻度，摇匀。

②钾、钠、锰混合标准系列溶液：分别吸取钾、钠、锰混合标准工作溶液 0 mL、1 mL、2 mL、3 mL、4 mL、5 mL、6 mL、7 mL、8 mL、9 mL、10 mL，置于 100 mL 容量瓶中，加 4 mL 盐酸（1∶3），用水稀释至刻度，摇匀。

（5）铁、钙、镁、钾、钠、锰的测定。

①仪器工作条件的确定：除表 12-10 所列的各元素的分析线波长和所使用的火焰气体外，将仪器的其他参数，如灯电流、通道宽度、燃烧器高度及转角、燃气和助燃气的流量、压力等调至最佳值。

②测定：按确定的仪器工作条件，分别测定铁、钙、镁混合标准系列溶液和铁、钙、镁待测样品溶液，以及钾、钠、锰混合标准系列溶液和钾、钠、锰待测样品溶液中相应元素的吸光度。

③工作曲线的绘制：以标准系列溶液中测定的成分质量浓度（μg/mL）为横坐标，相应的吸光度为纵坐标，绘制各成分的工作曲线。

表 12-10　推荐的仪器工作条件

元　　　素	分析线波长/nm	火　焰　气　体
Fe	248.3	乙炔-空气
Ca	422.7	乙炔-空气
Mg	285.2	乙炔-空气
K	766.5	乙炔-空气
Na	589.0	乙炔-空气
Mn	279.5	乙炔-空气

4. 结果计算

各成分的质量分数 $w(R_mO_n)$ 按下式计算：

$$w(R_mO_n) = \frac{\rho \times 100}{10^6 \times m} \times 100\%$$

式中：ρ——由工作曲线上查得的测定成分的质量浓度，μg/mL；

m——煤灰样的质量，g。

取重复测定的两个结果的算术平均值，作为各成分的测定结果，数值修约至小数点后两位。同一操作者重复测定两个结果的差值不应超过表 12-11 所规定的重复性限。

表 12-11　各成分测定结果的重复性限

成　　　分	质量分数/（%）	重复性限/（%）
Fe₂O₃	≤5.00	0.20
	5.00~10.00	0.40
	>10.00	0.80
CaO	≤5.00	0.20
	5.00~10.00	0.40
	>10.00	0.80

续表

成　　分	质量分数/(%)	重复性限/(%)
MgO	≤2.00	0.10
	>2.00	0.20
K_2O	≤1.00	0.10
	>1.00	0.20
Na_2O	≤1.00	0.10
	>1.00	0.20
MnO_2	≤0.50	0.05
	>0.50	0.10

六、思考题

煤灰样的制备,为什么要采用缓慢灰化法,而不是快速灰化法?

参考文献

[1] 丛玉凤,乔海燕.石油产品分析[M].北京:化学工业出版社,2017.

[2] 赵德智,封瑞江.化学工程与工艺专业实验及指导[M].北京:中国石化出版社,2009.

[3] 李英华.煤质分析应用技术指南[M].北京:中国标准出版社,2009.

[4] 中国石油化工总公司.液体石油产品采样法[S].北京:中国标准出版社,1996.

[5] 中国石油化工总公司.SH/T 0229—1992 固体和半固体石油产品取样法[S].北京:中国标准出版社,1992.

[6] 中国石油化工集团公司.SH/T 0316—1998 石油密度计技术条件[S].北京:中国标准出版社,1998.

[7] 中国石油化工总公司.SH/T 0173—1992 玻璃毛细管黏度计技术条件[S].北京:中国标准出版社,1992.

[8] 中国石油化工总公司.SH/T 0170—1992 石油产品残炭测定法(电炉法)[S].北京:中国标准出版社,1992.

[9] 中国石油化工总公司.SH/T 0160—1992 石油产品残炭测定法(兰氏法)[S].北京:中国标准出版社,1992.